Meßzeuge und Meßanordnungen

für die Fertigung

Meßzeuge und Meßanordnungen für die Fertigung

Herausgegeben von

Dipl.-Ing. C. M. Dolezalek

o. Professor an der Technischen Hochschule Stuttgart

Direktor des Institutes für Industrielle Fertigung und Fabrikbetrieb
und des Institutes für Produktionstechnik und Automatisierung

Mit 192 Abbildungen

Springer-Verlag
Berlin / Heidelberg / New York
1965

Library of Congress Catalog Card Number: 65-13200
ISBN-13: 978-3-540-03357-8 e-ISBN-13: 978-3-642-92905-2
DOI: 10.1007/978-3-642-92905-2

Titel Nr. 1259

Geleitwort

Zu den Schwerpunktaufgaben des Landesgewerbeamtes zählt die praktische Förderung des technischen Fortschritts in der gewerblichen Wirtschaft, in den Unternehmungen der Industrie, des Handwerks und des Handels. Um aktuelle und attraktive Ergebnisse zu ermitteln, pflegt das Landesgewerbeamt die enge Zusammenarbeit mit Lehrstühlen der Technischen Hochschulen. Förderungsermittlung und Förderungsauftrag können korrespondieren. Aus diesen Zusammenhängen heraus hat sich in den letzten Jahren ein bewährtes Verhältnis zwischen Herrn Professor DOLEZALEK, dem Inhaber des Lehrstuhls für Industrielle Fertigung und Fabrikbetrieb an der Technischen Hochschule Stuttgart und dem Landesgewerbeamt entwickelt. Da Messen und Prüfen in der Fertigungstechnik ein interessantes und für die Wirtschaft praktisch wichtiges Gebiet technischer Fortschrittsentwicklung ist, lag die Anregung nahe, daß der Lehrstuhl DOLEZALEK die Thematik für eine Ausstellung „Messen und Prüfen" ausarbeitet. Eine sehr wirksame Methode der Fortschrittsvermittlung ist nämlich nach den jahrelangen Erfahrungen des Landesgewerbeamtes die visuelle Vermittlung, im besonderen die Bereitstellung von Anschauungsmaterial in Ausstellungen. Es ist erfreulich, daß die Ausstellung Anlaß und Grundlage für die Herausgabe des vorliegenden Buches geworden ist. Darin dokumentiert sich ein bemerkenswertes Beispiel für eine zweckmäßige Zusammenarbeit zwischen Hochschule und Wirtschaftsförderungsinstitution.

Ich wünsche dem Buch für die Praxis in den Unternehmungen einen guten Erfolg.

Stuttgart, den 26. Juni 1964

Dr. Josef Alfons Thuma

Präsident des Landesgewerbeamtes
Baden-Württemberg

Vorwort

Das vorliegende Buch soll einen Überblick über die vielen Methoden zum Messen von Längen und Winkeln geometrisch definierter Teile geben. Insbesondere werden die Prinzipien behandelt, nach denen die Antastung des zu messenden Gegenstandes und die Feststellung des Maßes, sowie seine Übermittlung auf das menschliche Auge, auf ein Schreibwerk oder auf ein Steuergerät erfolgt.

Herr Dr. THUMA, Präsident des Landesgewerbeamtes Stuttgart, regte vor einigen Jahren die Ausarbeitung einer Ausstellung über Messen und Prüfen in der Fertigungstechnik an. Diese Ausstellung löste viele Anfragen nach einer Veröffentlichung des vom Institut des Herausgebers erarbeiteten Materials aus und bildete die Grundlage für das vorliegende Buch. Alle damals verwendeten Tafeln wurden völlig neu bearbeitet. Soweit es möglich war, wurden Angaben über die Grenzen der Genauigkeit der Geräte oder die zu erwartende Meßunsicherheit gemacht.

Der Herausgeber ist sowohl dem Landesgewerbeamt für die Finanzierung der Ausarbeitung der seinerzeit gezeigten Ausstellung als auch den Förderern seines Institutes für die Bereitstellung von freien Geldmitteln zu Dank verpflichtet, die für die Bearbeitung dieses Buches Verwendung fanden.

Die im Anhang gegebene Liste von Meßzeug-Herstellern in laufender Numerierung baut auf den seinerzeit an der Ausstellung beteiligten Firmen auf und soll dem Leser zur Orientierung dienen. Mit diesem Verzeichnis wird ein Anspruch auf Vollständigkeit nicht erhoben.

Zweck des Buches ist es, eine umfassende Übersicht über die angewandten Meßprinzipien zu geben. Sollte ein Leser herausfinden, daß ein von ihm angewandtes Meßprinzip nicht genannt ist, so wäre der Herausgeber für einen Hinweis und die Übermittlung entsprechender Unterlagen dankbar, damit das Buch bei einer evtl. Neuauflage ergänzt werden kann. Der Herausgeber bittet ferner um Nachsicht, wenn die schwierige Aufgabe, Schemata so darzustellen, daß sie leicht lesbar sind, wobei also auch die Gestalt verwendeter Bauteile angedeutet werden muß, nicht in allen Fällen befriedigend gelöst werden konnte. Anregungen zur Verbesserung werden dankbar entgegengenommen.

Der Herausgeber hofft, sowohl den Studierenden an den Technischen Hochschulen und Ingenieurschulen als auch den fertigungstechnisch und konstruktiv tätigen Ingenieuren in der Industrie mit dem vorliegenden Buch ein nützliches Nachschlagewerk in die Hand gegeben zu haben, das ihnen die Auswahl eines bestimmten Meßprinzips für eine bestimmte Aufgabe der Längenmessung erleichtert.

An der Ausarbeitung des Buches waren meine wissenschaftlichen Mitarbeiter Dr.-Ing. W. Dutschke und Dipl.-Ing. F. Hartz maßgeblich beteiligt. Ihnen gebührt besonderer Dank für die Sorgfalt und Mühe, die sie seinem Inhalt gewidmet haben.

Stuttgart, im Juni 1964

C. M. Dolezalek

Inhaltsverzeichnis

1 Grundlagen

Die Längenmeßtechnik in der Fertigungstechnik befaßt sich im wesentlichen mit Messungen an festen Körpern und hat die Sicherstellung der Austauschbarkeit bzw. Funktionstüchtigkeit zum Ziel.

1.1 Grundbegriffe

Prüfen ist das Feststellen, ob bestimmte Forderungen erreicht sind. Je nach Eigenart der Forderung erfolgt das Feststellen durch Lehren oder Messen.

Lehren ist feststellen, ob eine Länge oder Form bestimmten Anforderungen genügt, ohne daß dabei ein Zahlenwert gewonnen wird. Die Anforderungen können durch ein Gegenstück oder durch Grenzmaße dargestellt werden.

Messen ist zahlenmäßiges Vergleichen der zu messenden Größe (Meßgröße) mit einer bekannten Größe gleicher Art (Maßverkörperung, Normal). Der *Meßwert* ist der mit einem Meßgerät gewonnene Zahlenwert der Meßgröße (s. a. DIN 1319). Er ist ein Produkt aus *Maßzahl* (d. h. die Zahl die angibt, wie oft die Maßeinheit im Meßwert enthalten ist) und der *Maßeinheit*. Der Meßwert ist nicht das *Meßergebnis*, da er mit zufälligen und systematischen Fehlern behaftet ist. Das Meßergebnis enthält keine bekannten systematischen Fehler, sondern eine Unsicherheitsangabe, die die unbekannten systematischen und alle zufälligen Fehler berücksichtigt (z. B. 21,713 $\pm$ 0,0015 mm).

Das *Istmaß* ist das bei der Messung festgestellte Maß, d. h. entspricht dem Meßergebnis. Das *Sollmaß* ist das vorgeschriebene Maß (z. B. nach Zeichnung). Auf das *Nennmaß* werden die *Abmaße* bezogen (z. B. $12^{+0,3}$).

Eine Messung erfolgt *unmittelbar*, wenn die Meßgröße M mit einem Maßstab (dieser kann auch in ein Meßgerät als Spindel eingebaut sein), direkt verglichen wird. Bei der *Unterschiedsmessung* wird hingegen der Unterschied $\Delta = M - N$ bestimmt, wobei N die bekannte Länge eines Normals ist.

1.2 Maßeinheit

Auf der 11. Generalkonferenz der Meterkonvention im Oktober 1960 wurde eine neue Definition des Meters auf Grund einer Lichtwellenlänge getroffen. Danach ist das Meter das 1 650 763,73fache der Wellenlänge der von den Atomen des Nuklids ^{86}Kr beim Übergang vom Zustand $5d_5$ zum Zustand $2p_{10}$ ausgesandten, sich im Vakuum ausbreitenden Strahlung. Das ist eine Wellenlänge einer Strahlung des orangeroten Bereichs im sichtbaren Spektrum. Damit erfolgte die Darstellung des Meters durch eine Naturkonstante. Durch diese Definition ist das in Sevres aufbewahrte Normal, das Urmeter, ungültig geworden.

In der industriellen Meßtechnik kann im allgemeinen nicht gegen Lichtwellen vermessen werden. Es werden als technische Verkörperungen der Längeneinheit Endmaße benutzt, die von besonderen Institutionen (z. B. Physikalisch-Technische Bundesanstalt) direkt gegen Lichtwellenlängen vermessen werden können.

Die Unterteilung des Meters [m] erfolgt in Dezimeter [dm], Zentimeter [cm], Millimeter [mm] und Mikrometer [μm]. In der Fertigungstechnik werden außer dem Meter vorwiegend die Einheiten Millimeter [mm] und Mikrometer [μm] verwendet.

1.3 Meßfehler

Jede Verkörperung eines Maßes, jedes Meßgerät sowie jeder Meßvorgang sind mit Fehlern behaftet, d. h. die von ihnen dargestellten bzw. angezeigten Meßwerte, weichen von den richtigen Werten ab. Der Fehler ist die Abweichung vom Richtigen.

Für das Vorzeichen des Fehlers gilt:

Fehler = falsch minus richtig.

Unterschieden werden nach ihrem Einfluß und ihrer Erfaßbarkeit systematische (beherrschbare) und zufällige Fehler. Die *systematischen Fehler* sind unter gegebenen Umständen grundsätzlich erfaßbar. Sie werden an Geräten u. a. durch falsche Größe und Formabweichung von Normalen, Teilungsfehlern an Skalen, falsche Steigungen bei Meßschrauben, Verzahnungsfehler bei Meßuhren, Ausführung und Abnützung von Meßflächen hervorgerufen. Bei Messungen verursachen Anlagefehler, Einwirkungen der Meßkraft (Abplattung, Durchbiegung des Meßständers, des Prüflings oder des Normals) sowie Abweichungen von der Bezugstemperatur systematische Fehler.

Die *zufälligen Fehler* sind nicht im einzelnen bestimmbar, da ihre Ursachen nicht erfaßbar oder trennbar sind und sie mit gleicher Wahrscheinlichkeit zu einer Vergrößerung oder Verkleinerung des Meßwertes führen. Sie werden oft durch die gleichen Ursachen wie die systematischen Fehler hervorgerufen. Die hauptsächlichsten Ursachen für das Auftreten von zufälligen Fehlern sind Schwankungen der Reibung an den bewegten Teilen eines Meßgerätes, Verlagerung von Hebeln, Lagern und Führungen sowie Schwankungen der Lage von Meßgerät, Prüfling und Normal, Veränderungen der Temperatur sowie der Auffassung des Beobachters.

Die zufälligen Fehler zeigen sich, wenn mit einer genügend empfindlichen Meßanordnung vom gleichen Beobachter am gleichen Prüfling in einem kurzen Zeitraum unter gleichen Bedingungen wiederholt Messungen durchgeführt werden. Die Meßwerte dieser Messungen sind nicht gleich, sie streuen.

Der Einfluß des zufälligen Fehlers läßt sich weitgehend durch wiederholte Einzelmessungen und Bildung des arithmetischen Mittels der Meßwerte ausschalten.

Die *Ungenauigkeit* ist der zu erwartende Fehler, der sich aus unbekannten systematischen und aus zufälligen Fehlern zusammensetzt. Hierbei muß unterschieden werden zwischen der Ungenauigkeit eines Meßgerätes und der Ungenauigkeit eines Meßverfahrens.

1.4 Komparatorprinzip

Nach dem von Ernst Abbe 1893 aufgestellten Grundsatz sollen Prüfling und Normal in der Meßrichtung fluchtend angeordnet sein. Dieser meßtechnische Grundsatz wird das Abbesche Komparatorprinzip genannt. In den Abb. 1–1 und 1–3 sind die zwei grundsätzlich möglichen Anordnungen von Prüfling und Normal dargestellt, einmal Prüfling und Normal parallel nebeneinander, zum anderen Prüfling und Normal fluchtend, d. h. nach dem Komparatorprinzip. Führungsbahnen weisen immer kleine Abweichungen von der Geradheit auf. Diese Abweichungen zusammen mit dem erforderlichen Spiel führen bei Bewegung des Meßschlittens zu kleinen Kippungen des Schlittens. Die Kippungen (Kipparm × Kippwinkel) wirken sich bei paralleler Anordnung, wie aus der Abb. 1–1 zu ersehen ist, als voller Fehler $f = s \cdot \sin \varphi \approx s \cdot \widehat{\varphi}$ aus. Dieser der 1. Potenz des Kippwinkels φ proportionale Fehler ist ein Fehler 1. Ordnung. Eine der Abb. 1–1 entsprechenden Meßanordnung sollte wegen des Auftretens von Fehlern 1. Ordnung möglichst vermieden werden. Wo dies nicht möglich ist, sollte der Abstand s möglichst klein gehalten werden. Diese Anord-

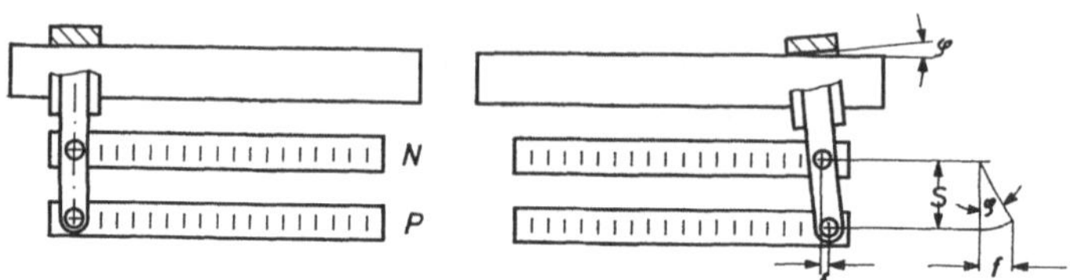

Abb. 1-1 Prüfling und Normal parallel nebeneinander.
Kippen des Tisches mit Prüfling und Normal oder Kippen der Visiereinrichtung bewirken Meßfehler 1. Ordnung.

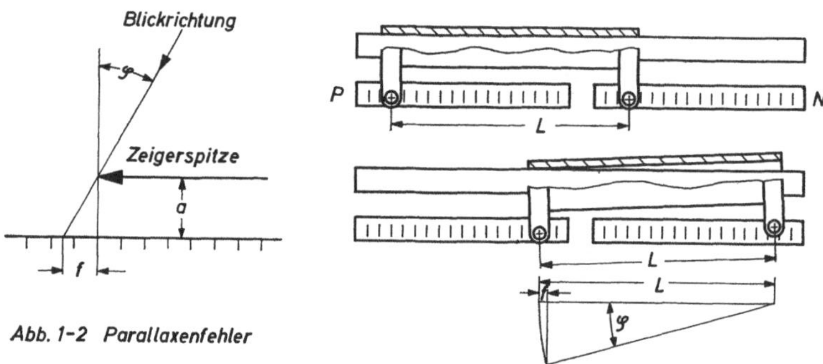

Abb. 1-2 Parallaxenfehler

$f = a \cdot \mathrm{tg}\,\varphi \approx a \cdot \varphi$

Abb. 1-3 Prüfling und Normal fluchtend hintereinander.
Kippen des Tisches mit Prüfling und Normal oder Kippen der Verbindung der Visiereinrichtung bewirken Meßfehler 2. Ordnung.

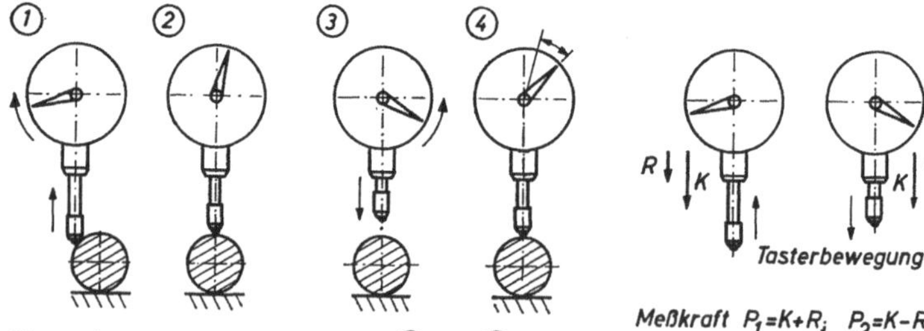

Unterschied der Anzeige zwischen ② und ④ ist die Umkehrspanne

Meßkraft $P_1 = K + R$; $P_2 = K - R$

$\Delta P = 2R$

Abb. 1-4 Umkehrspanne

nung findet aber trotzdem ziemlich häufig Anwendung, z. B. bei der Schieblehre, bei Höhenreißern mit Teilung sowie bei Koordinatenbohrmaschinen.

Ein häufig auftretender Fehler 1. Ordnung ist der Parallaxenfehler. Der einfachste Fall ist das Ablesen der Anzeige eines Zeigers an einer Skala. Visiert der Beobachter die Skala nicht senkrecht an, so liest er je nach Blickwinkel einen mehr oder weniger fehlerhaften Wert ab (Abb. 1–2). Dieser Fehler läßt sich klein halten, wenn der Abstand a zwischen Zeiger und Skalenebene möglichst klein gehalten wird, bzw. ganz ausschalten, wenn in der Skalenebene ein Spiegel angebracht wird und die Ablesung dann erfolgt, wenn der Zeiger und sein Spiegelbild sich decken.

Bei der Anordnung nach dem Komparatorprinzip Abb. 1–3 bewirkt ein nach Verschieben der Visiereinrichtung auftretender Kippwinkel, daß die Strecke M nicht mehr in die Fluchtungsachse Prüfling—Normal fällt, wodurch ein Fehler auftritt. Der Fehler hat die Größe

$$f = M\,(1 - \cos\beta) \approx M/2\,\widehat{\varphi}^2.$$

Dieser der 2. Potenz des Kippwinkels proportionale Fehler ist ein Fehler 2. Ordnung. Er ist wesentlich kleiner als ein Fehler 1. Ordnung, da bei den auftretenden sehr kleinen Winkeln $\widehat{\varphi}^2 \ll \widehat{\varphi}$ ist.

Das Komparatorprinzip ist eingehalten bei allen Meßschrauben, der Meßuhr, den meisten Feinzeigern, beim Abbe-Längenmesser und teilweise bei Meßmikroskopen. Nachteil des Komparatorprinzips ist die erforderliche große Baulänge (doppelte Meßlänge). Daher ist bei großen Meßlängen die Einhaltung des Komparatorprinzips oft schwer. Durch besondere optische Anordnungen (Eppensteinprinzip siehe 6.1.5) können auch bei parallel angeordnetem Maßstab Fehler 1. Ordnung ausgeschaltet werden.

1.5 Umkehrspanne

Die Umkehrspanne ist der Unterschied der Anzeige, der auftritt, wenn dieselbe Meßgröße bei Annäherung von kleineren Anzeigen zu größeren eine andere Anzeige ergibt als bei Annäherung von größeren Anzeigen zu kleineren (Abb. 1–4). Die Umkehrspanne wird also immer dann zu berücksichtigen sein, wenn der Meßvorgang mit der Umkehrung der Meßbolzenbewegung verbunden ist. Die Ursache ist die Reibung, die sich entweder zur Meßkraft addiert oder subtrahiert, so daß sich die wirksamen Meßkräfte um die doppelte Reibung unterscheiden.

Ferner wirkt sich auch vorhandenes Spiel aus. Die Umkehrspanne ist meist über dem Anzeigebereich nicht konstant, da sich Meßkraft und Reibung im Meßwerk ändern.

Das Auftreten der Umkehrspanne kann durch Anheben und Aufsetzen des Meßbolzens vor jeder Messung vermieden werden.

2 Meßzubehör und Hilfsmittel

Um universell verwendbare Meßgeräte den speziellen Meßaufgaben anpassen zu können, werden verschiedene Hilfsmittel verwendet. Es sollen hier die wichtigsten und allgemein verwendeten Mittel angeführt werden.

2.1 Platten, Lineale

Platten und Lineale dienen zur Darstellung und zur Prüfung ebener Flächen. Stahllineale sind in DIN 874 genormt. Es werden Haarlineale, Drei- und Vierkantlineale mit gehärteten Kanten, sowie Normal- und Werkstattlineale I, II mit rechteckigem Querschnitt unterschieden. Haarlineale besitzen eine schmale Kante, die an die zu prüfende Fläche angelegt wird. Betrachtet man die Berührungslinie im Gegenlicht, so sind Abweichungen infolge der am Spalt auftretenden Beugung sehr deutlich sichtbar, selbst, wenn sie nur einige Mikrometer betragen (1, 16, 20, 24, 28, 35, 52, 55, 65, 87, 92).

Tuschierplatten aus Grauguß sind in DIN 876 genormt (16, 20, 24, 28, 52, 55, 87, 92). Deneben haben sich Platten aus Hartgestein eingeführt (20, 24, 35, 40, 58, 87). Bei Beschädigung tritt bei *Hartgesteinplatten* keine Gratbildung und somit kein Aufwerfen ein, das die Genauigkeit der Platte beeinträchtigt.

In den angeführten Normblättern sind die zulässigen Ungenauigkeiten der Meßflächen von den Platten und Linealen angegeben. Die Ungenauigkeit wird angegeben durch die Abweichung der Meßfläche von einer idealen Ebene.

2.2 Prismen

Prismen sind Hilfsmittel zum Messen von zylindrischen Teilen und von Kegeln. Sie werden in Verbindung mit Stativen und Tastern benutzt. Die Prismen werden mit verschiedenen Winkeln (60°, 90°) hergestellt und zumeist paarweise geliefert. Die Ebenheit der Auflageflächen entspricht zumeist DIN 876.

Als *Parallelstücke* werden Auflagen bezeichnet, die vier prismenförmige Einschnitte aufweisen (meist zwei verschiedene Winkel, verschieden tief eingeschnitten). *Prismenauflagen* haben eine längere prismatische Auflage (100 bis 300 mm), die Standfläche ist eben. Der Höhenunterschied der paarweise gelieferten Auflagen beträgt etwa 10 µm. *Spannprismen* haben zum Halten des Prüflings einen Klemmbügel. Sie werden mit zwei verschieden tiefen Einschnitten von meist 90° hergestellt. Der Höhenunterschied zweier derartiger Prismen beträgt etwa 3 µm. Die Prismen werden in verschiedener Größe für Spanndurchmesserbereiche von etwa 5 bis 50 mm geliefert (1, 16, 20, 24, 28, 52, 55, 87, 92). *Magnetische Spannprismen* haben mehrere magnetische Haftflächen. Die Funktionsweise geht aus Abb. 2–1 hervor. Das Prisma erlaubt ein schnelles und festes Spannen ohne Beschädigung des Prüflings. Allerdings sind die Auflageflächen selbst sehr empfindlich (Weicheisen). Neuerdings werden sie auch mit gehärtetem Stahleinsatz geliefert (52).

2.3 Meßständer

Meßständer mit und ohne Tisch sind Halter für Meßuhren und alle Arten von Tastern (mechanische, optische, pneumatische, elektrische). *Meßuhrenständer* bestehen aus einem Fuß mit *T*-Nut, in dem die Säule verschoben und in jeder Stellung festgeklemmt werden kann. Der Auslegerarm ist in der Höhe und in der Länge verstellbar, sowie dreh- und schwenkbar. Zur Nullstellung der Meßuhr ist eine Feineinstellung vorgesehen. Diese Ständer werden in verschiedenen Abmessungen mit Säulen bis zu 800 mm Höhe hergestellt. Verwendet werden sie hauptsächlich an Werkzeugmaschinen zur Kontrolle des Rundlaufs von Werkstücken und Werkzeugen sowie für Arbeiten auf der Meßplatte. Eine leichtere Ausführung wird auch mit einem Magnetfuß, der wie das magnetische Spannprisma Abb. 2–1 arbeitet, ausgerüstet. Der Fuß hat einen prismatischen Einschnitt. Der Ständer kann dadurch in jeder beliebigen Lage auf ebenen und zylindrischen Flächen angesetzt werden (1, 12, 20, 24, 28, 35, 43, 52, 55, 56, 58, 61, 72, 73, 79, 87).

Die Baumaße für *Ständer mit Tisch* sind in DIN 2223 festgelegt. In einem Gußfuß mit Dreipunktauflage ist eine Säule befestigt, an der über eine Verstellwendel der Tragarm in der Höhe verstellbar ist. Der Tragarm hat eine Aufnahmebohrung, in der das Meßgerät geklemmt wird. Die Aufnahmebohrungen entsprechen den Anschlußmaßen für Meßuhren und Tastern nach DIN 878 bzw. 879, also 8, 20 und 28 mm ∅. Eine Feineinstellung kann mit der Aufnahme verbunden sein. Auf dem Gußfuß können verschiedene Tische aufgesetzt werden, wie glatte und geriffelte Tische, Tische mit Hartmetalleisten, Kugeltische, kleine Rundtische. Die Feineinstellung kann teilweise auch am Tisch vorgenommen werden (24, 28, 39, 43, 52, 55, 58, 72, 79, 87, 90).

3 Maße

Maße sind die Grundlagen der Längenmessung. Sie können als Strichmaße oder Endmaße ausgebildet sein. Sie werden in ihrer einfachsten Form oder in Verbindung mit Meß- und Visiereinrichtungen verwendet, die das Vergleichen des Maßes mit der zu messenden Länge erleichtern.

3.1 Strichmaße

Damit Strichmaße vielseitig verwendbar sind, dürfen sie nicht nur eine einzige Länge darstellen, sondern müssen noch eine Unterteilung, im allgemeinen in Zentimeter und Millimeter, besitzen. Mit Strichmaßen kann die Länge durch einfaches Anlegen gemessen werden, wobei keine Meßkraft auftritt. Es ist daher bei sachgemäßer Verwendung eine Beschädigung oder Abnützung nicht zu befürchten.

3.1.1 Stahlmaßstäbe

Im Maschinenbau werden vorwiegend Stahlmaßstäbe verwendet. Die Teilungen werden durch Ritzen oder Ätzen, bei Maßstäben geringerer Genauigkeit auch durch Prägen aufgebracht. Die Ablesbarkeit ist mehr von der Strichgüte als von der Strichstärke abhängig. Auf saubere gleichmäßige Striche von gleichbleibender Breite muß größter Wert gelegt werden. Der Abstand zweier Teilstriche ist durch den Abstand der Mittellinien der Teilstriche gegeben. Die Norm unterscheidet für Strichmaßstäbe aus Stahl: DIN 864–Vergleichsmaßstäbe, DIN 865 -Prüfmaßstäbe, DIN 866-Arbeitsmaßstäbe I, II. Die Maßstäbe unterscheiden sich in den zulässigen Ungenauigkeiten. Zum Prüfen eines Maßstabes dient immer der um eine Stufe genauere Maßstab. Der Werkstoff der Stahlmaßstäbe sollte eine Wärmeausdehnung von $(11{,}5 \pm 1{,}5) \cdot 10^{-6}$ besitzen (1, 16, 20, 24, 26, 28, 35, 52, 55, 87, 92).

3.1.2 Glasmaßstäbe

Glas bietet als Werkstoff für Strichmaße einige besondere Vorteile: Ablesung im durchfallenden Licht, Widerstandsfähigkeit gegen atmosphärische Angriffe, Striche können besonders fein ausgeführt werden.

Es gibt Glassorten, deren Ausdehnungskoeffizient dem von Stahl entspricht. Allerdings sind die Sorten meist weicher und daher ungeeigneter als andere Glassorten. Glasmaßstäbe müssen vor sprunghaften Temperaturänderungen geschützt werden, da Glas die Eigenschaft der thermischen Hysteresis zeigt. Gänzlich frei von zeitlichen Änderungen und thermischen Nachwirkungen ist kristalliner Quarz, dem man den gleichen Ausdehnungskoeffizienten wie Stahl geben kann, wenn man die Stäbe unter einem Winkel von 40,5° gegen die kristallographische Hauptachse herausschneidet. Die Teilungen auf Glasmaßstäben werden durch photographische Verfahren mit nachfolgendem Ätzen oder Aufdampfen von Metall hergestellt (5, 30, 39, 60, 96).

3.2 Parallelendmaße

Parallelendmaße sind prismatische Körper mit parallelen, ebenen Endflächen. Der Abstand dieser Flächen verkörpert das Maß. Endmaße bilden die Grundlage für alle Längenmessungen der mechanischen Fertigung als Ur- und Einstellmaße. Sie dienen zum Einstellen und Prüfen von Meßzeugen (Meßschrauben, Lehren, anzeigenden Meßgeräten und Meßmaschinen) wie auch von Werkzeugmaschinen. Parallelendmaße werden in Längen von 0,1 bis 4000 mm gefertigt und kommen in Sätzen verschiedener Zusammensetzung und unterschiedlichen Genauigkeitsgraden zur Anwendung. In DIN 861 Bl. 1 sind die Werkstoffe, Abmessungen (Abb. 3–1), Ausführung und Anforderungen festgelegt. Die zulässigen Abweichungen des Mittenmaßes sind durch folgende Gleichungen gegeben:

Genauigkeitsgrad	zulässiger Mittenmaßfehler f_m
0	$f_m = \pm\,(0{,}1 + 0{,}002 \cdot l)$ µm
I	$f_m = \pm\,(0{,}2 + 0{,}005 \cdot l)$ µm
II	$f_m = \pm\,(0{,}5 + 0{,}01 \cdot l)$ µm
III	$f_m = \pm\,(1{,}0 + 0{,}02 \cdot l)$ µm
	(l = Sollänge in mm)

Die Abweichungen gelten nur für einzelne Endmaße, nicht für Kombinationen. Es werden auch Endmaße gefertigt, die noch etwa eine Stufe genauer sind als die des Genauigkeitsgrades 0 (9, 35, 40).

DIN 861 schreibt als Werkstoff Stahl vor, der einen Wärmeausdehnungskoeffizienten von $(11{,}5 \pm 1{,}5)\ 10^{-6}$ je Grad C zwischen 10° und 30 °C sowie eine Vickershärte HV von mindestens 800 kp/mm² hat. Es werden auch Endmaße aus *Hartmetall* hergestellt (9, 24, 28, 35, 40,

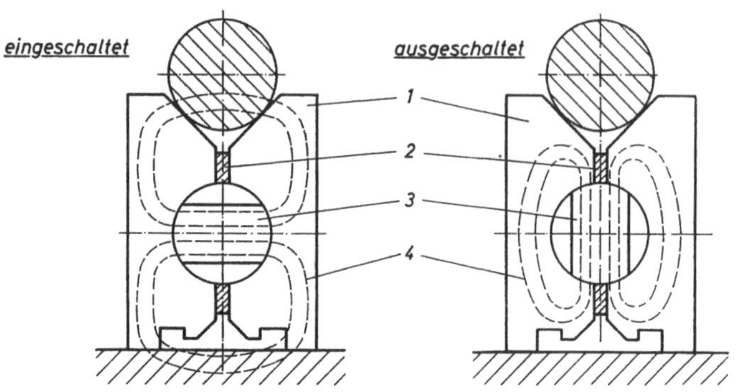

1 Spannprisma (magnetischer Werkstoff)
2 Zwischenlage (unmagnetischer Werkstoff)
3 Permanentmagnet
4 magnetische Flußlinien

Abb. 2-1 Magnetisches Spannprisma

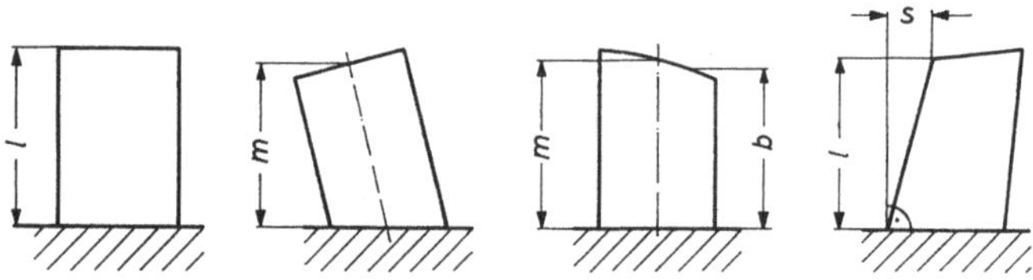

l Nennmaß = Sollmaß des Parallel-Endmaßes
m Mittenmaß
b Maß an beliebiger Stelle der Meßfläche
s Schiefe ($s_1, s_2 \dots s_8$)
f_m $m - l$ = Mittenmaßfehler
f_b $b - m$ = Abweichung an beliebiger Stelle der Meßfläche

Abb. 3-1 Parallel-Endmaße, Begriffe nach DIN 861

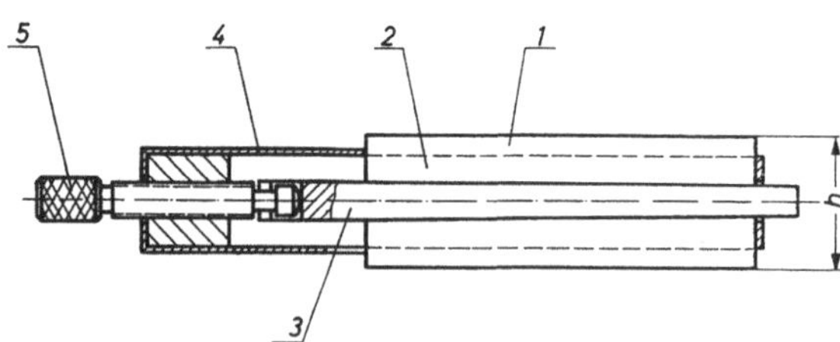

1 planparalleler Teil
2 keilförmiger Teil
3 verschiebbarer keilförmiger Teil
4 Halter
5 Stellschraube

Abb. 3-2 Verstellbares Endmaß

55). Hartmetall hat einen 20- bis 50fachen höheren Abnützungswiderstand als Stahl. Der Wärmeausdehnungskoeffizient ist kleiner als bei Stahl, er beträgt rund die Hälfte. Da Hartmetallendmaße meist nur bis 5 mm hergestellt werden (als Deckmaße kombiniert mit gewöhnlichen Stahlendmaßen), spielt der Unterschied des Wärmeausdehnungskoeffizienten keine große Rolle. Der Ausdehnungsunterschied eines Hartmetallendmaßes von 5 mm gegenüber dem entsprechenden Stahlendmaß beträgt bei 5° Temperaturdifferenz gegenüber der Normaltemperatur von 20° höchstens 0,05 μm.

Außerdem werden Parallelendmaße aus geschmolzenem *Quarz* hergestellt (49). Der Ausdehnungskoeffizient des Quarzes beträgt nur $^1/_{25}$ des Koeffizienten von Stahl. Der Einfluß von Körperwärme wird also nicht groß. Es muß aber besonders auf Abweichungen von der Bezugstemperatur geachtet werden. Beim Ansprechen können Formfehler durch die an den Meßflächen entstehenden Interferenzlinien (s. a. 6.8. 1) festgestellt werden.

Aus den einzelnen Endmaßen lassen sich Endmaßkombinationen beliebiger Meßlänge zusammensetzen (kleinste Stufung 1 μm). Dazu werden die Endmaße angesprengt bzw. angeschoben und haften bei sehr hoher Oberflächengüte und Ebenheit der Endflächen unter dem Einfluß molekularer Kräfte fest aneinander. Der Haftdruck beträgt bis zu 40 kp/cm². Endmaße sollen nach Gebrauch wieder auseinandergeschoben werden, da bei längerer Dauer des angesprengten Zustands eine Kaltverschweißung der Haftflächen eintreten kann.

Ein Maß soll durch möglichst wenige Endmaße gebildet werden. Endmaße sind daher in Endmaßsätzen nach DIN 2260 so gestuft, daß der Umfang des Satzes nicht zu groß und trotzdem jedes Maß mit wenig Endmaßen auf 1 μm dargestellt werden kann. Eine häufige Zusammenstellung ist z. B. der Normalsatz (DIN 2260):

von 1,001	–1,009	mm	Stufung 0,001	mm
von 1,01	–1,09	mm	Stufung 0,01	mm
von 1,1	–1,9	mm	Stufung 0,1	mm
von 1	–9	mm	Stufung 1	mm
von 10	–90	mm	Stufung 10	mm.

Ferner ist eine Sparstufung nach dem Grundsatz 1—2—4—7 zulässig, die nur je vier Blöcke für den Bereich 1—9 erfordert. Dies hat aber zur Folge, daß die Zahl der zu einem Maß zusammengesetzten Endmaße um 1 Block je ersetzter Maßbildungsreihe des Normalsatzes steigt. Durch einstellbare Endmaße (34, 92) lassen sich einige Meßaufgaben leichter durchführen, z. B. Ausmessen von Nuten oder

Lochmittenabständen zwischen Meßdornen. Das einstellbare Endmaß wird so lange verstellt, bis das Maß erreicht wird. Dann wird das eingestellte Maß mit Hilfe eines Meßgerätes ermittelt. Das verstellbare Endmaß ist zwischen 9,950 und 10,050 mm einstellbar. Es besteht aus drei Teilen (Abb. 3-2), die in angesprengtem Zustand gegeneinander verschoben werden.

Die Anwendung der Parallelendmaße wird leichter und vielseitiger durch Endmaßzubehör. Hierzu gehören vornehmlich Meßschnäbel und Endmaßhalter (Abb. 3-3), die in DIN 861 Bl. 2 genormt sind. Darüber hinaus werden von den Endmaßherstellern noch verschiedene Spitzen zum Zentrieren und Anreißen, sowie plane und zylindrische Meßschenkel geliefert.

Um die Temperatur des Endmaßes und des Prüflings feststellen zu können, werden auflegbare Thermometer (Körperthermometer) verwendet. Zum Abhalten der Körperwärme sollten Endmaße möglichst mit Holzklammern gehalten werden. Für die schnelle Prüfung der Endmaßflächen werden Planglasplatten verwendet (s. 6.8.1) (1, 9, 16, 24, 28, 35, 39, 40, 46, 52, 55, 72, 79, 92).

3.3 Kugelendmaße

Die Meßflächen der Kugelendmaße stellen Ausschnitte einer gemeinsamen Kugel dar. Diese Endmaße dienen als Vergleichsnormale für Meßmaschinen, für das Einstellen und Prüfen von anzeigenden Meßgeräten, zum Messen des Abstands paralleler Flächen, z. B. einer Meßschraube, zum punktförmigen Ausmessen von Bohrungen (Ausschuß-Kugelendmaß). Die Kugelendmaße werden in Längen von 100 bis 500 mm hergestellt (1, 16, 52).

3.4 Meßdorne

Meßdorne sind zylindrische Stifte, die auf Maß geschliffen und geläppt wurden. Meßdorne zum Prüfen von Rachenlehren (s. Abb. 3-4) werden in Sätzen geliefert. Die Dorne sind gestaffelt um ein oder mehrere Mikrometer, das Nennmaß ist 5 mm. Mit den Meßdornen in Verbindung mit Parallelendmaßen können feinfühlig Abstände ausgemessen werden. Zylindrische Meßstifte werden auch in anderen Durchmessern hergestellt. Sie finden Verwendung zur Gewinde- und Zahnradmessung, sowie zum Ausmessen von Bohrungsabständen (24, 35, 46, 68).

4 Lehren

Das Arbeiten mit Lehren, insbesondere mit Grenzlehren, fand am Ende des vorigen Jahrhunderts mit der Forderung nach Austauschbarkeit stärkeren Eingang in den Werkstätten. Das Lehren oder die Lehrung ist ein Prüfen einer Merkmalsgröße (Länge, Form) mit Hilfe einer Lehre. Man unterscheidet folgende Arten der Lehrung:

1. *Maßlehrung* ist das maßliche Prüfen einer Meßgröße. Es ist eine Einzelprüfung, die die Lage des Istmaßes prüfen soll.
2. *Paarungslehrung* ist das maßliche Prüfen des Paarungsmaßes. Es ist eine Funktionsprüfung, die die Einhaltung zulässiger Grenzen sicherstellt.
3. *Grenzlehrung* ist das maßliche Prüfen, ob das Istmaß und das Paarungsmaß innerhalb der vorgeschriebenen Grenzen liegen.
4. *Formlehrung* ist das Prüfen von Formen mit einer möglichst idealen Gegenformlehre.

Entsprechend diesen Arten der Lehrung können verschiedene Gruppen von Lehren unterschieden werden.

4.1 Maßlehren

Maßlehren sind Längennormale wie Parallelendmaße, Einstellmaße wie Zylinder- und Kugelendmaße, Meßdorne, die schon unter den Maßen beschrieben wurden. Weiterhin gehören zu den Maßlehren die Fühlerlehren, Bohrungslehren und Lochlehren.

Fühlerlehren (Spion) bestehen aus federharten Stahlblättchen, die nach der Dicke gestaffelt zu einem Satz vereinigt sind. Durch Aufeinanderlegen mehrerer Stahlblättchen lassen sich viele verschiedene Dicken darstellen. Fühlerlehren dienen zum Prüfen von Abständen, z. B. des Spiels von Führungen, Anschlägen, Kontaktabständen usw.

Die *Bohrungslehre* (Düsenlehre) besteht aus einem abgesetzten Draht mit verschiedenen Durchmessern oder aus einer kegeligen Nadel mit Marken.

Die *Lochlehre* besteht aus einer gehärteten Stahlplatte mit Bohrungen zwischen 0,1 und 10 mm Durchmesser. Die Bohrungsdurchmesser sind um $^1/_{10}$ mm gestuft. Mit dieser Lochlehre kann der Durchmesser von Bolzen, zylindrischen Stiften, Spiralbohrern usw. auf einfache Weise geprüft werden (1, 16, 26, 28, 52, 55, 79, 87).

4.2 Grenzlehren

Grenzlehren sollten den Bedingungen des Taylorschen Grundsatzes entsprechen. Der Taylorsche Grundsatz besagt nach Professor KIENZLE [*32*]:

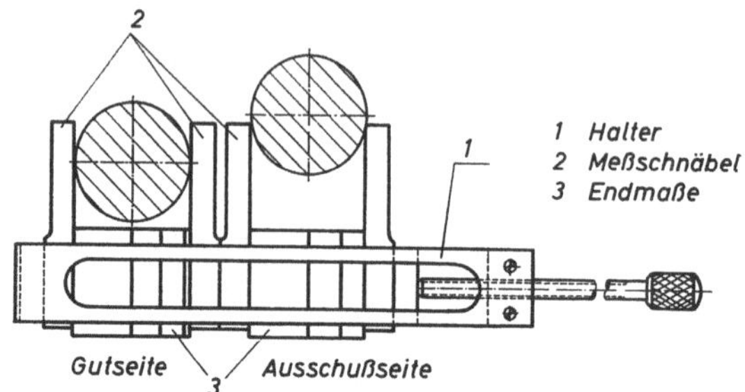

Abb. 3-3 Endmaße im Halter als Grenzrachenlehre

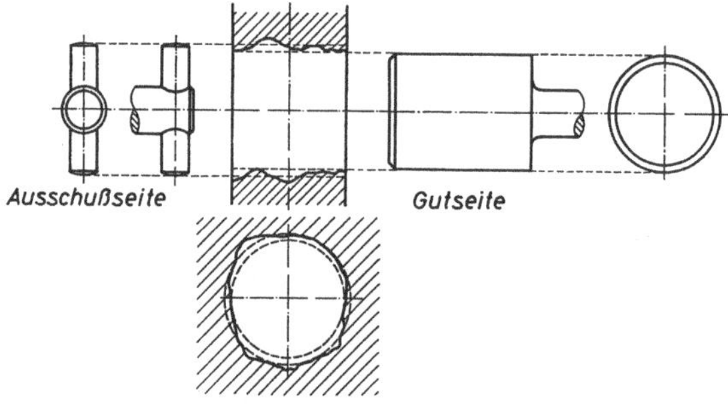

Abb. 4-1 Taylorscher Grundsatz bei Bohrungen (nach Prof. Kienzle)

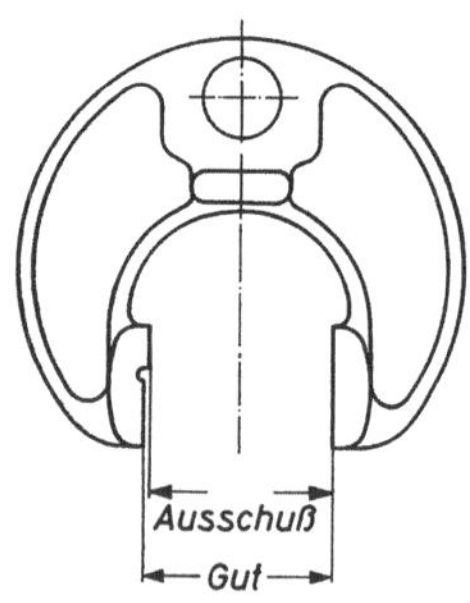

Abb. 4-2 Einmäulige Rachenlehre

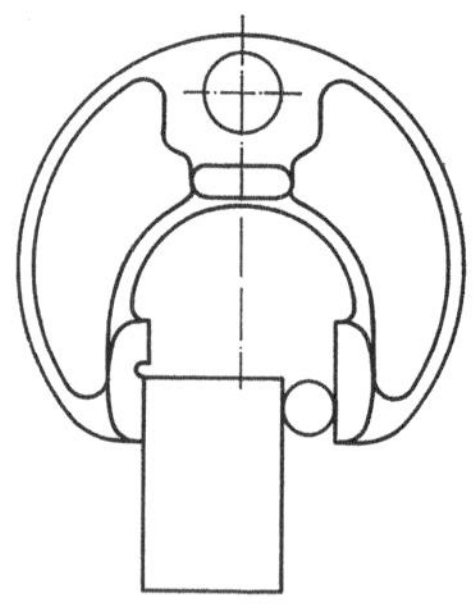

Abb. 4-3 Prüfen einer Rachenlehre mit Endmaß und Meßdorn

1. Die Gutseite der Lehre (die man mit jedem als „gut" zu bezeichnenden Werkstück paaren können muß) muß in jedem Flächenelement der Werkstückpaßfläche ein eigenes Flächenelement gegenüberstellen (Erfassung der Merkmalsgrößen Form und Länge).

2. Die Ausschußseite der Lehre (die man mit einem als „gut" zu bezeichnenden Werkstück nicht paaren können darf) soll dagegen so kleine Flächenelemente besitzen, daß sie durch Paarung mit einem noch so kleinen Flächenelement die Überschreitung der zulässigen Grenze anzeigt (nur Erfassung der Merkmalsgröße Länge).

4.2.1 Grenzlehren für Bohrungen

Als Grenzlehren für Bohrungen werden Grenzlehrdorne verwendet. Ein Grenzlehrdorn, der dem Taylorschen Grundsatz nachkommt, hat auf der Gutseite einen zylindrischen Meßzapfen in der Länge der Bohrung und auf der Ausschußseite ein Kugelendmaß.

Grenzlehrdorne werden angewendet im Bereich von 3 mm bis 500 mm Durchmesser, in der Uhrenindustrie auch bis zu kleinsten Bohrungsdurchmessern von 0,1 mm, hauptsächlich für die 7. bis 12. ISA-Qualität [*34*]. Für die feineren Qualitäten werden vorwiegend anzeigende Meßgeräte (s. 5.6.2) verwendet, weil mit diesen zugleich die Formabweichungen maßlich erfaßt werden können.

Ausführung der Gutseite. Bis 100 mm Durchmesser benutzt man zylindrische Dorne. Bei den Durchmessern bis 6 mm ist die Länge des Dorns größer als der Durchmesser (DIN 2245), der Taylorsche Grundsatz wird meist gut erfüllt. Bei den größeren Durchmessern wird der Dorn verhältnismäßig kürzer. Der Dorn füllt somit die Bohrung nicht mehr vollkommen aus, der Taylorsche Grundsatz wird dadurch nicht ganz erfüllt (Formabweichungen längs der Bohrungsachse s. Abb. 4–1). In Sonderfällen müssen daher besonders lange Lehrdorne verwendet werden. Für kurze Bohrungen (Zentriereindrehungen) werden kurze Gutlehrdorne bzw. Scheiben verwendet. Wegen ihres geringeren Gewichts werden Scheiben auch bei größeren Durchmessern benutzt. Um das Einführen der Gutlehren zu erleichtern, werden vielfach Einführzapfen vorgesehen, die einen etwas kleineren Durchmesser (etwa 0,1 mm) als der eigentliche Meßzapfen haben. Gutlehrdorne über 100 mm werden für die Handhabung zu schwer. Man benutzt daher als Meßflächen Zylinderausschnitte. Dadurch wird der Taylorsche Grundsatz in noch stärkerem Maße preisgegeben. Diese Flachlehrdorne (DIN 2246) lassen sich bequemer einführen und zentrieren. Für Bohrungen über 250 mm Durchmesser werden der leichten Handhabung wegen auch Kugelendmaße verwendet. Eine kugelige Meßfläche besitzt auch die Tebolehre (nach H. Törnebohm). Der Prüfkörper ist ein scheibenförmiger Kugelausschnitt. Die Tebolehre ist in der Bohrung schwenkbar. Ein auf der Kugelfläche aufgechromter Pilz, der das Ausschußmaß verkörpert, darf sich nicht mehr durchschwenken lassen. Diese Lehren lassen sich besonders leicht einführen und gestatten gleichzeitig die Gut- und Ausschußlehrung. Sie können aber nur in Sonderfällen angewendet werden, da keine Formprüfung möglich ist.

Ausführung der Ausschußseite. Der Taylorsche Grundsatz besagt, daß für die Ausschußseite einer Bohrungslehre kein Zylinder verwendet werden darf. Eine Ausnahme bildet nur die Prüfung leicht deformierbarer Werkstücke (dünnwandige Teile). Um den Forderungen des Taylorschen Grundsatzes möglichst gerecht zu werden, werden für die Ausschußseite Kugelendmaße mit kleinen Kugeldurchmessern benutzt. Für Durchmesser bis 160 mm sind die Maße mit wärmedämmenden Griffen in Bohrungsachse, über 160 mm mit Griffen quer zur Bohrungsachse versehen. Für kleine Durchmesser sind Kugelendmaße schwer herzustellen. Man benutzt daher Zylinder mit verschmälerten Meßflächen. In DIN 2247 Bl. 1 bis Bl. 4 sind die Ausschußlehren genormt. Diese Norm enthält außer den hier angeführten Formen noch Flachlehrdorne für 100 bis 500 mm Durchmesser. Die Vereinigung beider Prüfseiten an einer Lehre kann zuweilen zweckmäßig sein, wird aber nur bis 50 mm Durchmesser empfohlen (DIN 2245) (1, 9, 16, 24, 28, 35, 40, 52, 55, 62, 65, 68, 72, 79, 87, 92).

Die *Prüfung* (Maßbestimmung) der Lehrdorne sollte möglichst direkt gegen Endmaße erfolgen [*36*]. Da dies aber aufwendig ist, werden vielfach anzeigende Meßgeräte (Abbe-Längenmesser, Feinzeiger) verwendet. Die zulässige Abnutzung von Lehrdornen ist in DIN 2060 und DIN 7162 festgelegt. Um Schwierigkeiten zwischen Fertigung und Kontrolle zu vermeiden, erhält die Fertigung neue Grenzlehren, die Kontrolle zu etwa $^2/_3$ abgenützte Lehren.

4.2.2 Grenzlehren für Wellen

Nach dem Taylorschen Grundsatz müssen bei der Prüfung von Wellen für die Gutseite Ringe und für die Ausschußseite Rachenlehren verwendet werden. Ringe lassen sich nur schwer oder überhaupt nicht anwenden (zweiseitig eingespannte Wellen, Kurbelwellen). Man verwendet daher fast ausschließlich für die Gut- und Ausschußprüfung Rachenlehren. Ringe finden nur bei deformierbaren Teilen und bei kurzen Ansätzen Verwendung.

Die Rachenlehre ist eine steife U-Feder, deren Maß von der Aufbiegung durch die auf die Meßbacken wirkende Meßkraft abhängt. DIN 2062 unterscheidet daher für Rachenlehren:

1. Das *Arbeitsmaß* der Rachenlehre ist der Durchmesser derjenigen sachgemäß gereinigten Prüflehre, über die die Rachenlehre unter Wirkung der Gebrauchsbelastung gerade hinübergeht. Die Gebrauchsbelastung einer Rachenlehre ist entweder gleich dem Eigengewicht oder einem auf der Rachenlehre angegebenen Zusatzgewicht.

2. Das *Eigenmaß* einer Rachenlehre ist das Maß, welches die Rachenlehre hat, wenn sie keiner Beanspruchung unterworfen ist.

Das für den Gebrauch einer Rachenlehre entscheidende Maß ist nur das Arbeitsmaß.

Der Meßbügel einer Rachenlehre soll bei möglichst kleinem Gewicht eine hohe Steifigkeit besitzen und gegenüber Handwärme isoliert sein. Die gutseitigen Meßflächen einer Rachenlehre für zylindrische Werkstücke können eben oder zylindrisch sein, da allenfalls Linienberührung eintritt. Die ausschußseitige Meßfläche sollte möglichst klein sein, um etwaige Vertiefungen auf einer Zylinderoberfläche feststellen zu können. Damit aber die Berührungspunkte in einer achssenkrechten Ebene liegen, sollte eine Seite des Ausschußrachens eine Führung geben, also breit sein.

Grenzrachenlehren sind in DIN 2231 genormt. Ausführungen sind die doppelmäulige Rachenlehre, ein Rachen „Gut", ein Rachen „Ausschuß", und die einmäulige Rachenlehre, die Gut und Ausschuß in einem Rachen vereinigt (Abb. 4–2). Die einmäulige Rachenlehre hat einige Vorzüge gegenüber der doppelmäuligen, bei der Prüfung muß die Lehre nicht umgedreht werden, außerdem kann sie bei gleichem Gewicht bedeutend steifer ausgeführt werden (1, 16, 24, 35, 40, 52, 55, 62, 65, 68, 72, 79, 87, 92).

Rachenlehren unterliegen beim Gebrauch einem Verschleiß, der durch Bestückung mit Hartmetall bedeutend gemindert werden kann. Um mit einer Lehre einen weiten Nennmaßbereich erfassen zu können (Umstellung der Produktion) und um bei Verschleiß leicht nachstellen zu können, wurden einstellbare Rachenlehren entwickelt. Die Einstellung kann auf verschiedene Weise erfolgen. Die Meßbolzen werden geklemmt. Bei Lösung der Klemmung können sie durch Schrauben verstellt werden (24, 35, 40, 52, 55, 62, 65, 72, 87, 92). Bei der Maßpreßrachenlehre (47) sind die Meßbolzen eingepreßt. Durch Nachpressen können sie verstellt werden. Der Hersteller liefert dazu eine Presse, so daß bei einem größeren Lehrenpark die Lehren selbst eingestellt werden können. Bei der Giha-Rachenlehre (28) werden die Meßbacken mit einem Zweikomponentenkleber mit dem Bügel geklebt.

Prüfen der Rachenlehren. Eine Rachenlehre wird nach der Maßdefinition DIN 2062 richtig geprüft, wenn die Gutseite und die Ausschußseite unter der Gebrauchsbelastung über einen Prüfzylinder des entsprechenden Grenzmaßes gerade gleiten. Da nicht immer die Prüfzylinder (Dorne, Scheiben, Zylinderausschnitte) zur Verfügung stehen, werden auch Parallelendmaße zur Prüfung benutzt. Die Einführung der Parallelendmaße von Hand ist dabei vom Gefühl des Prüfers abhängig. Eine Zwischenlösung ist der Gebrauch einer Kombination von Parallelendmaßen und Meßdornen (Abb. 4–3). Dazu sind Halterungen als sog. Rachenlehrenprüfgeräte im Handel (46).

Sogenannte *anzeigende Rachenlehren* (richtiger Meßbügel) sind keine Lehren, sondern anzeigende Meßgeräte. Die eine Meßfläche ist meist fest einstellbar, die andere verschiebbare Meßfläche wirkt auf einen Feinzeiger. Die Geräte arbeiten mit gleicher Meßkraft beim Einstellen und beim Messen. Maßänderungen durch Verschleiß werden durch Nachstellen ausgeglichen. Die Geräte gestatten außerdem die Lage des Prüflings im Toleranzfeld festzustellen (s. a. 5.6.1).

4.3 Formlehren

Formlehren sind vielfach Speziallehren [*36*] für die Fertigung (z. B. von Führungsbahnen). Handelsübliche Formlehren sind Radienlehren und Gewindekämme. *Radienlehren* sind Lehren aus Stahlblech, die als Meßkante konkave oder konvexe Kreisbögen haben und abgestuft in Sätzen zusammengefaßt sind. *Gewindekämme* sind in Sätzen zusammengefaßte Lehren aus Blech, die das Profil verschiedener Gewinde darstellen. Durch Vergleich der Steigung bzw. des Flankenwinkels läßt sich die Art eines Gewindes erkennen (16, 24, 26, 28, 55, 79, 87).

5 Mechanische Meßgeräte

5.1 Taster, Zirkel

Die Taster (Außentaster, Innentaster, DIN 6482—6485) eignen sich zum Abgreifen und Übertragen von Längen. Bei der Abnahme einer Länge von einem Strichmaßstab beträgt die Unsicherheit etwa 0,5 bis 0,25 mm. Bei Vergleichen zwischen einem Normal und einem Prüfling kann die Unsicherheit geringer werden, wenn das Auffedern der

Schenkel berücksichtigt wird. Diese Geräte eignen sich nur zu Messungen an Rohteilen (Schmiedestücke, Gußteile). Die Taster werden mit verschiedenen Schenkellängen hergestellt (bis 300 mm).

Zu Strichmaßvergleichen wird der Stangenzirkel verwendet. Auf einem Führungslineal, das einen Maßstab tragen kann, werden möglichst kurz gehaltene Schenkel verschoben. Der Stangenzirkel verstößt gegen das Komparatorprinzip (1, 16, 24, 28, 52, 55, 79, 87).

5.2 Schieblehren

Schieblehren sind anzeigende Meßgeräte, die einen beweglichen Schieber haben, dessen Lage an einem Strichmaßstab auf dem Führungsstück (Zunge) mit Marke und Nonius abgelesen wird. Die Schieblehre besitzt zwei Meßschnäbel, der eine ist mit dem Maßstabsträger, der andere mit dem Schieber fest verbunden. Die Schieblehre verstößt gegen das Komparatorprinzip. Wenn der Schieber kippt, tritt ein Meßfehler auf (Abb. 5-1). Um diesen Fehler möglichst klein zu halten, sollte der Schieber eine lange, spielfreie Führung haben. Die zulässigen Abweichungen der Schieblehre sind in DIN 862 festgelegt. Sie betragen z. B. bei einer Meßlänge von 200 mm und einer Ablesung mit einem $^1/_{10}$-Nonius $\pm$ 85 μm. Die Ablesung einer Schieblehre erfolgt mit einem Nonius, der es gestattet, Zwischenwerte einer gleichmäßigen Hauptteilung abzulesen. Der Abstand der Teilstriche eines Nonius ist um $^1/_n$ kleiner als der der Teilstriche der Hauptteilung. Ist $n = 10$ ($^1/_{10}$-Nonius), dann entfallen auf 10 Noniusteilstriche 9 Teilstriche der Hauptteilung. Bei der Ermittlung des Meßwertes liest man zunächst an der Hauptteilung ab (Abb. 5-2). Dann stellt man fest, welcher Strich der Noniusteilung einem beliebigen Strich der Hauptteilung gegenübersteht (in der Abbildung der 6. von links). Da dieser Strich die Zehntel angibt, lautet der Meßwert 21,6. Dieses zeigt auch die folgende Rechnung: Deckung der Striche bei Strich 27 der Hauptteilung. Strich 0 der Noniusteilung (Meßwert) liegt demnach bei $27 - 6 \cdot {}^9/_{10} = 27 - 5{,}4 = 21{,}6$ auf der Hauptteilung. Verwendet wird hauptsächlich der $^1/_{10}$-Nonius. In der Norm sind außerdem aufgeführt der $^1/_{50}$-Nonius und der möglichst zu vermeidende $^1/_{20}$-Nonius (Ablesefehler). Um eine parallaxefreie Ablesung zu erhalten, ist die Noniusteilung an einer abgeschrägten Fläche so anzubringen, daß die Enden der Teilstriche möglichst in die Maßstabsebene fallen.

Die Schieblehren werden vielfach aus nichtrostendem Stahl hergestellt. Die Meßflächen werden gehärtet, teilweise auch alle Teile der

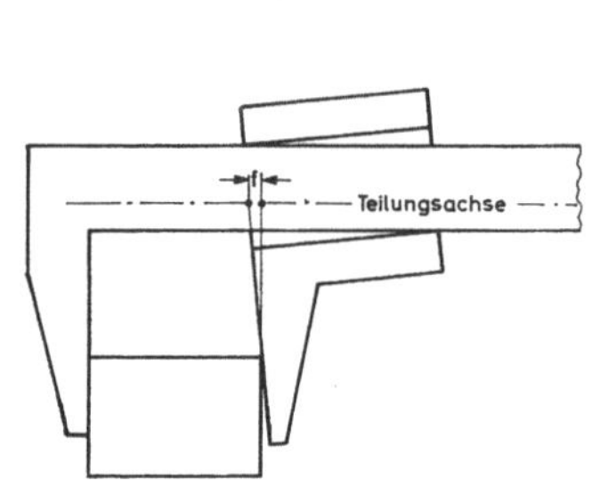

Abb. 5-1 Schieblehre
Fehlmessung durch Kippung
(Fehler 1. Ordnung)

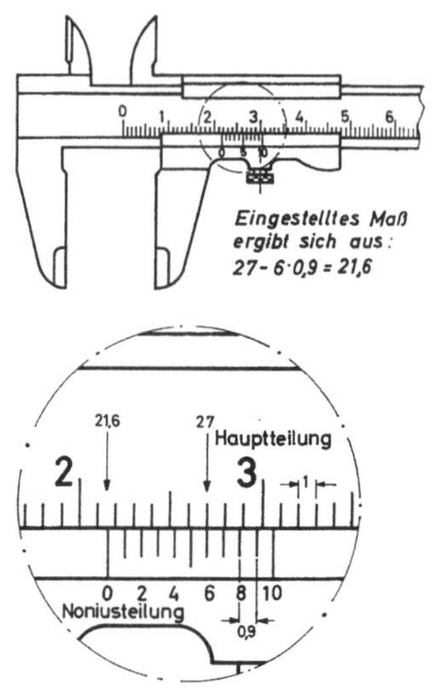

Abb. 5-2 Ablesung mit Nonius

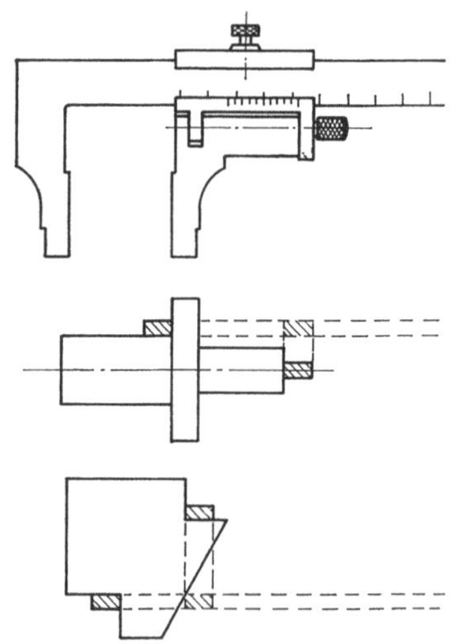

Abb. 5-3 Schieblehre mit schwenkbarem Schnabel

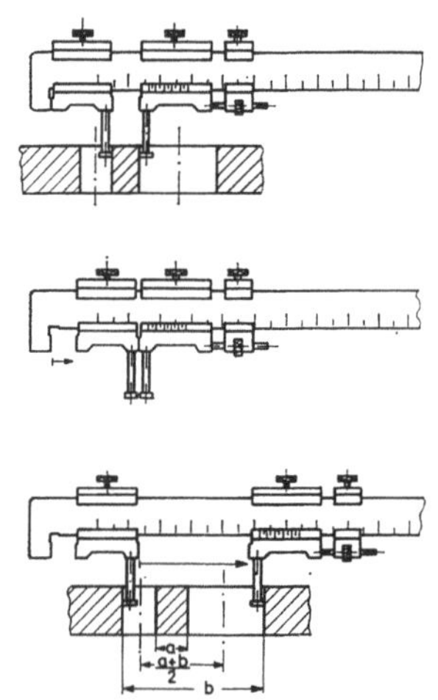

Abb. 5-4 Lochabstandsschieblehre (Mahr)

Schieblehre. Die Skalen werden vielfach mattverchromt, um eine bessere Ablesbarkeit zu erzielen. Die Schnabelenden werden abgesetzt, um Innenmessungen ausführen zu können, oder sie sind abgeschrägt, um Eindrehungen u. ä. messen zu können. Schieblehren sind vielfach mit Spitzen für Innenmessungen (Kreuzspitzen) oder mit Messerspitzen für das Messen von Eindrehungen oder mit Spitzen zum Anreißen ausgerüstet. Die Klemmung des Schiebers erfolgt über eine Druckschraube oder mit einem Exzenter. Zur Feineinstellung dient bei größeren Schieblehren ein Feinstellschieber.

Die Ausführungsformen der Schieblehren sind sehr unterschiedlich. *Taschenschieblehren* haben einen Meßbereich von 135 mm, sie sind mit Kreuzspitzen versehen, die Schnabelenden sind abgeschrägt, mit dem Schieber ist eine Tiefenmeßstange verbunden, wobei als Anschlag das Ende des Maßstabes dient. Dieser Tiefenmesser erfüllt im Gegensatz zu der eigentlichen Schieblehre das Komparatorprinzip.

Werkstattschieblehren haben Meßbereiche bis zu 1000 mm. Sie haben meist einen Feinstellschieber. Die Meßflächen werden teilweise auch mit Hartmetall bestückt. Die Schieblehren mit großem Maßbereich (ab 500 mm) werden auch mit Meßschraube im verschiebbaren Schnabel geliefert. Diese übernimmt dann die Feineinstellung. Allerdings muß aufgepaßt werden, daß keine zu große Meßkraft eintritt (Schraubzwinge), unter der sich die Schnabelenden aufbiegen. Außerdem betragen die zulässigen Abweichungen einer Schieblehre bei 500 mm Meßlänge $\pm$ 100 µm, die zulässigen Abweichungen einer Meßschraube des Genauigkeitsgrades II nur $\pm$ 10 µm. Die Meßunsicherheit ist viel höher als die Ablesung an der Meßschraube ($^1/_{100}$ mm) (1, 16, 24, 26, 28, 52, 55, 65, 71, 79, 87, 92).

Bei *Uhrschieblehren* erfolgt die Ablesung an einer Uhr, die über eine in der Zunge liegende Zahnstange angetrieben wird. Die Zunge trägt nur einen in Zentimeter geteilten Hilfsmaßstab (28, 55, 79).

Schieblehren mit *gekröpftem* oder *schwenkbaren* Schnabel eignen sich zum Messen abgesetzter Prüflinge (Abb. 5-3) (79).

5.2.1 Sonderschieblehren

Die *Lochabstandschieblehre* (52) gestattet eine unmittelbare Bestimmung des Achsabstandes von Bohrungen. Der Meßwert ist ohne Rechenarbeit sofort ablesbar. Die Schieblehre besteht aus dem Maßstabsträger, auf dem zwei Schieber mit je einem Meßzapfen verschoben werden können. Bei der Messung (Abb. 5-4) wird zuerst der linke Schieber gegen einen Anschlag am linken Ende des Maßstabsträgers gescho-

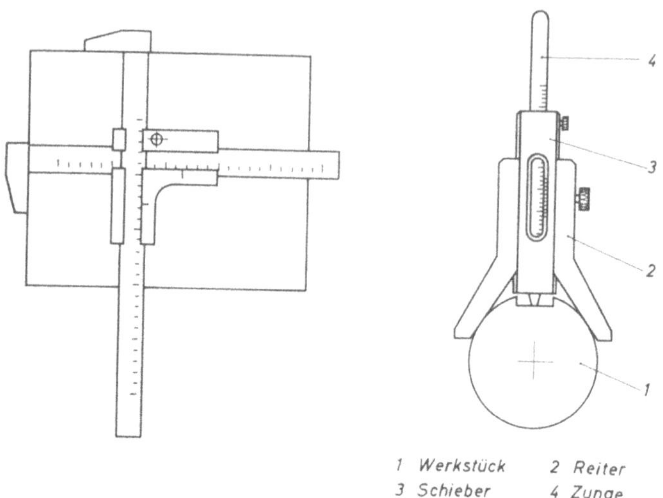

Abb. 5-5 Koordinatenbohrlehre

Abb. 5-6 Nutenmeßgerät

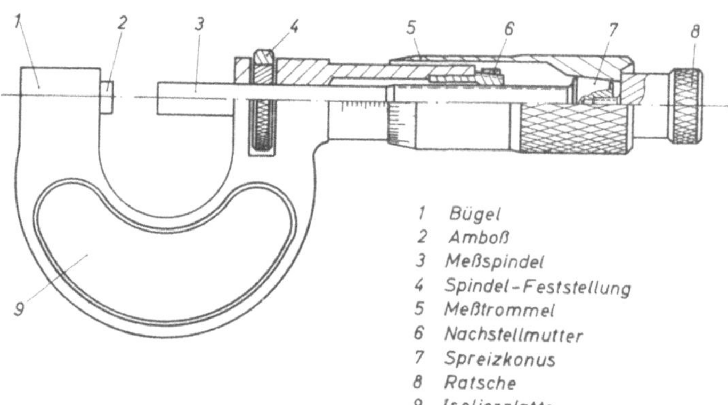

Abb. 5-7 Bügelmeßschraube

ben. Mit dem rechten Schieber wird sodann das Kleinstmaß zwischen den Bohrungen abgegriffen. Dann ist der linke Schieber gegen den rechten zu führen und festzustellen. Der rechte Schieber wird dann auf das Größtmaß zwischen den beiden Bohrungen eingestellt. Damit sind das Kleinst- und das Größtmaß $(a + b)$ auf dem Maßstabsträger gespeichert. Der Bohrungsabstand wird am rechten Schieber abgelesen. Der abgelesene Wert entspricht dem Bohrungsabstand, da die Teilung des Maßstabes auf das zweifache vergrößert ist. Der Meßwert wird also halbiert, d. h. er beträgt $(a + b)/2$.

Die *Koordinatenbohrlehre* (79) dient zum Anreißen. Sie besteht aus zwei um 90° versetzt angeordneten Maßstabsträgern, die in einem gemeinsamen Läufer verschiebbar sind (Abb. 5-5). Dieser Läufer enthält eine auf den Nullpunkt beider Maßstäbe justierte Bohrbuchse. Die Bezugsmaße werden durch Verschieben der Maßstäbe gegenüber dem Läufer eingestellt. Zur Einstellung dienen Nonien. Dann wird die Bohrlehre mit ihren Anlagekanten an die im rechten Winkel gearbeiteten Anlageflächen des Werkstücks angelegt und fixiert. Der gesuchte Punkt ist durch die Bohrbuchse des Läufers gegeben. Er kann durch Bohren oder Körnen markiert werden.

5.2.2 Tiefenmesser

Tiefenmesser sind nach der Art der Schieblehre ausgeführt. Der Schieber hat eine Auflagefläche (Meßbrücke), mit der der Tiefenmesser auf das Werkstück aufgesetzt wird. Die Meßstange trägt den Maßstab, der Schieber zum Ablesen einen Nonius. Die Meßstange kann an der Meßseite gerade, abgesetzt oder abgewinkelt sein oder einen auswechselbaren Meßstift haben. Die Tiefenmesser werden auch mit Feinstellschieber und mit Meßuhrablesung hergestellt. Die Meßlänge beträgt bis zu 500 mm (1, 16, 24, 28, 52, 55, 65, 71, 79, 92).

Ein *Nutenmeßgerät* zum Messen von Nuten an Wellen besteht aus einem in einem gabelförmigen Reiter verstellbaren Tiefenmesser (Abb. 5-6). Das Meßgerät wird auf der Welle neben der Nut aufgesetzt, der Tiefenmesser wird gegen die Wellenoberfläche geschoben. Damit ist die Nullstellung des Gerätes erreicht. Sodann wird mit dem Tiefenmesser die Nut ausgemessen.

Das Nutenmeßgerät für Bohrungen ist entsprechend aufgebaut. Es kann nur an der Stirnseite der Bohrung gemessen werden. Das Tiefenmaß ist abgewinkelt, der Halter besitzt einen zapfenartigen Anschlag, der an die Bohrungswand angelegt wird (1, 24, 28, 35).

5.2.3 Höhenmesser

Die Höhenmesser und Höhenreißer sind für Arbeiten an der Meß- bzw. Anreißplatte ausgeführt. Die Geräte sind mit einem schweren, standsicheren Fuß ausgestattet, dessen Unterseite möglichst eben sein soll. Die Höhenmesser werden meist mit Feinstellschieber versehen, vielfach sind die Maßstäbe verschiebbar, damit man von einer Bezugshöhe ausgehen kann. Die Ablesung erfolgt mit Nonius. Die Spitzen sind gerade oder gekröpft und teilweise auch aus Hartmetall. Die Höhenmesser werden bis zu Meßbereichen von 1200 mm hergestellt (1, 16, 28, 52, 55, 58, 61, 65, 71, 79, 87, 92).

5.3 Meßschrauben

Nachdem der Begriff „Mikrometer" für den 1000. Teil eines Millimeter vorbehalten ist, werden die früher mit Mikrometer bezeichneten Meßgeräte heute nach DIN 863 Meßschrauben genannt. Bei den Meßschrauben dient als Vergleichsnormal eine Gewindespindel mit sehr genauer Steigung von 0,5 oder 1 mm und einer Gewindelänge von vielfach 25 mm. Das Gewinde der Spindel wird geschliffen. Das Muttergewinde braucht nicht so genau zu sein, da die Flanken sowieso nur an einigen Stellen anliegen. Die Spindel soll sauber und weich ohne Spiel in der Mutter laufen. Durch Abnützung auftretendes Spiel kann durch Zusammendrücken der geschlitzten Mutter über ein konisches Gewinde ausgeschaltet werden (Abb. 5-7). Die axiale Verschiebung der Spindel wird an einer Längsteilung, Bruchteile einer Umdrehung durch die Rundteilung der Meßtrommel angezeigt. Ein Teilstrich entspricht meist 0,01 mm. Die Trommel mit der Rundteilung ist verstellbar angeordnet. Dadurch kann die Nullstellung der Meßschraube justiert werden. Um immer mit annähernd gleicher Meßkraft zu messen, wird die Meßspindel vielfach mit einer Ratschenkupplung versehen. Das Drehmoment dieser Kupplung soll so bemessen sein, daß bei vorsichtigem Zuschrauben zwischen den Meßflächen eine Meßkraft von 0,5 bis 1 kp entsteht. Zum Feststellen der Spindel dient eine Klemmvorrichtung.

Bei Meßschrauben mit Zählwerk (55, 86, 90, 91) wird der Meßwert bzw. ein Teil des Meßwertes in Ziffern angegeben. Dadurch lassen sich Ablesefehler, wie sie infolge der Spindelsteigung von 0,5 mm beim Ablesen von halben Millimetern auftreten (z. B. 0,48 statt 0,98 mm) vermeiden.

Die eigentliche Meßschraube wird als Meßwerk mit verschiedenen Bügeln und Halterungen verwendet. In ihrer einfachsten Form wird sie als *Einbaumeßschraube* angeboten, die zum Messen in Vorrichtungen und Maschinen verwendet wird (16, 24, 28, 35, 40, 52, 55, 65, 71, 79, 86, 87, 90, 91).

5.3.1 Bügelmeßschrauben

Bügelmeßschrauben bestehen aus einem möglichst verwindungssteifen, wenig auffedernden Bügel und der eigentlichen Meßschraube (Abb. 5-7). Auf der einen Seite des Bügels ist der Amboß (feste Meßfläche), auf der gegenüberliegenden Seite die Meßfläche der Spindel angeordnet. Bügelmeßschrauben sind in DIN 863 genormt. Das Normblatt enthält auch die zulässigen Abweichungen. Der Gesamtfehler einer Bügelmeßschraube des Genauigkeitsgrades I mit einem Meßbereich von 0 bis 25 mm darf höchstens 4 µm betragen. Eine wesentliche Voraussetzung für diesen geringen Fehler ist neben der Genauigkeit der Spindelsteigung die Ebenheit und Parallelität der Meßflächen. Sie werden mit planparallelen Glasplatten geprüft (s. 6.8.1). Die Abweichungen der Parallelität und der Ebenheit dürfen höchstens 6 Streifen bzw. Ringe betragen. Das entspricht etwa 1,8 µm.

Die meist verwendete Bügelmeßschraube hat einen festen Amboß. Die Meßflächen werden auch mit Hartmetall bestückt. Der Bügel ist häufig mit einem wärmedämmenden Belag versehen. Die Meßweiten sind entsprechend der Gewindelänge der Spindel um 25 mm gestuft. Für größere Meßweiten (ab 100 mm) werden auswechselbare Einsätze als Amboß verwendet. Dadurch kann ein Bügel z. B. für den Meßbereich 100 bis 150 mm verwendet werden. Für Meßbereiche über 300 mm werden Stahlleichtbügel verwendet. Meßschraube und Amboß sind meist verstellbar. Mit Einstellmaßen werden Amboß und Meßschraube im Bügel auf den erforderlichen Meßbereich eingestellt. Meßschrauben mit halbrunden Bügel werden bis zu Meßweiten von 3 m hergestellt.

Zum Messen an Blechen werden Meßschrauben mit großer Bügeltiefe hergestellt. Der Bügel kann auch als Ständer ausgebildet sein. Zwischen den Meßflächen ist oft ein höhenverstellbarer Tisch angeordnet. Dieser soll das Messen an Kleinteilen erleichtern (1, 16, 24, 26, 28, 35, 40, 52, 55, 58, 65, 71, 72, 79, 86, 87, 90, 92).

Bei den *Rohrwandmeßschrauben* ist die Amboßseite des Bügels als Stift ausgebildet, der senkrecht zur Spindel steht. Der Stiftkopf ist ballig oder zylindrisch. Der Meßbereich beträgt bis 50 mm.

Bügelmeßschrauben werden auch mit *auswechselbaren Einsätzen* für Spindel und Amboß geliefert, bzw. mit besonderen Ausführungen der Meßflächen. Besondere Meßflächen werden verwendet für die Zahn-

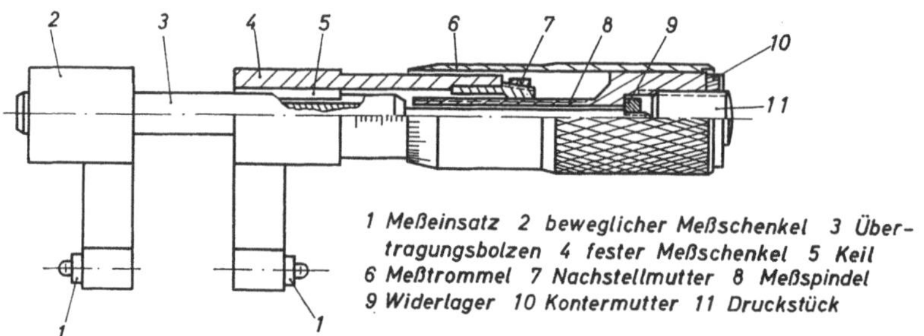

Abb. 5-8 Innenmeßschraube mit Schenkeln

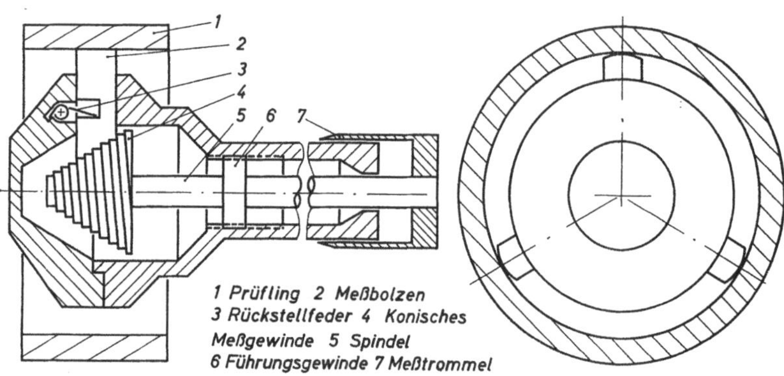

Abb. 5-9 Bohrungsmeßschraube Imicro

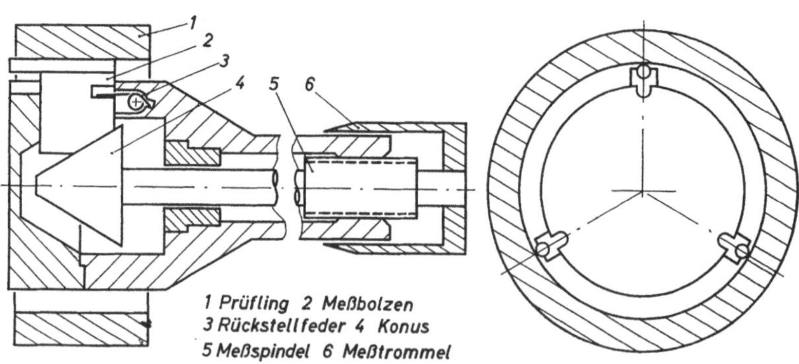

Abb. 5-10 Bohrungsmeßschraube Tri-o-Bor

weitenmessung (Meßteller), Gewindemessung (Kimme, Spitzen), für die Dickenmessung von weichem Material (vergrößerte Meßflächen) u. a. m.

Meßschrauben zum Messen ungeradzahlig genuteter Werkstücke (Spiralbohrer, Fräser, Reibahlen u. ä.) haben als Gegenaufnahme ein Prisma, dessen Winkel der Nutenzahl angepaßt ist (3- und 9-, 5-, 7nutig).

Die Steigung der Meßspindel ist so ausgelegt, daß der Meßwert direkt abgelesen werden kann. Die Meßschrauben werden mit verschiedenen Meßweiten bis zu 85 mm geliefert (1, 28, 55, 71, 86, 90).

5.3.2 Innenmeßschrauben

Innenmeßschrauben dienen zum Messen von Bohrungen ab 50 (35) mm. Die Meßflächen sind kuglig und meist aus Hartmetall. Innenmeßschrauben aus einem Stück werden von 50 (35) mm bis 125 mm hergestellt. Um das eigentliche Meßelement für möglichst viele Meßweiten verwenden zu können, werden Verlängerungen angesetzt. Dadurch sind Meßweiten bis 4000 mm möglich. Bei Verwendung der kleineren Meßschrauben werden zum Fernhalten der Körperwärme und zur einfacheren Handhabung Halter, bei längeren Meßschrauben Isoliergriffe verwendet. Die Innenmeßschrauben werden auch mit Zählwerkablesung hergestellt (1, 16, 17, 24, 28, 35, 40, 52, 55, 65, 71, 79, 86, 87, 90, 92).

Während bei diesen Meßschrauben die Meßfläche in der Achse der Meßspindel liegen, werden bei anderen Ausführungen Meßschenkel verwendet (Abb. 5–8). Dadurch lassen sich Absätze u. ä. leichter messen Es wird aber das Komparatorprinzip verletzt (1, 24, 28, 35, 52, 86, 87).

Diese Innenmeßschrauben werden teilweise auch mit auswechselbaren Meßeinsätzen zur Gewinde- und Zahnradmessung, zum Messen von schmalen Eindrehungen u. a. m. hergestellt.

Zur Bohrungsmessung werden gerne selbstzentrierende Geräte verwendet, also Geräte mit Dreipunktanlage oder Dreipunktmessung. Bei den Bohrungsmeßgeräten mit Meßschrauben wird die axiale Bewegung der Gewindespindel durch einen Gewindekonus (Abb. 5–9) oder einen glatten Konus (Abb. 5–10) in die radiale Bewegung der Meßbolzen überführt (89, 90).

Das Gerät *Tri-O-Bor* (90) hat auswechselbare Meßbolzen, außerdem können Sondermeßbolzen z. B. zur Bestimmung des Flankendurchmessers von Innengewinden verwendet werden.

5.3.3 Tiefen- und Höhenmeßschrauben

Tiefenmeßschrauben haben einen Anschlag (Meßbrücke) mit der sie auf den Prüfling aufgesetzt werden. Für verschiedene Meßtiefen werden Einsätze in der Meßspindel befestigt. Die Einstellung der Meßschraube nach Einsetzen eines Einsatzes erfolgt mit Endmaßen auf der Meßplatte (1, 16, 24, 28, 35, 40, 52, 55, 65, 71, 72, 79, 86, 87, 92).

Die Höhenmeßschraube „*Cadillac*" (35) besteht aus einer Meßschraube, auf deren verlängerter Meßspindel sich in Abständen von 25 mm Meßteller befinden. Beim Drehen der Meßspindel werden alle Meßteller in der Höhe verschoben. Es läßt sich dadurch jedes Maß innerhalb des Meßbereiches einstellen. Die Höhenmeßschraube wird für die Meßbereiche 0 bis 150 und 0 bis 300 mm hergestellt. Eine Erweiterung des Anwendungsbereiches ist durch Untersätze von 300 und 600 mm Höhe möglich. Um unbehindert von den anderen Tellern Längen abnehmen zu können, z. B. beim Einstellen einer Meßuhr senkrecht zum Meßteller, kann auf den Meßteller eine zusätzliche Meßfläche angeschoben werden.

5.4 Meßuhren

Meßuhren sind nach DIN 878 Längenmeßgeräte, bei denen der Meßbolzenweg durch Zahnstange oder ähnliches und Zahnräder vergrößert angezeigt wird. Diese Übertragung erfolgt porportional zum Meßbolzenweg und gestattet einen großen Anzeigebereich von 3, 5, 10 (50) mm. Die Meßwertanzeige erfolgt durch Zeiger auf Kreisskalen. Meist gibt ein kleiner Zeiger die ganzen Millimeter, der große Zeiger die $^1/_{10}$ oder $^1/_{100}$ mm an. Das Ziffernblatt ist drehbar angebracht. Dadurch kann der Nullpunkt verstellt werden. Am äußeren Umfang befinden sich häufig zwei verstellbare Toleranzmarken. Die Bau- und Anschlußmaße von Meßuhren sind in DIN 878 Bl. 1 angeführt. Der Einspannschaft der Meßuhr hat einen Durchmesser von 8^{h6} mm. Der Meßeinsatz am Tastbolzen ist auswechselbar.

Die Anforderungen sowie die zulässigen Abweichungen sind für Meßuhren in DIN 878 Bl. 2 festgelegt. Demnach darf die Meßkraft 150 p bei senkrecht nach unten herausgehendem Meßbolzen nicht übersteigen. In einem Anzeigebereich von 5 mm darf der größte und der kleinste Wert der Meßkraft bei herausgehendem Meßbolzen sich höchstens um 60 p unterscheiden. Der Unterschied der Meßkraft an einer beliebigen Stelle des Anzeigebereiches bei hineingehendem und herausgehendem Meßbolzen darf 50 p nicht übersteigen. Der Fehler der Anzeige darf bei einer Meßuhr des Genauigkeitsgrades I mit einem Meßbereich von 5 mm höchstens 12 µm, die Umkehrspanne 3 µm betragen.

Aufbau des Meßwerkes. Der Meßbolzenweg wird über Zahnstange, Ritzel und Zahnrad auf das Zeigerritzel übertragen. Um Beschädigungen des Meßwerkes durch Stöße auf den Meßbolzen zu verhindern, wird die Zahnstange bei den stoßgesicherten Meßuhren nicht am Meßbolzen selbst, sondern an einer den Meßbolzen umschließenden Hülse angebracht (Abb. 5–11). Diese Hülse wird durch die den Kraftschluß im Getriebe bewirkenden Teile gegen einen Anschlag des Meßbolzens gezogen. Wird der Meßbolzen stoßartig beansprucht, so bewegt er sich zuerst allein, die Zahnstangenhülse folgt langsam. Den Antrieb des kraftschlüssigen Meßwerkes bewerkstelligt eine Spiralfeder, die über ein Zahnrad auf das Zeigerritzel wirkt. Dadurch liegen immer dieselben Flanken der Getriebeteile aneinander an, so daß bei Umkehrung des Bewegungssinnes toter Gang weitgehend vermieden wird. Um eine annähernd gleichbleibende Meßkraft zu erzielen, wirkt eine Schraubenfeder nicht unmittelbar auf den Meßbolzen, sondern über einen Ausgleichhebel. Durch geeignete Wahl seines Angriffspunktes bleibt das Produkt Federkraft mal Hebelarm annähernd gleich (1, 12, 24, 28, 41, 43, 44, 52, 55, 56, 65, 71, 73, 79, 87).

Bei einer Bauart (58) wird der Meßbolzenweg nicht durch eine Zahnstange, sondern durch ein Stahlband übertragen (Abb. 5–12). Das Stahlband wirkt auf eine Trommel, deren Achse den Zeiger für die Millimeterangabe und ein Zahnrad trägt. Dieses Zahnrad treibt das Zahnradgetriebe mit dem Zeiger, der den Meßwert vergrößert wiedergibt. Um eine konstante Meßkraft zu erzielen, ist die Rückstellfeder mit dem Meßbolzen über eine Kurvenscheibe und ein Stahlband verbunden.

Ausführungen. Die Normalmeßuhr (Gehäusedurchmesser 57 mm) hat einen Meßbereich bis zu 10 mm und einen Skalenwert von 0,01 mm, eine Zeigerumdrehung entspricht 1 mm Meßbolzenweg. Sie wird auch wasser- und ölfest geliefert. Die Rückseite kann eine Befestigungsmöglichkeit aufweisen oder einen Haftmagneten haben.

Bei der *Feinmeßuhr* entspricht eine Zeigerumdrehung 0,1 mm, der Skalenwert beträgt 0,001 mm.

Die *Kleinmeßuhr* (Gehäusedurchmesser 40 mm) hat einen Meßbereich bis 5 mm, eine Zeigerumdrehung entspricht 0,5 mm.

Großmeßuhren entsprechen in den Daten den Normalmeßuhren, nur ist das Gehäuse und somit die Skala größer (80, 110 mm⌀).

Meßuhren mit erweitertem Meßbereich entsprechen in den Abmessungen den Normalmeßuhren, haben aber einen Meßbereich bis 50 mm.

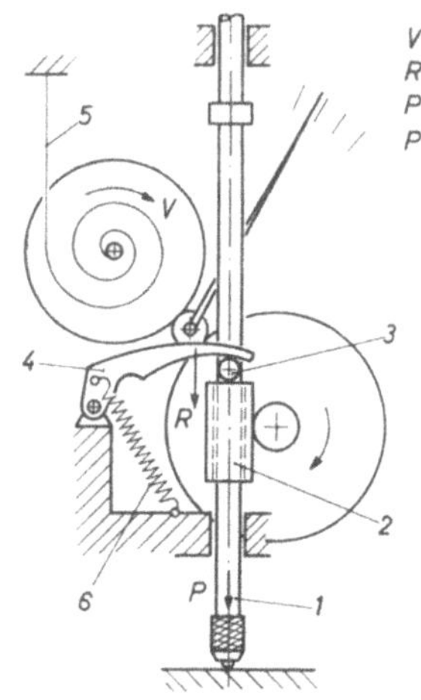

1 Meßbolzen 2 Zahnstangenhülse 3 Anschlag 4 Ausgleichhebel 5 Vorspannfeder 6 Rückstellfeder

Abb. 5-11 Meßuhr mit Zahnradübersetzung und Stoßschutz

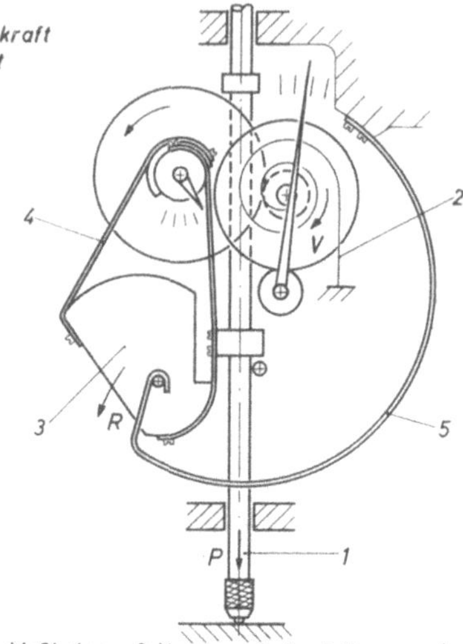

1 Meßbolzen 2 Vorspannfeder 3 Kurvenscheibe 4 Stahlband 5 Rückstellfeder

Abb. 5-12 Meßuhr mit Bandtrieb

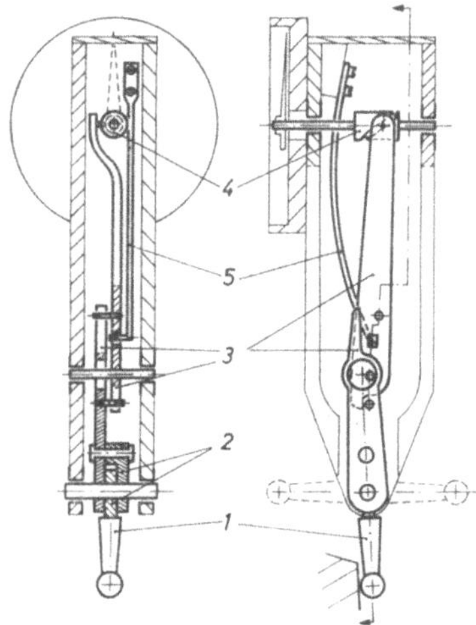

1 Taster 2 Reibkupplung 3 Doppelhebelsystem 4 Spirale 5 Meßkraftfeder

Abb. 5-13 Fühlhebel mit selbsttätiger Meßkraftumschaltung (Tesatast)

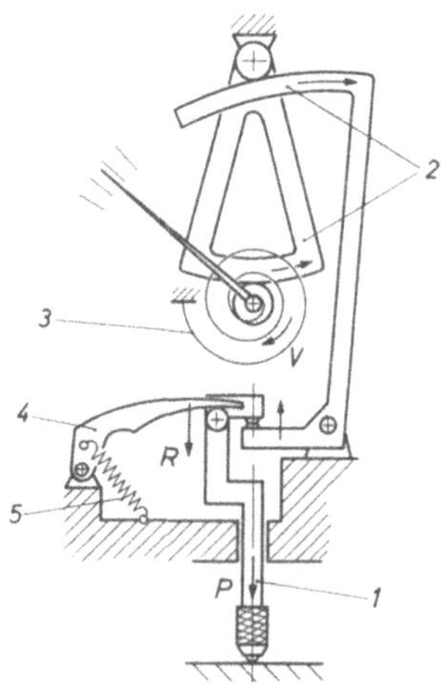

1 Meßbolzen 2 Zahnradsegment 3 Vorspannfeder 4 Ausgleichhebel 5 Rückstellfeder

Abb. 5-14 Feinzeiger mit Zahnradübersetzung und Stoßschutz (Millimess)

Um den Meßbolzen der Meßuhren anheben zu können, werden Anlüfthebel benutzt, die auf die Uhr aufgesetzt werden. Teilweise haben die Uhren auch Anschlüsse für Drahtabheber. Durch Ansetzen von Hilfsschnäbeln auf Einspannschaft und Meßbolzen können Meßuhren als Außen- und Innenmeßgeräte Verwendung finden. Für Meßuhren werden neben den Meßständern (s. 2.3) verschiedene Halter, vielfach mit magnetischen Haftflächen, hergestellt.

Bei den *Fühlhebelgeräten* (Zentriergerät, Hebelindikator) wirkt ein schwenkbarer Taster über Hebel auf ein Getriebe. Eine Ausführungsform ist in Abb. 5–13 gezeigt. Der Taster ist in einer Reibkupplung um 180° schwenkbar und kann dadurch immer senkrecht zur wirkenden Längenänderung eingestellt werden. Um in beiden Richtungen antasten zu können, wird die Meßkraft durch ein Hebelsystem selbsttätig umgeschaltet. Bei anderen Ausführungen kann die Meßkraft umgeschaltet werden. Der Meßbereich beträgt bis zu 0,8 mm, der Skalenwert 0,01 mm. Der Einspannschaft hat 8 mm Durchmesser (12, 24, 43, 52, 55, 56, 58, 65, 71, 79, 90).

5.5 Feinzeiger

Feinzeiger sind Längenmeßzeuge mit Winkelausschlag des Zeigers kleiner als 360°. Die Vergrößerung des Meßbolzenweges erfolgt durch Hebel allein oder durch Hebel in Verbindung mit Zahnradsegmenten und Ritzeln, tordierten Federbändern u. a. Durch die Hebelübersetzungen erfolgt die Übertragung des Meßbolzenweges nur in einem kleinen Bereich annähernd proportional. Die Feinzeiger haben daher kleine Meßbereiche. Bei Feinzeigern mit einem Skalenwert von 1 µm beträgt der Meßbereich meist ±0,05 mm. An der Skala der Feinzeiger befinden sich verstellbare Toleranzmarken. Die Anschlußmaße der Feinzeiger sind in DIN 879 Bl. 1 genormt. Danach sind Einspannschäfte von 28 mm und 8 mm Durchmesser vorzuziehen. Heute überwiegen die handlichen Feinzeiger mit 8 mm Einspannschaft. Die Anforderungen sowie die zulässigen Abweichungen sind für Feinzeiger in DIN 879 Bl. 2 festgelegt. Über die absolute Meßkraft sagt die Norm nichts aus. Üblich sind heute Meßkräfte zwischen 100 und 200 p, sie können aber auch bedeutend darüber oder darunter liegen. Die Norm gibt nur an, daß bei Feinzeigern bis 100 Skalenteilen Anzeigebereich sich die größte und die kleinste Meßkraft bei herausgehendem Meßbolzen um 50 p unterscheiden dürfen. Die größte Fehlerdifferenz (Ordinatenabstand des höchsten und des tiefsten Punktes der Fehlerkurve über den Meßbereich) darf bei einem Feinzeiger des Genauigkeitsgrades I höchstens ein Skalenteil betragen, die Umkehrspanne 0,5 Skalenteile.

Aufbau der Meßwerke. Stark verbreitet sind Meßwerke, bei denen der Meßbolzen auf einen Hebel wirkt, dessen anderes Ende ein Zahnsegment trägt und mit diesem in ein Ritzel eingreift. Dieses Ritzel ist wiederum mit einem Zahnsegment verbunden, das in das Zeigerritzel eingreift (Abb. 5–14). Um einen Freihub zu haben und damit gleichzeitig das Meßwerk vor Stößen zu schützen, wird das Meßwerk durch eine auf die Welle des Zeigerritzels wirkende Spiralfeder gegenüber dem Meßbolzen nachgestellt. Die Meßkraft wird wie bei den Meßuhren durch Feder und Ausgleichhebel annähernd gleichgehalten (9, 39, 43, 52, 55, 71, 79, 83, 87).

Bei einer anderen Bauart (23, 24) wird der Meßbolzenweg durch auf Schneiden gelagerte Hebel vergrößert (Abb. 5–15).

Als sehr empfindliches Übersetzungselement wird auch eine Torsionsfeder verwendet (Abb. 5–16). Diese Feder ist ein von der Mitte ausgehend nach der einen Seite rechtsgängig und nach der anderen Seite linksgängig schraubenförmig verwundenes Metallband. Bei Streckung dieses Bandes dreht sich ein in der Mitte des Bandes angebrachter Zeiger. Die Meßbolzenbewegung wird über ein Federgelenk auf das tordierte Band übertragen. Der Meßbolzen wird in Federelementen geführt. Im Meßwerk treten somit kein Spiel und nur innere Reibung im Stoff auf. Dadurch ist bei diesem Meßwerk praktisch keine Umkehrspanne festzustellen. Die Übertragung hängt von Länge, Windungszahl und Querschnitt des Bandes sowie von der Länge des Zeigers ab. Sie kann außerdem durch eine Justiervorrichtung feineingestellt werden (17, 40).

Statt eines Zeigers kann auch ein Spiegel am Band befestigt werden, der eine Lichtmarke ablenkt und auf eine Skala wirft (17).

Übliche Anzeigebereiche und Skalenwerte von Feinzeigern sind:

Anzeigebereich	[mm]	$\pm$ 1,5	$\pm$ 0,25	$\pm$ 0,05	$\pm$ 0,025
Skalenwert	[mm]	0,05	0,01	0,001	0,0005.

Feinzeiger sind wegen ihres geringen Anzeigebereiches nur für Unterschiedsmessungen zu verwenden, müssen also nach Normalen eingestellt werden. Bei der Verwendung der Feinzeiger mit den üblichen Meßhütchen (Punktberührung) können nur Istmaße bestimmt werden. Der Einsatz von Feinzeigern für die Gutkontrolle von Paarungen an Werkstücken verstößt gegen den Taylorschen Grundsatz (s. 4.2). Wenn angenommen werden kann, daß die Formfehler der Prüflinge im Vergleich zur Toleranz genügend klein sind, dann können auch Feinzeiger für die Gutkontrolle eingesetzt werden.

Besondere Bedeutung haben die Feinzeiger zum Prüfen von Lehren, und besonders von Werkstücken, deren Toleranzen u. U. schon im Bereich der Herstelltoleranzen von Lehren liegen (z. B. Kolbenbolzen). Da Feinzeiger heute verhältnismäßig klein gebaut sind, werden sie in Mehrstellenmeßanordnungen verwendet. Diese Feinzeiger sind dann oft mit Grenzkontakten ausgerüstet (s. 8.2.1). Weiterhin werden Feinzeiger in Meßmaschinen als Meßelement oder zur Erzeugung konstanter Meßkraft verwendet.

5.5.1 Schreibfeinzeiger

Ein als schreibender Feinzeiger (80) ausgebildetes Gerät hat als Übertragung nur einen Winkelhebel, dessen Drehpunkt durch ein Kreuzfedergelenk gebildet wird (Abb. 5–17). Das eigentliche Meßwerk des Gerätes ist in einem Schaft von 28 mm Durchmesser angeordnet. Im Geräteoberteil ist der Papiertransport, der über einen Synchronmotor und auswechselbare Zahnräder erfolgt, untergebracht. Als Schreibzeiger wird eine mit Tinte gefüllte Glaskapillare verwendet. Das Gerät wird mit 100-, 200-, 250- und 400facher Vergrößerung geliefert. Der Meßbereich beträgt dabei 0,5; 0,25; 0,2; 0,125 mm, die Meßkraft liegt in der Größenordnung von 160 p. Der Tastbolzen hat einen Freihub von 5 mm. Durch das reibungsarme System tritt bei 400facher Vergrößerung eine Umkehrspanne kleiner als 0,3 µm auf. Da das System außerdem nur geringe bewegte Massen hat, können Bewegungsvorgänge bis 8 Hz getreu aufgezeichnet werden. Das Gerät eignet sich besonders zum Aufzeichnen von Formabweichungen. Es wird vielfach in Verbindung mit Zahnradmeßgeräten verwendet.

Ein weiterer Schreibfeinzeiger (39) hat eine umschaltbare Vergrößerung von 100fach und 500fach, dabei einen Meßbereich von 0,5 bzw. 0,1 mm. Das Schreibwerk kann auf verschiedene Papiergeschwindigkeiten innerhalb von 50 bis 300 mm/min eingestellt werden. Ein Zeitmarkenschreiber schreibt Marken in Abständen von 10 sec. Das Gerät hat einen Einspannschaft von 28 mm Durchmesser. Die Gebrauchslage ist waagerecht.

5.6 Meßgeräte mit Feinzeiger oder Meßuhr

5.6.1 Außenmeßgeräte

Dickenmesser sind Meßbügel mit Meßuhren zum Messen der Dicke von Blechen, Leder, Pappe, Papier, Gummi, Kunststoff usw. Die Ge-

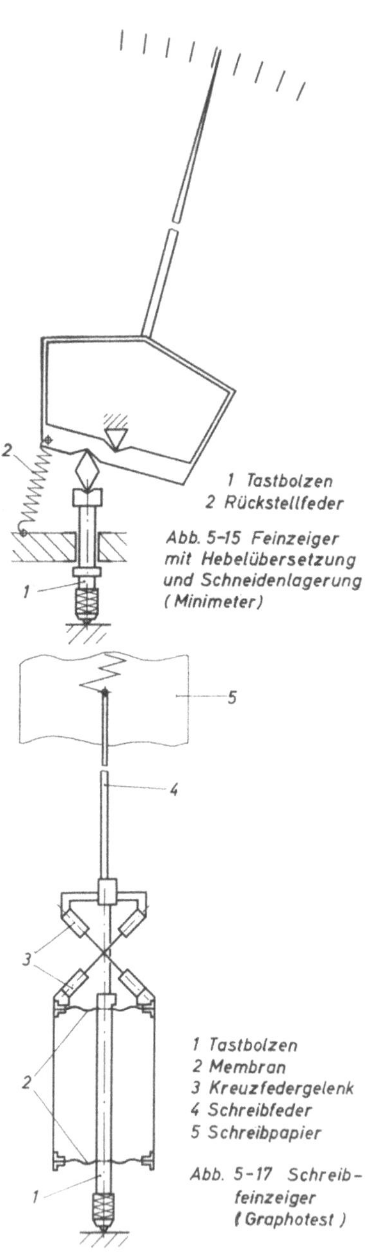

1 Tastbolzen
2 Rückstellfeder

Abb. 5-15 Feinzeiger mit Hebelübersetzung und Schneidenlagerung (Minimeter)

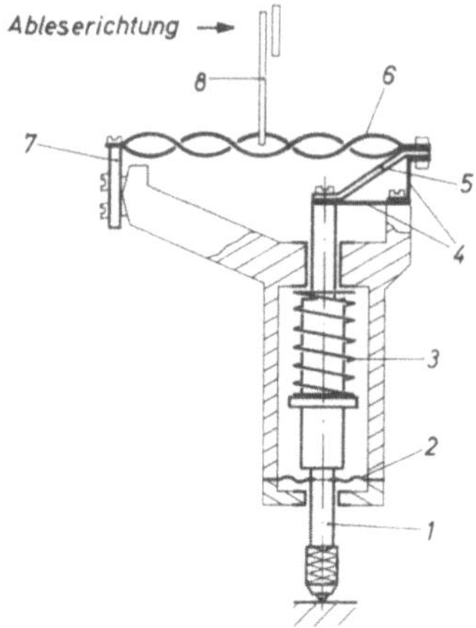

1 Tastbolzen 2 Membran 3 Rückstellfeder
4 Feder 5 Hebel 6 tordiertes Federband
7 Justierung 8 Zeiger

Abb. 5-16 Feinzeiger mit tordiertem Federband (Mikrokator)

1 Tastbolzen
2 Membran
3 Kreuzfedergelenk
4 Schreibfeder
5 Schreibpapier

Abb. 5-17 Schreibfeinzeiger (Graphotest)

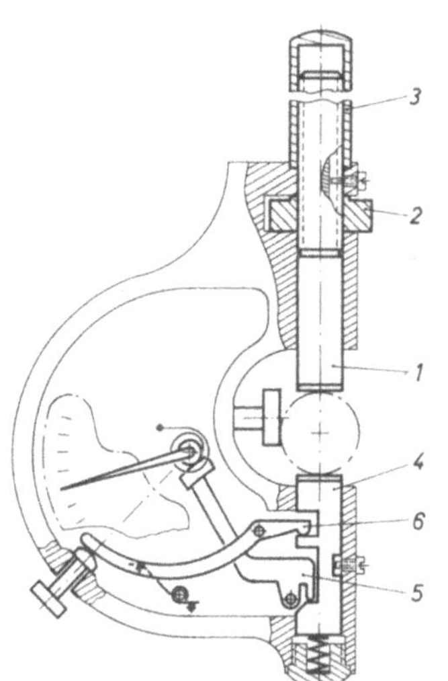

1 verstellbarer Tastbolzen 2 Verstellmutter
3 Feststellung 4 beweglicher Tastbolzen
5 Übertragungshebel 6 Freihub

Abb. 5-18 Bügelfeinzeiger (Passameter)

räte haben meist einen Anlüfthebel zum Abheben des Meßbolzens der Meßuhr. Als Meßflächen können in die Geräte verschiedene Taster eingesetzt werden, insbesondere großflächige Taststeller zum Messen von weichem Material. Der Meßbereich beträgt entsprechend der eingebauten Meßuhr 5, 10 oder 20 mm. Die Bügel haben Tiefen bis zu 300 mm (1, 24, 28, 43, 47, 52, 55, 56, 65, 73, 87).

Meßbügel (anzeigende Rachenlehren) werden meist mit Feinzeigern versehen. Teilweise sind die Feinzeiger auch in den Bügel eingebaut (Abb. 5-18). Die planen Meßflächen sind meist mit Hartmetall bestückt. Zur Vergrößerung des Anwendungsbereiches über den Anzeigebereich des Feinzeigers hinaus kann ein Tastbolzen verstellt werden. Im Bügel ist eine Stützschraube angebracht, die die richtige Lage des Prüflings zur Meßachse sicherstellt. Die Einstellung erfolgt mit Endmaßen. Der Meßbereich beträgt meist $\pm$ 80 µm, der Skalenwert 1 µm, der Anwendungsbereich 20 bis 25 mm. Der Toleranzbereich wird durch einstellbare Zeiger markiert. Die Geräte werden für Meßlängen bis 200 mm hergestellt (24, 28, 39, 40, 43, 52, 55, 58, 79, 86, 87, 96).

5.6.2 Innenmeßgeräte

Das Messen von Bohrungen ist gegenüber Außenmessungen schwieriger, da gleichzeitig, wie in Abb. 5-19 dargestellt, quer zur Bohrungsachse das größte Maß a und längs der Bohrungsachse das kleinste Maß b zu ermitteln ist. Deshalb haben Bohrungsmeßgeräte für Bohrungen über 10 mm Durchmesser meist selbsttätige Zentrierungen, so daß nur durch Schwenken des Meßgeräts das Kleinstmaß b zu ermitteln ist.

Bei den Bohrungsmeßgeräten steht die Achse des Feinzeigers fast immer senkrecht zur Meßstrecke. Die Meßgeräte bestehen zumeist aus dem Innenmeßansatz, in welchem die Umlenkung der Meßbewegung des Tastelements erfolgt, und einer Meßuhr oder einem Feinzeiger. Für Bohrungen zwischen 1,5 und 10 mm werden geschlitzte kuglige Tastköpfe verwendet (Abb. 5-20), die durch eine von der Meßuhr beaufschlagte keglige Nadel gespreizt werden. Es erfolgt eine Zweipunktmessung. Die Einstellung des Gerätes geschieht mit Lehrringen. Ein Tastkopf hat einen Meßbereich von max. 1 mm. Die Meßtiefe beträgt 15 bis 100 mm. Die kugligen Meßflächen werden hartverchromt oder mit Hartmetall bestückt (1, 28, 52, 55, 71, 79).

Für Bohrungen zwischen 10 und 800 mm und Bohrungstiefen von 100 bis 1000 mm haben die Tastköpfe einen feststehenden und einen beweglichen Meßbolzen. Durch verschiedene Umlenkungen (Abb. 5-21)

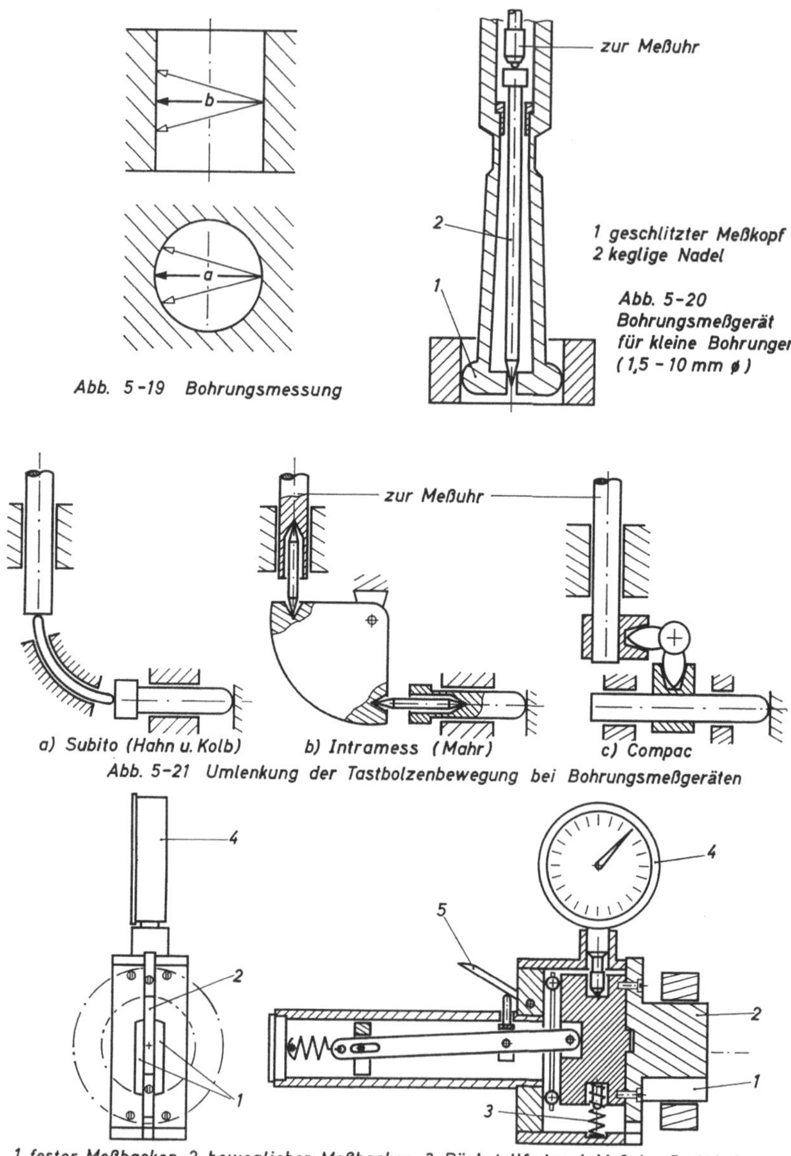

Abb. 5-19 Bohrungsmessung

Abb. 5-20 Bohrungsmeßgerät für kleine Bohrungen (1,5 - 10 mm ø)

a) Subito (Hahn u. Kolb) b) Intramess (Mahr) c) Compac

Abb. 5-21 Umlenkung der Tastbolzenbewegung bei Bohrungsmeßgeräten

1 fester Meßbacken 2 beweglicher Meßbacken 3 Rückstellfeder 4 Meßuhr 5 Abheber

Abb. 5-22 Innenmeßgerät Marimeter (Mahr)

wird die Bewegung des Meßbolzens auf den Feinzeiger übertragen. Der Meßbolzen ist auswechselbar, dadurch kann das Gerät verschiedenen Meßbereichen angepaßt werden. Damit das Gerät sich selbst zentriert, sind an der Seite des feststehenden Meßbolzens schwenkbare Stützflügel oder eine federnde Meßbrücke angeordnet, die mit dem festen Meßbolzen eine Dreipunktanlage in der Bohrung bilden. Die Geräte werden mit Lehrringen, Meßschrauben oder mit besonderen Einstellgeräten, die aus Endmaßhalter, Endmaßen und besonderen Meßschnäbeln bestehen, eingestellt (1, 12, 24, 28, 40, 43, 52, 55, 71, 72, 79, 87).

Außerdem gibt es Geräte, die eine Dreipunktmessung durchführen (39). Die Meßköpfe haben für große Bohrungen (20–120 mm) zwei feststehende Meßbacken, die vom Bohrungszentrum einen Winkel von 72° einschließen. Mit dieser Dreipunktmessung können sowohl gleichdicke als auch elliptische Querschnittsformen erfaßt werden (s. a. 12).

Bei Meßgeräten mit Meßschnäbeln wird die Bewegung des einen Schnabels auf einen Feinzeiger übertragen. Die Geräte werden für Anwendungsbereiche von 3 bis 250 mm hergestellt (52).

Ein sog. Innenmeßdorn (52) hat auswechselbare Meßkörper, die aus zwei feststehenden und einer beweglichen Meßbacke bestehen (Abb. 5-22). Zum Einführen läßt sich der bewegliche Meßbacken einziehen. Anwendungsbereich 2—100 mm. Das Gerät wird auch als Tischmeßgerät zum schnellen Messen von Kleinteilen hergestellt. Anwendungsbereich 10—80 mm.

Zum Messen von Bohrungen bei eingeführten Bohr- oder Schleifspindel wird ein Gerät mit Dreipunktzentrierung durch federnde Meßbrücke verwendet. Der Bohrstangendurchmesser braucht nur 10 mm kleiner als die Bohrung zu sein. Der Anwendungsbereich des Geräts ist 35—200 mm. Die Ablesung erfolgt an einem Feinzeiger mit einem Skalenwert von 0,01 mm (24, 28, 52).

Tastarm-Innenmeßgeräte haben zwei scherenartige Tastarme, die in die zu messende Bohrung eingeführt werden und deren Bewegung auf eine Meßuhr übertragen wird. Zum Messen von Ein- und Hinterdrehungen können auf die Tastarme Tastbolzen aufgesetzt werden. Teilweise haben die Geräte auch eine Dreipunktzentrierung. Die Geräte werden für einen Anwendungsbereich von 5 bis 150 mm hergestellt. Der Skalenwert beträgt 0,01 mm (11, 28, 48).

6 Optische Meßgeräte

Die meisten optischen Meßgeräte sind auf dem Prinzip von Lupe, Projektor, Mikroskop oder Fernrohr aufgebaut, die vergrößernde optische Betrachtungsgeräte darstellen. Durch den Einbau fester oder verschiebbarer Strichmarken in der Ebene eines reellen Bildes werden sie zu Visier- oder Meßgeräten, durch den Einbau von Profilstrichplatten zu Vergleichsgeräten. Grundsätzlich können drei Gruppen optischer Meßgeräte unterschieden werden:

1. Geräte mit optischer Antastung des Prüflings und mechanischer Messung der Tastpunktverschiebung, z. B. Werkzeugmikroskop, Profilprojektor.
2. Geräte mit optischer Antastung des Prüflings und optischer Messung der Tastpunktverschiebung, z. B. Komparator mit Perflektometereinrichtung, Universalmeßmikroskop.
3. Geräte mit mechanischer Antastung des Prüflings und optischer Messung der Tastpunktverschiebung, z. B. Abbescher Längenmesser, Universalmeßmikroskop mit Nulleinstellgerät.

6.1 Grundlagen

In diesem Kapitel sollen die wichtigsten optischen Gesetzmäßigkeiten, die Grundelemente der optischen Geräte und die optischen Indikationsverfahren kurz beschrieben werden, um das Verständnis der Funktionsweise der Geräte zu erleichtern. Es wird ausschließlich die geometrische Optik behandelt, d. h. die Lehre vom Licht, die auf der Vorstellung der Existenz von Lichtstrahlen basiert. Diese Lichtstrahlen lassen sich zeichnerisch veranschaulichen, beobachten kann man nur Strahlenbündel.

6.1.1 Reflexion

Ein Teil des auf einen Gegenstand auftreffenden Lichtes dringt in den Körper ein (wird absorbiert), der andere Teil wird zurückgeworfen (wird reflektiert).

Reflexionsgesetz: Der unter dem Winkel ε einfallende Strahl und der unter dem Winkel ε_r zurückgeworfene Strahl schließen mit dem Einfallslot des getroffenen Flächenelements gleiche Winkel ein und liegen mit diesem Lot in einer Ebene (Abb. 6–1a). Der Ablenkungswinkel ist $\delta = 180° - 2\varepsilon$.

Wird die spiegelnde Fläche um den Winkel γ gekippt, so ändert sich die Strahlablenkung um $\Delta\delta = 2\Delta\varepsilon = 2\gamma$ (Abb. 6–1b). Die Lage des Drehpunktes des Spiegels ist für den Ablenkungswinkel beliebig.

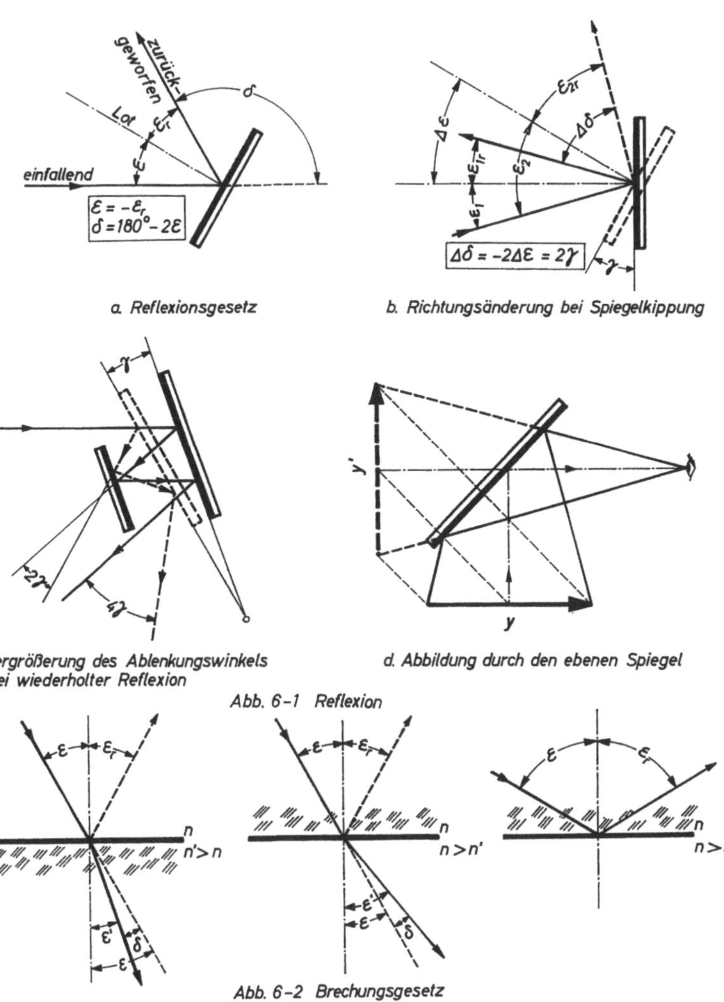

a. Reflexionsgesetz

b. Richtungsänderung bei Spiegelkippung

c. Vergrößerung des Ablenkungswinkels bei wiederholter Reflexion

d. Abbildung durch den ebenen Spiegel

Abb. 6-1 Reflexion

Abb. 6-2 Brechungsgesetz

rot
gelb
blau

Abb. 6-3 Zweimalige Totalreflexion am Prisma

Abb. 6-4 Dispersion am Prisma

Die Strahlablenkung vergrößert sich noch mehr, wenn der Lichtstrahl nach der Reflexion am beweglichen Spiegel durch Umlenken an einem festen Spiegel nochmals am beweglichen Spiegel reflektiert. Dieses kann mehrfach wiederholt werden. Durch doppelte Reflexion ergibt sich eine viermal größere Strahlablenkung als die Spiegelkippung (Abb. 6–1c).

Der ebene Spiegel gibt bei Reflexion ein virtuelles, seitenverkehrtes Bild. Das virtuelle Bild ist zwar sichtbar, aber nicht auf einem Schirm auffangbar (Abb. 6–1d)).

6.1.2 Brechung

Ein Medium heißt optisch dünner bzw. optisch dichter als Luft, wenn sich Licht in ihm schneller bzw. langsamer fortpflanzt, als in Luft. Das Verhältnis

$$n = \frac{\text{Lichtgeschwindigkeit im Stoff}}{\text{Lichtgeschwindigkeit in Luft}} \text{ heißt Brechungsverhältnis}$$

oder auch Brechzahl des Stoffes.

Brechungsgesetz: Ein Lichtstrahl wird beim Übergang in ein dichteres Mittel ($n' > n$) zum Lote hin, beim Übergang in ein dünneres Mittel vom Lote weg gebrochen (Abb. 6–2a, b). Zwischen dem Einfallswinkel ε und dem Brechungswinkel ε' besteht die Beziehung $n \cdot \sin \varepsilon = n' \cdot \sin \varepsilon'$. Der Ablenkungswinkel ist $\delta = \varepsilon' - \varepsilon$.

Der Übergang vom dünneren zum dichteren Mittel ist immer möglich. Im umgekehrten Fall gibt es einen Grenzwinkel der Totalreflexion $\sin \varepsilon^* = n'/n$. Dann wird der Strahl nach dem Reflexionsgesetz in das dichtere Mittel zurückgeworfen (Abb. 6–2c). Die Totalreflexion ermöglicht die Verwendung von Reflexionsprismen an Stelle von Spiegeln. Während Spiegel nur einen Teil des Lichtes reflektieren (gute Spiegel etwa 90%), wird das Licht bei Totalreflektion in Prismen fast verlustfrei reflektiert. Dafür treten beim Prisma Verluste am Ein- und Austritt von zusammen 8—10% auf. Erfolgen aber in einem Prisma mehrere Reflexionen (Abb. 6–3), d. h. ersetzt es mehrere Spiegel, so werden die Gesamtverluste geringer.

6.1.3 Dispersion

Geht ein Lichtstrahl durch einen Glaskeil (Prisma), so wird er nach dem dickeren Teil des Keils abgelenkt. Da die Brechzahlen bei Licht verschiedener Wellenlängen verschieden sind — Licht mit kleiner Wellenlänge (blau) wird stärker gebeugt als Licht mit größerer Wellenlänge (rot) —, wird weißes Licht in ineinander übergehende Farben zerlegt (Spektrum) (Abb. 6–4). Dispersion tritt oft als unerwünschte Erscheinung in optischen Systemen auf.

6.1.4 Planparallele Platte

Das Bild 0_2 eines Gegenstandes 0_1, das durch eine planparallele Platte betrachtet wird, erscheint um Δs nähergerückt (Abb. 6–5a). Die Planplatte mit der Dicke d wirkt wie eine Luftplatte der Dicke $d_0 = d/n$ (auf Luft reduzierte Dicke). Die „optische Baulänge" d_0 ist um Δs kleiner als die „mechanische Baulänge" d. Dieser Unterschied zwischen mechanischer und optischer Baulänge ist in optischen Geräten bei Verwendung von Reflexionsprismen an Stelle von Reflexionsspiegeln zu beachten.

Mit einer gekippten planparallelen Platte (Abb. 6–5b) kann man eine parallele Versetzung V des Bildes erreichen. Für kleine Winkel gilt $\varepsilon = n \cdot \varepsilon'$. Die Versetzung ist dann $V \approx d \cdot \widehat{\varepsilon}\,(n - 1)/n$.

6.1.5 Sphärische Linsen

Zu den sphärischen Linsen gehören Konvex- und Konkavlinsen. Konvexlinsen (bikonvex, plankonvex, konkav-konvex) sind Sammellinsen, sie sind in der Mitte dicker als am Rand. Konkavlinsen (bikonkav, plankonkav, konvex-konkav) sind Zerstreuungslinsen, sie sind am Rande dicker als in der Mitte. Sammellinsen besitzen einen reellen, Zerstreuungslinsen einen virtuellen Brennpunkt, in dem alle achsenparallel einfallenden Strahlen vereinigt werden (Abb. 6–6).

Die Abbildungsgleichung für Linsen beschreibt für die Brennweite f einer Linse die Abhängigkeit zwischen Bildweite b (Abstand des Bildes von der Linse) und Gegenstandsweite a (Abstand des Gegenstandes):

$$\frac{1}{a} \pm \frac{1}{b} = \mp \frac{1}{f}.$$

Das obere Vorzeichen bezieht sich auf die Konvexlinse, während das untere für die Konkavlinsen gilt.

Zur Konstruktion der Bildpunkte (Abb. 6–7) verwendet man je zwei oder drei ausgezeichnete Strahlen:

1. Der Strahl durch den objektseitigen Brennpunkt verläuft nach Brechung achsenparallel,
2. ein achsenparalleler Strahl geht nach der Linse durch den bildseitigen Brennpunkt,
3. der Strahl durch den vorderen Knotenpunkt der Linse geht in gleicher Richtung durch den hinteren Knotenpunkt.

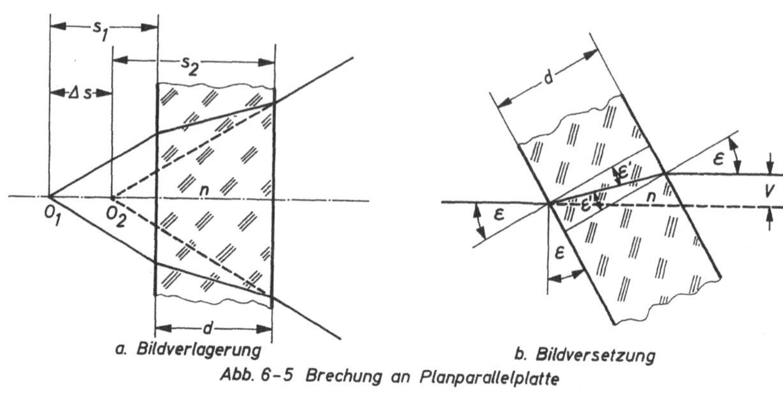

a. Bildverlagerung b. Bildversetzung

Abb. 6-5 Brechung an Planparallelplatte

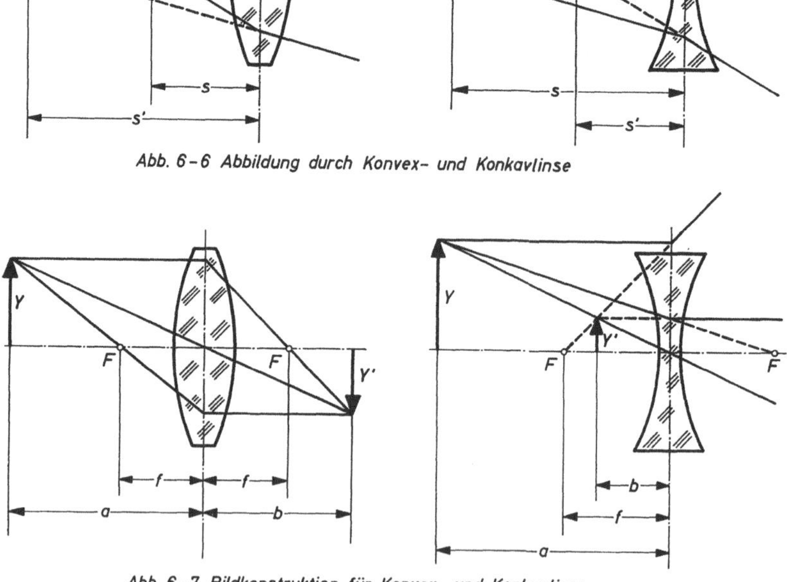

Abb. 6-6 Abbildung durch Konvex- und Konkavlinse

Abb. 6-7 Bildkonstruktion für Konvex- und Konkavlinse

Meist nimmt man die Linsen als dünn an, dann fallen die Knotenpunkte zusammen im Mittelpunkt der Linse.

Wird eine Linse oder ein Linsensystem um den objektseitigen Knotenpunkt gekippt, so erfolgt keine Richtungsänderung des vom Brennpunkt des Systems ausgehenden und hinter dem System parallellaufenden Strahlenbündels (Abb. 6–8). Diese Eigenschaft der Knotenpunkte wird ausgenutzt, um durch Kippung entstehende Fehler auszugleichen (Eppenstein-Prinzip).

6.1.5.1 Telezentrischer Strahlengang

Die telezentrische Abbildung entspricht in einer zeichnerischen Darstellung der Parallelprojektion mit parallel gerichteten Hauptstrahlen, durch die das Objekt unabhängig vom Abstand stets in gleicher Größe abgebildet wird. Bei einer Abbildungslinse wird der telezentrische Hauptstrahlenverlauf durch eine Öffnungsblende (Aperturblende) in der Brechebene der Linse erreicht. Verlagert man den Gegenstand, so wird bei der telezentrischen Abbildung das Bild unscharf, es ändert jedoch seine Größe nicht. Bei unvollkommener Scharfeinstellung wird der Gegenstand also mit unveränderter Vergrößerung abgebildet (Abb. 6–9). Objektseitiger telezentrischer Strahlengang ist z. B. bei Meßokularen und Objektiven von Profilprojektoren notwendig.

6.1.6 Lupe

Eine Lupe (Abb. 6–10) ist im einfachsten Fall eine Sammellinse. Sie unterstützt die Anpassungsfähigkeit (Akkomodation) des Auges, indem sie einen Gegenstand in einem größeren Sehwinkel erscheinen läßt. Von dem Gegenstand, der zwischen dem objektseitigen Brennpunkt und der Lupe liegt, entsteht ein virtuelles, aufrechtes, vergrößertes Bild. Die Vergrößerung einer Lupe ist durch ihre Brennweite gegeben:

$$V = \frac{250}{f} \; (f \text{ in mm}).$$

Gesichtsfeld und Beobachtungsabstand werden mit wachsender Vergrößerung kleiner.

6.1.7 Projektor

Das Objektiv des Projektors (Abb. 6–11) bildet auf einem Auffangschirm ein reelles, vergrößertes Bild y' des Gegenstandes y ab. Als Schirm kann eine Mattscheibe (Projektion von hinten, Betrachtung von vorn) oder ein undurchsichtiger weißer Schirm (Projektion und

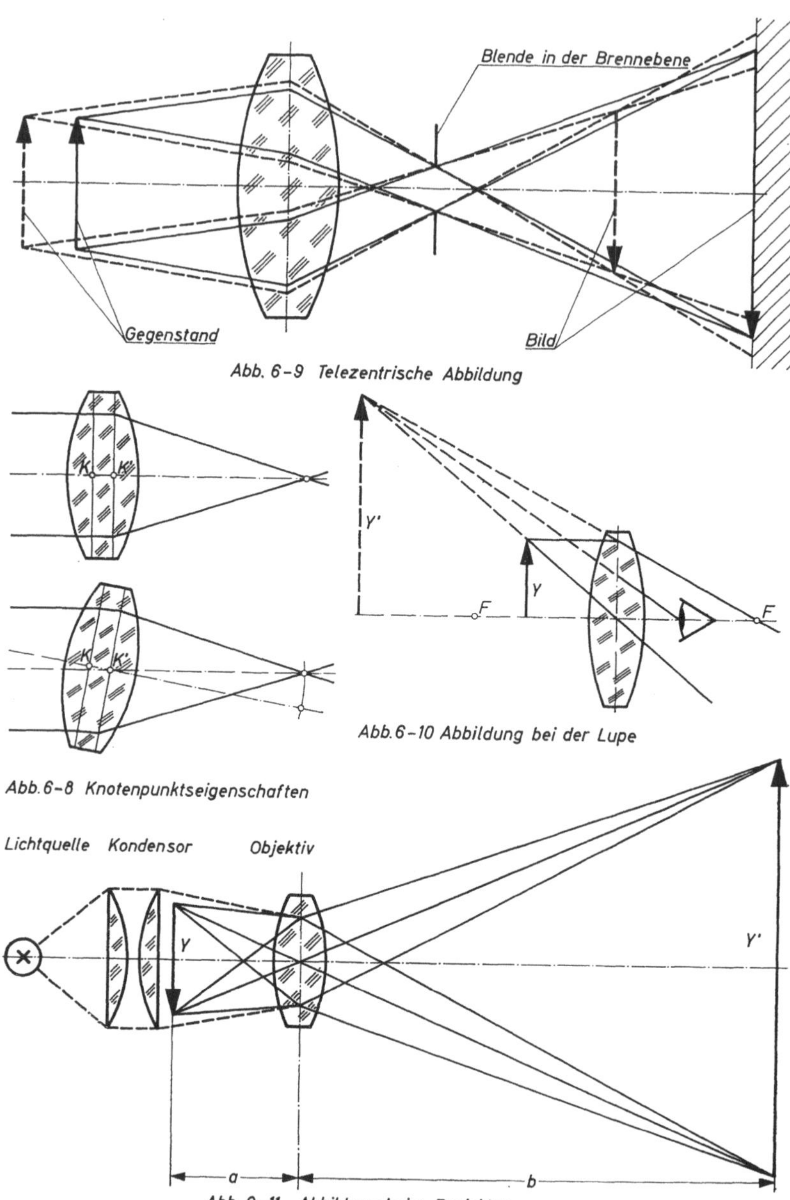

Abb. 6-9 Telezentrische Abbildung

Abb. 6-10 Abbildung bei der Lupe

Abb. 6-8 Knotenpunktseigenschaften

Abb. 6-11 Abbildung beim Projektor

Betrachtung von vorn) dienen. Die erforderliche Ausleuchtung des Gegenstandes wird mit einem Kondensor erreicht, der die Strahlen der Lichtquelle sammelt. Das Vergrößerungsverhältnis bei der Projektion ist:

$$\beta = \frac{y'}{y} = \frac{a}{b}.$$

Die vom Auge wahrgenommene Bildvergrößerung hängt jedoch nicht nur von den Eigenschaften des Gerätes, sondern auch von dem Abstand des Beobachters zum Bildschirm, d. h. von der Betrachtungsvergrößerung ab.

6.1.8 Mikroskop

Beim Mikroskop entwirft eine kurzbrennweitige Linse (Objektiv) von einem nahen, kleinen Gegenstand ein reelles, umgekehrtes, vergrößertes Bild, welches dann mit einer virtuell abbildenden, kurzbrennweitigen Linse (Lupe, Okular) betrachtet wird (Abb. 6–12). Man erreicht dadurch eine vielfache Vergrößerung des Sehwinkels, d. h. das Objekt erscheint dem Auge näher gerückt und somit größer. Die Vergrößerung V beim Mikroskop ergibt sich aus dem Produkt des Abbildungsmaßstabes des Objektives y'/y und der Vergrößerung der Lupe y''/y':

$$V = \frac{y' \cdot y''}{y \cdot y'} = \frac{y''}{y}.$$

6.1.9 Fernrohr

Eine Sammellinse erzeugt von einem fernen Gegenstand ein reelles, verkleinertes Bild. Dieses kann jedoch dem Auge größer erscheinen als der Gegenstand selbst, da man bis auf deutliche Sehweite (250 mm) an das Bild herangehen kann.

Beim einlinsigen Fernrohr (Abb. 6–13) sieht das Auge das Bild des unendlich fernen Gegenstandes in der Brennebene unter dem Winkel α' wogegen das unbewaffnete Auge den Gegenstand unter dem kleineren Winkel α sieht. Die Vergrößerung ist somit

$$V = \frac{\tan \alpha'}{\tan \alpha} = \frac{f}{b_0}$$

$$b_0 = \text{deutliche Sehweite} = 250 \text{ mm},$$

wenn der Gegenstand im Unendlichen liegt. Ist der Gegenstand vom Fernrohr endlich entfernt, so wird das reelle Bild weniger verkleinert, die Vergrößerung ein wenig größer.

Im zusammengesetzten Fernrohr (Abb. 6–14) wird das reelle Bild y' des Gegenstandes, welches von der Linse (Objektiv) erzeugt wird, mit

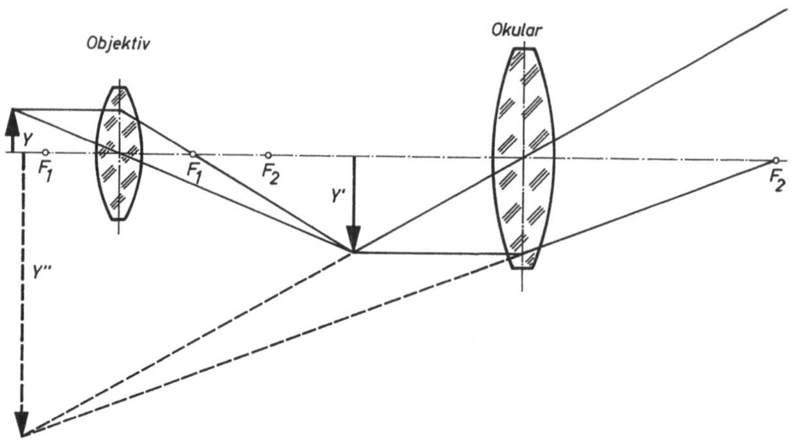

Abb. 6-12 Abbildung beim Mikroskop

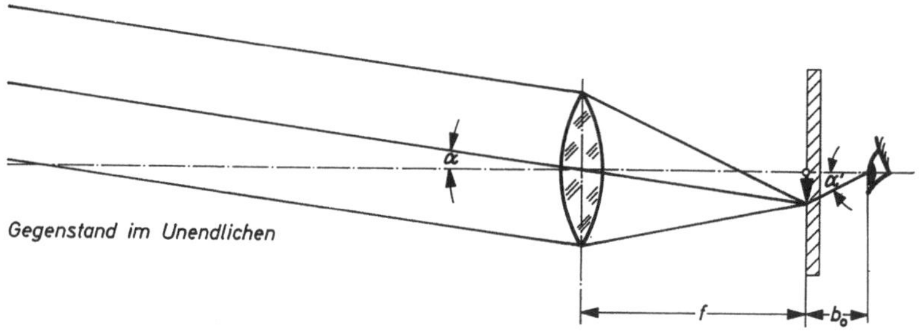

Abb. 6-13 Abbildung beim einlinsigen Fernrohr

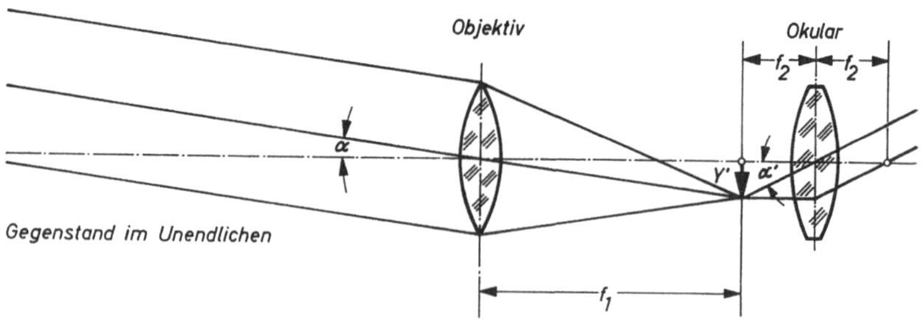

Abb. 6-14 Abbildung beim zusammengesetzten Fernrohr

einer Lupe (Okular) vergrößert betrachtet. Die Vergrößerung beim zusammengesetzten Fernrohr beträgt:

$$V = \frac{f_1}{f_2} = \frac{\text{Objektivbrennweite}}{\text{Okularbrennweite}}.$$

6.1.10 Optische Indikationsverfahren

Die optische Antastung (Indikation) ermöglicht das berührungslose und somit meßkraftfreie Messen. Je nach der Antastung der Meßfläche unterscheidet man folgende Verfahren:

6.1.10.1 Schattenkantenverfahren

Die Meßflächenkante des Prüflings wird durch parallel gebündeltes Licht angestrahlt (Abb. 6–15). Es entsteht bei flachem Werkstück ein scharf begrenztes Bild der Meßflächenkante, welches mit einer Marke zur Deckung gebracht werden kann.

Anwendung: Meßmikroskop, Profilprojektor.

6.1.10.2 Lichtkantenverfahren

Die Meßfläche des Prüflings wird durch eine Beleuchtungseinrichtung angestrahlt und durch diffuse Rückstrahlung selbstleuchtend (Abb. 6–16). Die Meßfläche kann dadurch genau erkannt und mit einer Marke eingefangen werden. Der Prüfling kann dabei auch rotieren.

Anwendung: Meßeinrichtung für Außendurchmesser.

6.1.10.3 Lichtspaltverfahren

Durch eine Gegenlehre (Meßschneide) wird an der Meßfläche ein Lichtspalt erzeugt, der zur Indikation dient (Abb. 6–17a). Durch Meßschneiden mit eingravierten Marken, die mit einem Mikroskop anvisiert werden können, wird der Prüfling mechanisch angetastet. Als virtuelle Gegenlehre bezeichnet man auch an die Meßfläche projizierte Marken. Hierbei wird ein Strichkreuz an die Meßfläche angelegt (Abb. 6–17b). Durch die wie ein Spiegel wirkende Meßfläche entsteht ein indirektes Strichkreuz, das innerhalb des Prüflings zu liegen scheint und von der Meßfläche genau so weit entfernt ist wie das direkte Bild. Durch Verschieben des Prüflings kann das indirekte Bild des Strichkreuzes in der optischen Achse des Systems in einer Doppelstrichmarke des Okulars eingefangen (49) oder mit Hilfe eines Doppelbildokulars (s. 6.5.1.4) zur Überdeckung gebracht werden (96). Beim Antasten von gekrümmten Flächen wird der tangierende Balken gekrümmt reflektiert, das Einstellkriterium ist dann die symmetrische Lage bestimmter Punkte des

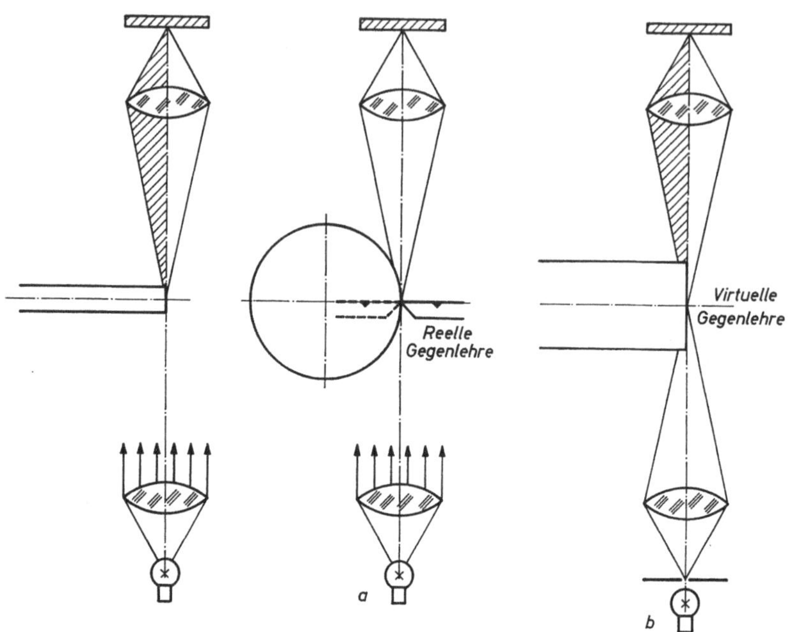

Abb. 6-15 Schattenkantenverfahren

Abb. 6-17 Lichtspaltverfahren

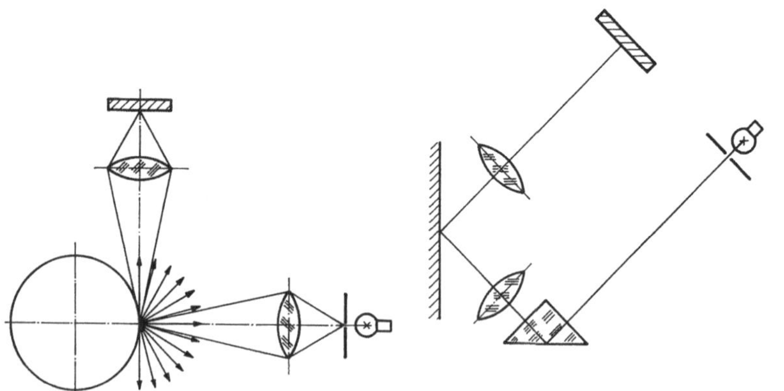

Abb. 6-16 Lichtkantenverfahren

Abb. 6-18 Lichtschnittverfahren

Strichkreuzes in der Doppelstrichmarke bzw. das Tangieren der Balken beim Einfangen mit Doppelbildokular.

Anwendung: Reelle Gegenlehre: Haarlineal, Meßmikroskop, Profilprojektor; Virtuelle Gegenlehre: Meßmikroskop, Perflektometereinrichtung.

6.1.10.4 Lichtschnittverfahren

Ähnlich dem Lichtschnittverfahren nach SCHMALTZ für die Oberflächenmessung wird ein Lichtstrich unter 45° auf die Oberfläche des Prüflings geworfen (Abb. 6–18). Das Bild des Striches wird durch ein optisches System abgebildet. Verändert sich der Abstand zwischen System (Projektor und Objektiv) und Prüfling um das Maß a, so wandert der abgebildete Lichtstrich rechtwinklig zur Beobachtungsachse um den Betrag $a\sqrt{2}$ aus. Wird der abgebildete Lichtstrich mit einer festen Marke im System zur Deckung gebracht, so ist ein genau definierter Abstand des Systems vom Prüfling gegeben.

Anwendung: Tiefenindikator (32).

6.2 Lupen

Die Lupe (Bikonvexlinse) ist das einfachste optische Instrument zur Vergrößerung (Abb. 6–10). Sie findet sowohl als reine Betrachtungslupe als auch als Meßlupe Anwendung.

Eine Meßlupe ist die Verbindung einer Lupe mit einem Normal (Maßstab, Nonius, Strichplatte), um bei gleicher Vergrößerung von Prüfling und Normal eine bessere Ablesung bzw. ein besseres Erkennen zu ermöglichen. Das Normal ist meist am Fuß des Ständers angebracht, mit dem die Lupe auf den Prüfling aufgesetzt wird.

Lupen mit Maßstab (32, 39, 49, 67) (Skalenlänge 10 oder 20 mm, Skalenwert 0,1 mm) finden hauptsächlich zum Ausmessen von Brinell-Härteeindrücken, aber auch zum Messen von Bohrungen, Nutbreiten, Strichstärken u. ä. Anwendung. Die Noniuslupe (32, 39) dient der Ablesung an Maßstäben. Mit Lupen mit eingebauter Strichplatte (5, 58) werden Profilvergleiche an Bohrungen, Gewinden, Winkeln durchgeführt.

Spiralbohrerprüflupen (67, 78) werden zum Prüfen der Mittellage der Querschneide, des Spitzenwinkels, der Symmetrie der Hauptschneide und des Spitzenhinterschliffs von Spiralbohrern verwendet. Die Prüfung erfolgt mit Strichplatten.

Übliche Vergrößerungen derartiger Lupen sind 6× und 8×.

6.3 Geräte mit optischer Antastung

Die Verfahren der optischen Antastung (Indikation) wurden im Abschnitt 6.1.10 beschrieben. Die Einfangunsicherheit der Meßfläche hängt sowohl vom Verfahren als auch von der Oberfläche des Prüflings ab. Bei dem Verfahren der Reflexion einer Lichtmarke ist eine Einstellunsicherheit von $\pm$ 0,1 μm, beim Schattenkantenverfahren von etwa $\pm$ 1 μm zu erreichen. Mit optischer Antastung arbeiten u. a. auch die Meßmikroskope, die im Abschnitt 6.5 gesondert beschrieben werden.

6.3.1 Profilprojektoren

Profilprojektoren dienen ähnlich wie Meßmikroskope zum Messen von Längen und zur Prüfung der Umrißform von vorwiegend flachen Teilen sowie von Lehren, Werkzeugen, Zahnrädern, Gewinden. Die Profilprojektoren haben gegenüber den Meßmikroskopen ungefähr 2,5-mal größere Objektfelder. Beim Profilprojektor wird ein vergrößertes reelles Bild des Prüflings auf einen Schirm (Mattscheibe) geworfen. Das Bild des Prüflings kann mit einem Maßstab ausgemessen oder mit einer im entsprechenden Maßstab hergestellten Zeichnung verglichen oder gegenüber einer feststehenden Marke auf dem Schirm meßbar verschoben werden. Der Projektionsschirm kann zur Winkelmessung drehbar und mit einer Kreisskala versehen sein.

Ein scharfkantiges Schattenbild des Prüflings (s. u. 6.1.10.1) entsteht bei der Durchlicht- (diaskopischen) Projektion. Zur Prüfung von Gravuren, Sackbohrungen u. ä. wird Auflichtbeleuchtung (episkopische Projektion) angewendet (Abb. 6–19). Bei gesonderten Strahlengängen im Gerät können auch beide gleichzeitig angewendet werden. Für ermüdungsfreieres Arbeiten werden meist Grünfilter in die Strahlengänge eingeschaltet.

Zur Abbildung werden Objektive mit telezentrischem Strahlengang (Abb. 6–9) verwendet, die ein sicheres Einstellen und die Abbildung dickerer Teile gewährleisten. Übliche Vergrößerungen für Profilprojektoren sind 10×, 20×, 50×, 100×. Die Objektive sind auswechselbar oder mittels eines Revolvers einschwenkbar. Die Fehler der Vergößerung (Verzerrung) liegen bei 1 bis 0,25‰.

Der Objektträgertisch ist meist abnehmbar und gegen Sonderaufsätze auswechselbar oder als Spannplatte mit T-Nuten zur Aufnahme von Haltevorrichtungen ausgebildet.

Als Objektträger finden Verwendung: Kreuztische, die mit Meßschrauben verschoben werden können, der durch die Meßschrauben meistens auf 25 mm beschränkte Meßweg kann z. T. durch Endmaße vergrößert werden; Tisch mit Schnellverschiebung zum Vergleich Werkstück—Zeichnung; Drehtisch zur Winkelmessung; Einspannböcke mit Spitzen oder prismatischen Auflagen, schwenkbar; Haltevorrichtungen (z. B. Spannzangen) für Sonderzwecke; Zahnradprüfgeräte zum Prüfen geradverzahnter Stirnradpaare im Abrollvorgang.

Tischprojektoren werden zur Prüfung von Kleinteilen verwendet (Feinwerktechnik). Schirmgrößen bis 250×250 mm; Objekttischgrößen bis 120×120 mm (33, 39, 42, 49, 95).

Größere Profilprojektoren sind als *Ständerprojektoren* ausgebildet. Entsprechend den größeren Abmessungen können auch größere Werkstücke geprüft werden. Schirmgrößen bis 500×500 mm (1500×1000 mm); Objekttischgrößen bis 250×250 mm (28, 33, 39, 42, 49, 66, 95).

Bei *Projektoren mit Projektionsschirm* wird das Bild des Prüflings nicht auf eine Mattscheibe, sondern auf einen Tisch projiziert. Es entsteht dadurch ein klares, kornloses Bild. Projektionsschirm 600 mm⌀; Objekttisch 280 mm⌀ (39).

Bei einem Gerät ähnlichen Aufbaus ist die Möglichkeit der gleichzeitigen vergleichenden Projektion des Prüflings mit Strichplatten, Lehren oder Meisterstücken durch optische Zwischenabbildung geschaffen. Bei der optischen Zwischenabbildung wird ein Vergleichsnormal in eine Ebene des Strahlenganges eingeschaltet, in der der Prüfling reell abgebildet wird. Projektionstisch 650 mm⌀; Objekttisch 310 mm⌀ (49).

6.3.2 Perflektometer

Das Perflektometer ist eine Einrichtung, bei der die Meßfläche eines Prüflings nach dem Verfahren der Reflexion eines Strichkreuzes (s. 6.1.10.3) angetastet wird. Das Perflektometer wird u. a. in einem Komparator (49) (Abb. 6–20) verwendet, in welchem ein Metallmaßstab fluchtend zum Prüfling angeordnet ist (Komparatorprinzip, s. 1.4) [*59*].

Um den Prüfling in verschiedenen Höhen messen bzw. um die senkrechte Lage der Meßfläche feststellen zu können, ist das Perflektometer gegenüber dem Prüfling vertikal verschiebbar. Die Ablesung des Stahlmaßstabes erfolgt an einem Mikroskop mit Meßokular (s. 6.5.1.1). Die systematischen Fehler des Maßstabes werden durch eine von einem Kurvenlineal gesteuerte planparallele Glasplatte weitgehend kompensiert. Mit dem Komparator mit Perflektometer können Rachenlehren,

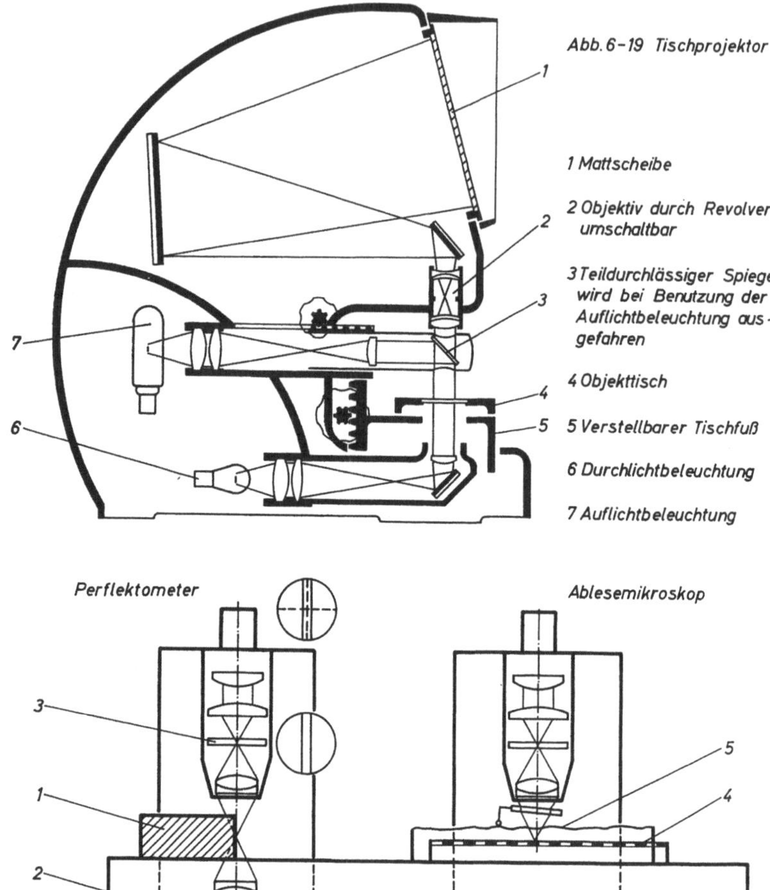

Abb. 6-19 Tischprojektor

1 Mattscheibe

2 Objektiv durch Revolver umschaltbar

3 Teildurchlässiger Spiegel, wird bei Benutzung der Auflichtbeleuchtung ausgefahren

4 Objekttisch

5 Verstellbarer Tischfuß

6 Durchlichtbeleuchtung

7 Auflichtbeleuchtung

Abb. 6-20 Schema des Komparators mit Perflektometer

1 Prüfling 2 Strichkreuzmarke 3 Einfangmarke 4 Maßstab 5 Korrekturschablone

6 Grundgestell (fest) 7 Schlitten

Ringlehren und bestimmte konische Bohrungen an jeder Stelle meßkraftfrei gemessen werden. Durch eine Zusatzeinrichtung lassen sich mit diesem Gerät auch Strichmaße prüfen. Wird das Perflektometer durch ein Mikroskop ersetzt, so kann der Komparator zur Messung an Teilungen u. ä. verwendet werden. Außerdem kann an Stelle des Perflektometers ein Nulleinstellgerät (s. 6.4.2) mit Vertikalmaßstab angebracht werden, das Messungen an Innenkegeln und Innengewinden möglich macht.

Meßbereich:	Längsverstellung	200 mm
	Größte Höhe des Prüflings	30 mm
	Beim Messen in mittlerer Höhe	60 mm
Perflektometer:	Einfangunsicherheit einer Meßfläche	$\pm$ 0,1 µm
	Höhe einer Meßfläche	$>$ 0,8 mm
	Bohrungsdurchmesser	$>$ 0,1 mm
	Spaltweite	$>$ 0,06 mm
Ablesemikroskop:	Skalenwert des Meßokulars	1 µm

Meßunsicherheit des Komparators bei Benutzung des Maßstabes vom Nullstrich aus und Ablesung in der Mitte des Meßokulars:

$$\pm\left(0{,}5 + \frac{L}{300} + \frac{H}{100}\right)\,\mu\text{m}$$

L = Meßlänge in mm,
H = Höhe der Meßstrecke über der Maßstabsebene in mm.

6.3.3 Optische Einrichtung zum berührungslosen Messen von Außendurchmessern

Das Antasten des Prüflings erfolgt nach dem Lichtkantenverfahren (s. 6.1.10.2). Der Prüfling wird von zwei um 180° versetzt angeordneten Beleuchtungseinrichtungen angestrahlt (Abb. 6–21). Zwei Objektive, die gegenläufig durch eine Spindel verstellt werden können, erfassen die Meßflächen. Damit durch Führungsfehler verursachtes Kippen der Meßobjektive keine Fehler 1. Ordnung hervorruft, wird das Eppenstein-Prinzip angewendet (s. 6.1.5). Das als Antastkriterium dienende Berühren der Lichtkanten der zwei angestrahlten Flächen des Prüflings im Sehfeld des Okulars ist durch eine komplementärfarbige Filterung sehr genau zu erkennen. Eine Überdeckung erscheint weiß, ein noch bestehender Abstand zwischen den verschiedenfarbigen Lichtkanten schwarz. Die Spindel ist über ein Übersetzungsgetriebe mit einer Skala verbunden. Es wird im ganzen Meßbereich direkt der Durchmesser abgelesen. Die Einrichtung eignet sich für Spitzendrehbänke, Zentrierautomaten u. ä. Die Messung kann auch am rotierenden Prüfling vorgenommen werden. Meßbereich 25—160 mm; Ableseunsicherheit 0,005 mm (32).

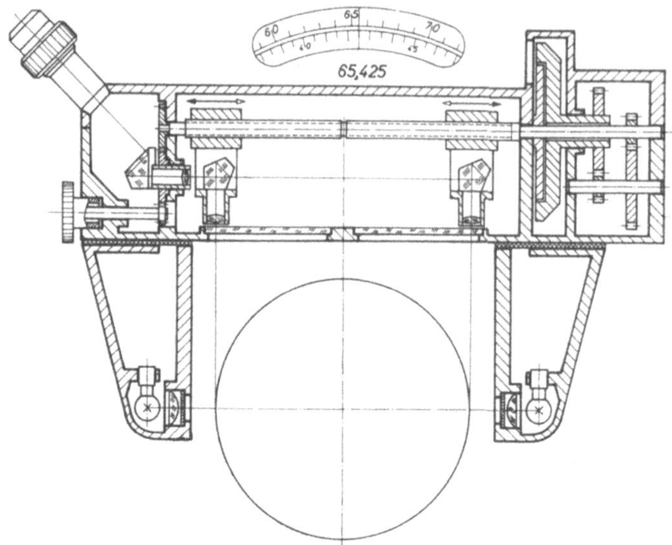

Abb. 6-21 Meßeinrichtung zur Durchmessermessung

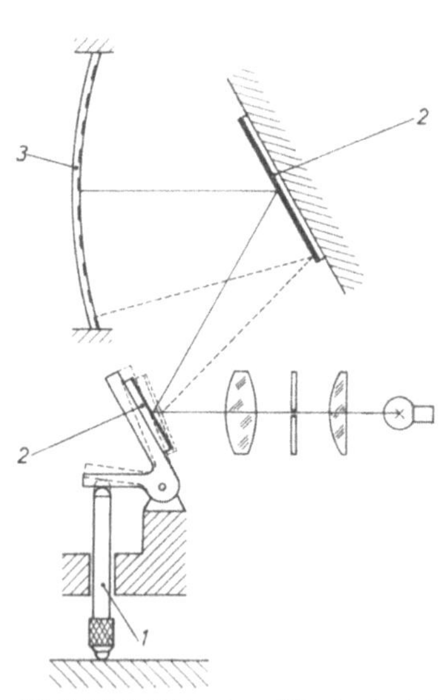

Abb. 6-22 Opt. Feinzeiger Tolerator (nach Leitz) Anzeige 1 µm. 1 Meßbolzen 2 Spiegel 3 Mattscheibe mit Skale

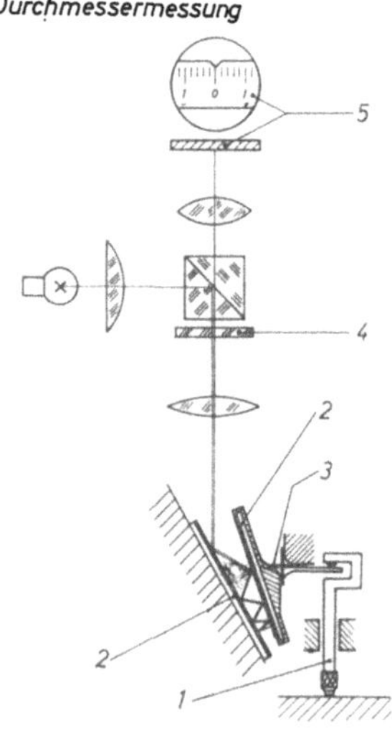

Abb. 6-23 Opt. Feinzeiger mit mehrfacher Reflexion (nach Jenoptik) Anzeige 0,2 µm. 1 Meßbolzen 2 Spiegel 3 Kreuzfedergelenk 4 Strichplatte 5 Mattscheibe

6.3.4 Tiefenindikator

Der Tiefenindikator arbeitet nach dem Lichtschnittverfahren (s. 6.1.10.4). Das Gerät ermöglicht das berührungslose Erfassen von Flüssigkeitsspiegeln und von festen Oberflächen. Die Ablesung erfolgt an einer Meßschraube. Das Gerät dient in erster Linie zum Ausrichten von Maschinenbetten. Um das Maschinenbett wird als Normal eine Wasserrinne gelegt, der Indikator wird auf das Maschinenbett aufgesetzt und an verschiedenen Stellen der Abstand zum Wasserspiegel gemessen. Weiterhin ist der Tiefenindikator zum Messen von Einfräsungen, Nuten u. a. verwendbar. Meßunsicherheit ± 2 μm (32).

6.4 Geräte mit mechanischer Antastung

Mit mechanischer Antastung arbeiten sowohl Geräte, bei denen ein Meßbolzenweg durch einen Lichtzeiger vergrößert wird (optischer Feinzeiger), als auch Geräte, bei denen die Tastbolzenverschiebung durch Mikroskop und Meßokular an einem Maßstab abgelesen wird.

6.4.1 Optischer Feinzeiger

Diese Geräte enthalten keinen eigenen Maßstab. Sie dienen zum Vergleichen von Längen mit einem Normal. Der optische Feinzeiger ist an einem Ständer (Stativ) angebracht. Durch verschiedene Meßtische sind die Geräte vielfältigen Meßaufgaben anpaßbar. Die Einstellung der Feinzeiger erfolgt nach Endmaßen oder Meisterstücken, Toleranzgrenzen können markiert werden. Durch einen mit auswechselbaren Meßhütchen versehenen Meßfühler wird der Prüfling mechanisch angetastet.

Wirkungsweise (Abb. 6–22): Der Meßbolzenweg wird auf einen Kippspiegel übertragen. Der Kippspiegel reflektiert eine Lichtmarke oder ein Skalenbild, die auf einem Schirm oder in einem Okular zur Abbildung gebracht werden.

Anwendung: Dickenmessungen, Gewindemessungen nach der Dreidrahtmethode, Messen dünner Drähte, bei Hebelansatz auch Innenmessungen. Arbeitsbereich 0···100 bis 0···200 mm; Ausladung 75 mm; Meßbereich ± 70 bis ± 100 μm; Skalenwert 1 μm; Meßkraft 120 bis 200 p; Umkehrspanne etwa 0,2 μm; Meßunsicherheit etwa $\pm 0{,}5$ μm (39, 49, 96).

Ein Gerät dieser Art kann auch mit einstellbarer Klassenteilung und photoelektrischen Gebern für eine statistische Auswertung der Meßwerte geliefert werden (49).

Eine größere Empfindlichkeit derartiger Feinzeiger wird erreicht, wenn der Lichtstrahl zwischen dem Kippspiegel und einem festen Spiegel mehrfach reflektiert wird (Abb. 6–23). Diese Geräte arbeiten mit höherer Vergrößerung und müssen daher in einem Wärmeschutzkasten untergebracht werden, der die Körperwärme des Messenden fernhalten soll.

Anwendungsbereich 0···200 mm; Ausladung 75, 100 mm; Meßbereich ±20 bis ±25 μm; Skalenwert 0,1; 0,2 μm; Meßunsicherheit etwa ±0,05 μm; Meßkraft 50 bis 200 p (39, 49).

6.4.2 Nulleinstellgerät

Das Nulleinstellgerät wird am Meßmikroskop für Innenmessungen verwendet, wenn sich die optischen Indikationsverfahren nicht anwenden lassen, z. B. Messen von Sacköchern und Nuten, Prüfen der Parallelität.

Die Meßkugel des Fühlhebels (Abb. 6–24) wird an die Meßfläche angelegt. Mit dem Tastbolzen ist ein Spiegel oder Prisma verbunden, der das Bild eines leuchtenden Spaltes ablenkt. In Meßstellung fällt das Spaltbild mit dem senkrechten Strich des Strichkreuzes vom Okular zusammen. Diese Stellung wird am Maßstab des Schlittens abgelesen. Zum Einfangen der Strichmarke kann auch ein Doppelbildokular (s. 6.5.1.4) verwendet werden. Dann müssen in Meßstellung die beiden Bilder des Spaltes zusammenfallen. Die Meßkraft des Fühlhebels ist umschaltbar, so daß in zwei Richtungen angetastet werden kann. Die Tastkugeln sind auswechselbar. Meßunsicherheit ±0,2 bis ±1 μm; Meßkraft 10 bis 60 p; Tastkugeldurchmesser 1 bis 5 mm (39, 49, 96).

6.4.3 Längenmesser

Mit Längenmessern und Längenmeßmaschinen kann das ,,absolute Maß" des Prüflings festgestellt werden. Die Geräte haben einen eingebauten Maßstab (Glas oder Metall), der nach dem Komparatorprinzip (s. 1.4) fluchtend oder, um die Baulänge zu verkürzen, parallel angeordnet sind. Im letzteren Falle können Führungsfehler durch Anwendung des Eppenstein-Prinzips (s. 6.1.5) vermieden werden. Die Meßunsicherheit dieser Geräte ist weitgehend abhängig von der Ungenauigkeit der verwendeten Maßstäbe und der Antastung des Prüflings. Es ist daher meist möglich, die Meßkraft zu verstellen. Das Einstellen der Meßkraft erfolgt entweder durch Auflegen verschiedener Gewichte oder durch Ändern einer über einen Hebelmechanismus wirkenden Federkraft (Abb. 6–25). Bei der Verwendung von planen Meßhütchen als Taster müssen die zugeordneten Tastflächen parallel sein, was mit planparallelen Glasplatten oder Quarzspiegelendmaßen geprüft werden kann (s. a. 6.8.1).

6.4.3.1 Längenmesser, senkrechte Bauart

An einem Fuß ist der Ständer angesetzt, der den Meßkopf trägt. Ein Tisch für die Aufnahme der Prüflinge ist im Fuß gelagert. Im Meßkopf wird die Pinole mit Maßstab senkrecht geführt. Durch eine Höhenverstellung des Meßkopfes läßt sich der Meßbereich von 100 mm (Länge des Maßstabs in der Pinole) auf 200 mm erweitern. Es wird dann ein Normal (Endmaß) als Einstellmaß notwendig. Eine neuere Ausführung (96) dieses Gerätes besitzt eine motorisch verstellbare Pinole. Dadurch wird nicht nur der Meßvorgang bei Serienmessungen beschleunigt, sondern auch der Messende vom Gerät ferngehalten und somit weitgehend die Übertragung der Körperwärme vermieden.

Für die verschiedenen Messungen werden der Meßbolzen mit den entsprechenden Meßhütchen und der Meßtisch mit geeigneten Aufnahmen versehen. Es lassen sich mit diesen Geräten Außenmessungen an Prüflingen mit planparallelen, zylindrischen und kugligen Begrenzungsflächen ausführen. Mit der Dreidraht-Meßmethode kann der Flankendurchmesser eines Gewindes bestimmt werden.

Meßbereich 0···100 mm; Arbeitsbereich 0···200 mm; Ablesung 1 μm; Meßunsicherheit ± 1 bis $\pm 1{,}5$ μm; Meßkraft 50 bis 200 p (39, 49, 96).

6.4.3.2 Längenmesser, waagerechte Bauart

Das Gerät besteht aus einem Grundbett mit Dreipunktauflage (Abb. 6–26). Auf Längsführungen sind die Meßeinheit (Meßpinole mit Maßstab und Ableseprojektor (96) bzw. Ablesemikroskop (39)) sowie der Pinolenträger mit der Gegenpinole verschiebbar. Sie können in jeder Stellung festgeklemmt werden. In einer Aussparung des Grundbettes ist ein durch ein Handrad in der Höhe verstellbarer Tisch angeordnet, der zur Auflage des Prüflings oder besonderer Vorrichtungen zur Aufnahme des Prüflings dient. Die Meßhütchen der Pinole sind auswechselbar. An den Pinolen können Bügel für Innenmessungen und Halter für Gewindemeßdrähte angebracht werden. Ein Längenmesser

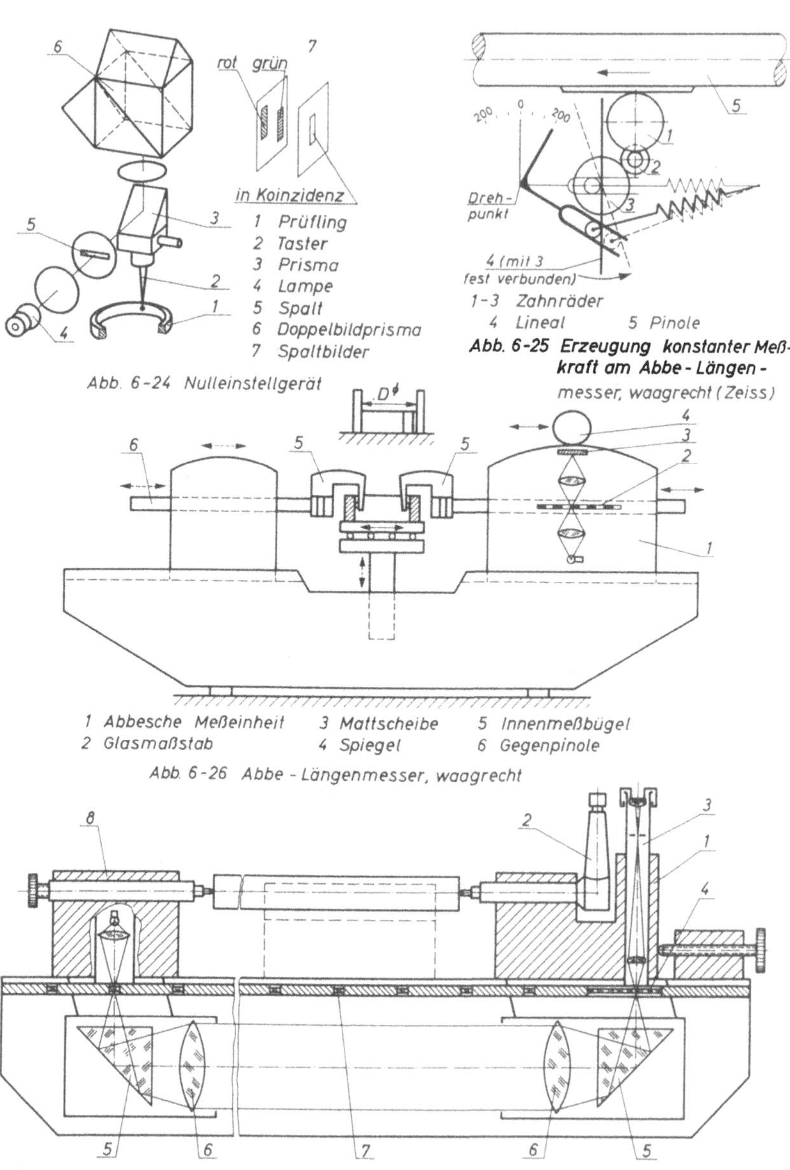

Abb. 6-24 Nulleinstellgerät

Abb. 6-25 Erzeugung konstanter Meßkraft am Abbe-Längenmesser, waagrecht (Zeiss)

Abb. 6-26 Abbe-Längenmesser, waagrecht

Abb. 6-27 Meßmaschine (Jenoptik) Parallaxenausgleich nach Eppenstein-Prinzip

(39) kann mit einem Feinzeiger ausgestattet werden. Dadurch sind Serienmessungen ohne Verstellen der Meßpinole möglich.

Mit Zubehör können diese Längenmesser für Außen-, Innen-, Kegel-, Außengewinde-, Innengewinde-, Kegelgewinde- und Steigungsmessungen angewendet werden.

	(39)	(96)
Absoluter Meßbereich	0···100 mm	0···100 mm
Anwendungsbereich:		
Außenmessungen	0···450 mm	0···600 mm
Innenmessungen	10···200 mm	10···430 mm
Außengewindemessungen	bis 200 mm	bis 200 mm
Innengewindemessungen	ab M 14	ab M 12
Meßkraft	150, 250 p	50, 100, 200 p
Skalenwert der Ablesung	1 μm	1 μm
Meßunsicherheit bei balligen Meßhütchen	max $\pm\left(1{,}5 + \frac{L}{100}\right)$ μm (L = Meßlänge in mm)	

6.4.3.3 Optische Längenmeßmaschinen

Unter Längenmeßmaschinen mit mechanischer Antastung versteht man Geräte, deren Aufbau und Anwendung dem waagerechten Längenmesser entsprechen, auf denen aber größere Werkstücke vermessen werden können. Um das Abbesche Prinzip zu verwirklichen, wird eine große Baulänge benötigt. Von den Geräteherstellern werden verschiedene Verfahren angewendet, um dem Abbeschen Prinzip Genüge zu tun und trotzdem eine kleine Baulänge zu erhalten.

Eine Längenmeßmaschine (84) hat einen Metallmaßstab von 508 mm Länge fluchtend in der Meßachse angeordnet. Die großen Meßlängen (bis zu 4000 mm) werden erreicht durch die Anordnung mehrerer fester, genau justierter Ablesemikroskope im Abstand der Maßstabslänge.

Bei einer anderen Längenmeßmaschine (39) wird das Eppenstein-Prinzip angewendet. Im Bett der Meßmaschine ist ein Metallmaßstab eingelassen, der im Abstand von 100 mm Glasmarken mit je einem Doppelstrich hat, sowie an einem Ende ein in $^1/_{10}$ mm geteilter Glasmaßstab (Abb. 6–27). Der Pinolenschlitten wird an eine der Meßmarken herangeführt, durch die Beleuchtungseinrichtung wird die Marke in das Ablesemikroskop des Meßschlittens projiziert. Das Bild des Doppelstrichs dient als Index für die Ablesung des in $^1/_{10}$ mm geteilten Maßstabs. Die $^1/_{100}$ und $^1/_{1000}$ mm werden an einem optischen Feinzeiger abgelesen.

Ähnlich aufgebaut ist auch eine weitere Meßmaschine (33).

Gerätedaten:

(39)	kleine	große Bauart
Meßbereich		
Außenmessung	0···1000 mm	0···3000 mm
Innenmessung	30··· 800 mm	30···2800 mm
Meßkraft	200 p	200 p

Ungenauigkeit des Gerätes:

Längenmessung bis 100 mm höchstens $\pm\left(0{,}5 + \frac{L}{200}\right)$ μm

Längenmessung über 100 mm höchstens $\pm\left(0{,}5 + \frac{L}{100}\right)$ μm

L = Meßlänge in mm

(33)	
Meßbereich	0···2000 mm 0···3000 mm
Meßkraft	100 p, um 100 p stufenweise, bis 800 p verstellbar

(84)				
Meßbereich	MUL–300	MUL–1000	MUL–3000	MUL–4000
Außenmessung (mm)	0···305	0···1016	0···3048	0···4064
Innenmessung (mm)	10···205	10···916		
Meßkraft (p)		400	400	400
Ablesung (μm)	0,5	0,5	0,5	0,5
Meßunsicherheit:				
max. Fehler (μm)				
bis 100 mm	0,7	0,7	0,7	0,7
bis 300 mm	1,1			
bis 500 mm		1,0		
bis 1000 mm		1,5	1,5	1,5
bis 2000 mm			2,5	2,5
bis 3000 mm			3,5	3,5
bis 4000 mm				4,5

6.5 Meßmikroskope

Mikroskope werden durch Einbau fester oder verschiebbarer Strichmarken in der Ebene eines reellen Bildes zu Visier- und Meßgeräten, durch Einbau von Profilstrichplatten zu Vergleichsgeräten.

Mit der reellen optischen Abbildung des Gegenstandes und einer Strichplatte in einer Bildebene läßt sich auf zwei Arten messen:

a) Der Gegenstand wird relativ zum optischen System mit fester Strichplatte meßbar verschoben,

b) das optische System ist Meßmittel, die Strichplatte wird in der Ebene des reellen Bildes des Gegenstandes diesem Bild gegenüber meßbar verschoben. Hierzu wird zweckmäßig ein telezentrisches Objektiv verwendet (s. 6.1.5.1).

Die Strichplatten sind im Okular angeordnet, die Okulare mit Strichplatten sind vielfach auswechselbar.

6.5.1 Okulare

Durch Okulare mit bestimmten Eigenschaften werden Meßmikroskope den verschiedensten Meßaufgaben angepaßt. Sie finden Verwendung sowohl beim einfachen Einbau-Mikroskop als auch beim vielseitig einsetzbaren Universal-Meßmikroskop. Bei Meßmikroskopen mit binokularem Einblick werden verschiedene Okulareinsätze verwendet.

6.5.1.1 Meßokulare

Meßokulare dienen vorwiegend der Ablesung von Strichmaßstäben. Die Intervalle der Maßstabteilung (meist 1 mm) werden durch sie weiter aufgeteilt ($^1/_{10}$, $^1/_{100}$, $^1/_{1000}$ mm).

Diese Aufteilung wird auf verschiedene Weise vorgenommen.

Das *Spiralokular* (39) hat zwei Strichplatten:

a) Eine drehbare Strichplatte, deren Achse außerhalb des Sehfeldes liegt, ist mit einer 100teiligen Kreisskala zur Anzeige der $^1/_{100}$ und $^1/_{1000}$ mm im Bereich von 0 bis 0,1 mm und mit einer doppellinigen, sich mit der Kreisskala drehenden Archimedischen Spirale versehen, deren zehn Doppelwindungen eine Spiralsteigung mit einer scheinbaren Größe von 0,1 mm besitzen.

b) Eine feste Strichplatte hat einen im Spiralfeld liegenden Doppelstrich, in dessen Bereich der in einer Doppellinie der Spirale eingefangene Maßstabsstrich abgelesen wird, sowie eine von 0 bis 10 bezifferte Zehntelskala zur Anzeige der Zehntel-Millimeter und einem Pfeilindex für die Kreisskala (Sehfeld Abb. 6–28).

Ein Meßokular (49) enthält eine planparallele Glasplatte (Abb. 6–29). Durch Neigen dieser Glasplatte wird der Maßstabsstrich parallel verschoben (s. 6.1.4), so daß er in einer feststehenden Strichplatte mit einer 0,1-mm-Teilung in Doppelstrichen eingefangen werden kann. Das Neigen der planparallelen Platte erfolgt über einen drehbaren Steuerring. Mit dem Steuerring ist eine Kreisteilung verbunden, auf der die Verschiebung des Maßstabsstriches in 0,01 mm und 0,001 mm abgelesen werden kann.

Die *Okularmeßschraube* (Abb. 6–30) kann sowohl zur Maßstabsablesung als auch zur direkten Messung kleiner Längen verwendet werden. Eine feste Strichplatte im Sehfeld des Okulars hat eine Teilung genau gleich der Spindelteilung der Meßschraube, die eine bewegliche Strichplatte mit einer Strichmarke verschiebt. Bruchteile der Teilung werden an der Teiltrommel der Meßschraube abgelesen. Die Ungenauigkeit dieses Meßokulars ist abhängig von der Ungenauigkeit der Spindelsteigung sowie der Objektivvergrößerung des Mikroskops.

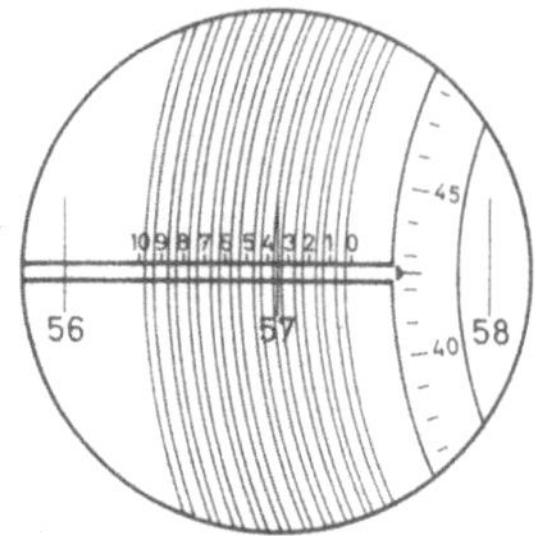

Ablesung: 57,342(5)

Abb. 6-28 Sehfeld des Spiralokulars

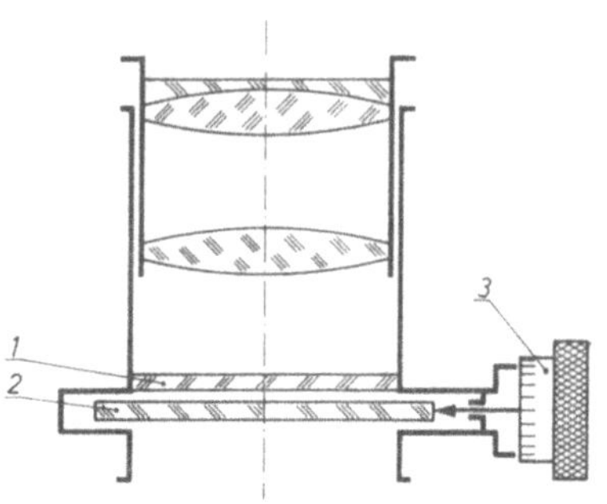

1 Strichplatte mit Teilung entsprechend der Spindelsteigung
2 Strichplatte mit Fadenkreuz
3 Meßschraube

Abb. 6-30 Okularmeßschraube

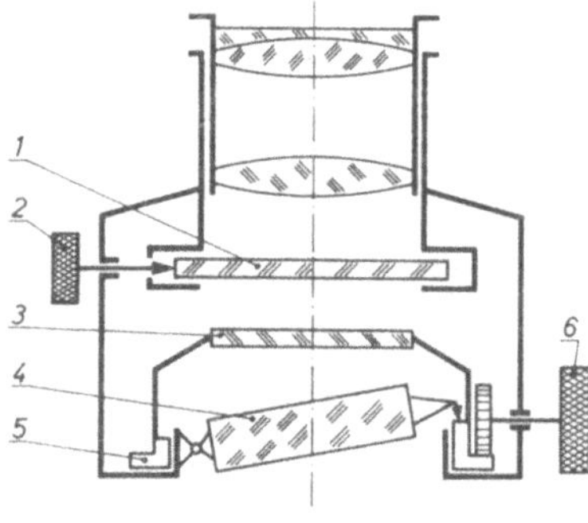

Ablesung: 19,354(7)

1 Strichplatte mit 1/10 Teilung
2 Trieb für Nullpunktseinstellung
3 Strichplatte mit 1/100 und 1/1000 Teilung
4 Planparallele Platte
5 Steuerring
6 Trieb für Steuerring und Strichplatte

Abb. 6-29 Meßokular mit planparalleler Platte und Sehfeld

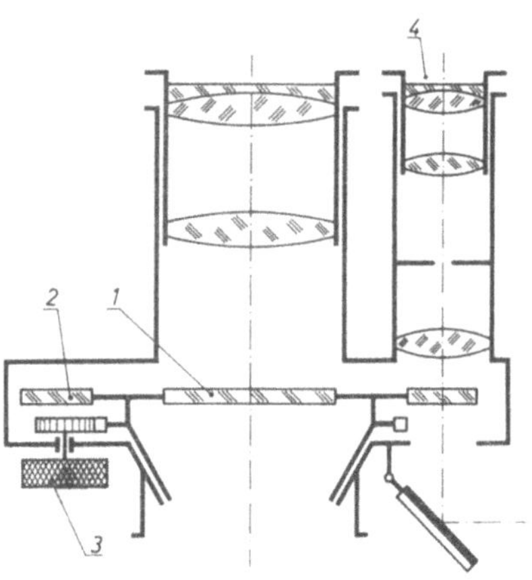

1 Strichplatte
2 Glasteilkreis
3 Trieb für Strichplatte und Teilkreis
4 Ablesemikroskop

Abb. 6-31 Winkelmeßokular

6.5.1.2 Winkelmeßokulare

Das Winkelmeßokular dient zur Winkel-, Koordinaten-, Zylinder- und Kegelmessung nach dem Schattenbild- und dem Meßschneidenverfahren. Das Okular enthält eine drehbare Strichplatte (Abb. 6–31), die mit einem 360°-Teilkreis versehen ist. Der Teilkreis wird mit einem Mikroskop auf 1′ abgelesen.

6.5.1.3 Revolverokular

Das Revolverokular (Abb. 6–32) enthält eine drehbare Strichplatte mit verschiedenen Normalprofilen und eine feste Strichplatte mit einer Winkelskala. Es dient zum Formprüfen mittels Normalprofilen nach dem Schattenkantenverfahren (s. 6.1.10.1) an Gewinden, Radien, Verzahnungen, Winkelprofilen u. ä. Die Strichplatten sind für eine bestimmte Vergrößerung des Mikroskopobjektivs ausgelegt.

6.5.1.4 Doppelbildokular

Im Doppelbildokular werden durch ein Prismensystem vom Prüfling zwei gleichgroße zentralsymmetrische oder achsensymmetrische Bilder entworfen (Abb. 6–33). Diese Bilder überlagern sich, wenn sich die optische Achse im Schwerpunkt der Meßstelle befindet. Dieses ist die Meßstellung, in der die Ablesung des Meßmittels erfolgt. Durch Einfärben entsprechender Prismenteile in den Komplementärfarben rot und grün können die zwei Bilder des Prüflings in den Komplementärfarben dargestellt werden. Bei Überlagerung der Bilder erscheinen dann die überlagerten hellen Stellen weiß und die Schatten schwarz. Es ist somit ein genaues Einstellen der Überlagerung möglich.

Das Doppelbildprisma mit zentralsymmetrischer Abbildung wird für Messungen des Lochmittenabstandes, des Abstandes von Strichen, Durchbrüchen u. a. (s. Abb. 6–34) sowie zur Indikation des Lichtspaltes des Nulleinstellgerätes (s. a. 6.4.2) und des Lichtkreuzes der optischen Innenmeßeinrichtung des Universalmikroskops verwendet. Das achsensymmetrische Doppelbild wird bei allen Symmetrieprüfungen angewendet.

6.5.2 Einfache Meßmikroskope

Für einfache Meßaufgaben, insbesondere für das Ausmessen von Eindrücken bei der Härteprüfung, werden Mikroskope verwendet, die im Okular eine feste Teilung haben, die gemeinsam mit dem Prüfling

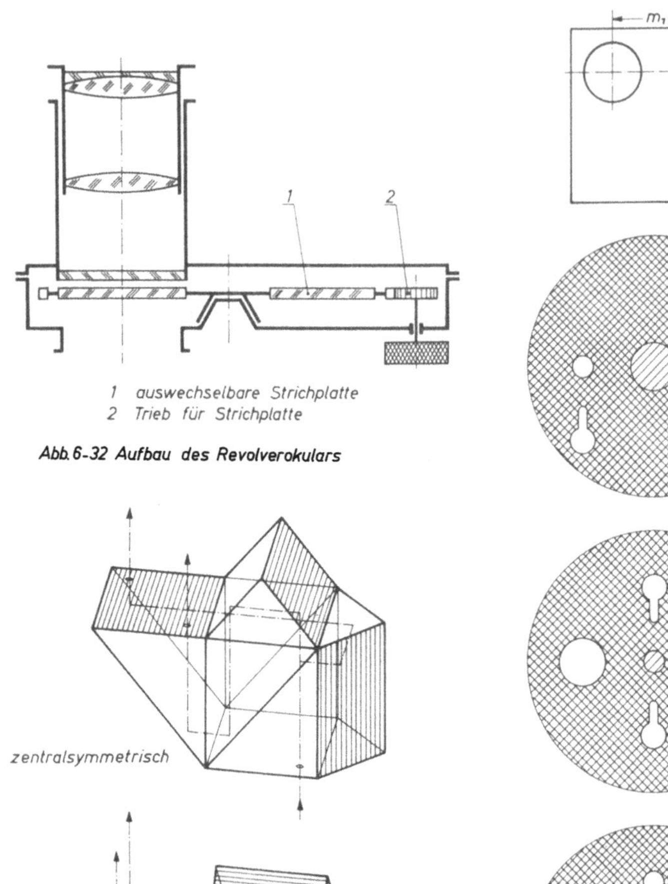

Abb. 6-32 Aufbau des Revolverokulars

Abb. 6-33 Strahlengang im Prisma des Doppelbildokulars

Abb. 6-34 Messung einer Platine im zentralsymmetrischen Doppelbild

betrachtet wird. Das Mikroskop wird mit seinem Fuß direkt auf den Prüfling aufgesetzt. Ablesung 0,02 bis 0,05 mm; Vergrößerung 20- bis 50fach (32, 49).

6.5.3 Einbau-Mikroskope

Diese Mikroskope werden unmittelbar an der Bearbeitungsmaschine zum Prüfen von Werkstücken und Werkzeugen benützt (Abb. 6–36). Zur Ausrüstung gehören meist eine Beleuchtungseinrichtung sowie verschiedene, meist auswechselbare Okulare: Revolverokular mit Strichplatten für Formprüfungen, Winkelmeßokular, Betrachtungsokular zum Beobachten des Bearbeitungsablaufes (auch mit Strichkreuz), Okularmeßschraube. Vergrößerungen 10×, 20×, 30× (32, 39, 42, 49, 96).

6.5.4 Kleinere Meßmikroskope

Die kleineren Meßmikroskope sind für den Gebrauch in der Werkstatt bestimmt. Sie zeichnen sich durch einfache und robuste Ausführung aus. Ein standsicherer Fuß trägt eine Säule, an der der Tubusträger durch Steilgewinde oder Zahntrieb vertikal verstellbar ist. Es kann vielfach mit Auf- und Durchlicht gearbeitet werden. Die Mikroskope sind meist mit einem Winkelmeßokular ausgestattet (s. u. 6.5.1.2), teilweise können auch andere Okulare verwendet werden.

Zur Grundausstattung der Geräte gehört ein Koordinatenmeßtisch (Kreuztisch), der in zwei Koordinaten verschiebbar ist. Die Verschiebung wird mit Meßschrauben gemessen. Teilweise können die Geräte auch mit Rundtischen zur Winkelmessung ausgestattet werden.

Einige Mikroskope (49, 96) können wahlweise auch mit einem horizontal verschiebbaren Tubus ausgerüstet werden. Die Verschiebung wird ebenfalls mit Meßschrauben gemessen.

Der Prüfling wird mit dem Kreuzmeßtisch gegenüber dem Mikroskoptubus bzw. umgekehrt verschoben. Das im Okular feststehende Strichkreuz dient als Marke zum Anvisieren der Anfangs- und Endpunkte der Meßstrecke. In beiden Stellungen wird an der Meßschraube abgelesen, die Differenz der Ablesung ergibt den Meßwert.

Einsatzmöglichkeiten: Längenmessung in rechtwinkligen Koordinaten, wie Messen von Loch-, Kanten-, und Strichabständen, Nut-, Spalt- und Strichbreiten, Durchmesser von Bohrungen, Durchbrüchen, Eindrücken; Winkelmessungen an Kreisskalen, Schablonen, Lehren, Lochscheiben; Verwendung als Betrachtungsmikroskop (39, 42, 49, 66, 96).

Meßbereiche		Ablesung
x-Richtung	30, 50 mm	0,01 mm
y-Richtung	20 mm	0,01 mm
Winkelmeßokular	360°	2′, 30′
Rundtisch	360°	6′
Vergrößerungen	10× bis 50×	
Meßunsicherheit	etwa ± (5 bis 10) μm	

6.5.5 Werkzeug-Meßmikroskope

Mit den Werkzeug-Meßmikroskopen können größere Prüflinge nach mehreren Verfahren mit etwas geringerer Unsicherheit als auf den unter 6.5.4 beschriebenen kleineren Meßmikroskopen vermessen werden.

Ein auf drei Füßen ruhender Grundkörper läßt sich nach einer Dosenlibelle ausrichten. Der Koordinatenmeßtisch (Kreuztisch) ist meist mit einem Rundtisch kombiniert. Er wird mit Meßschrauben verstellt (25 mm). Die Verstellung über größere Längen erfolgt durch Endmaße oder feste Endmaßstufen (96). Ein Gerät (39) ist neuerdings mit Glasmaßstäben mit Projektionsablesung ausgerüstet. Ablesung 0,002 mm.

Bei einem anderen Gerät (96) dient eine Rastspindel mit Schaltschritten von 1 mm als Maßverkörperung. In die Rastspindel rastet eine Schloßmutter ein. Die weitere Unterteilung der Maßverkörperung erfolgt durch eine Meßschraube, die die Rastspindel mit eingerasteter Schloßmutter und den Meßschlitten in einem Bereich von 1 mm verschieben kann. Der Einstellwert wird digital an Ziffernröhren auf 0,002 mm angezeigt. Jede beliebige Stellung des Meßschlittens kann zu Null erklärt werden, die Zählrichtung ist umschaltbar.

Der Meßschlitten der Geräte wird von Hand grob verstellt, geklemmt und mit einer Feinverstellung in die Sollstellung gebracht. Auf dem Kreuztisch können verschiedene Aufnahmevorrichtungen angebracht werden: Spitzenböcke, V-Lager, Meßschneidenhalter. Der Mikroskopständer ist für die Gewindeprüfung neigbar. Am Ständer sind der Tubusträger durch Zahntrieb vertikal verstellbar und die Verschiebung teilweise meßbar. Die Okulare (Winkelmeß-, Revolver-, Doppelbildokular) sind auswechselbar bzw. lassen sich bei Geräten mit binokularem Einblick entsprechende Einsätze austauschen.

Die Einsatzfähigkeit der Werkzeug-Meßmikroskope wird durch verschiedene Meßverfahren und Zusatzeinrichtungen erweitert.

Bei dem *Schattenkantenverfahren* (s. 6.1.10.1) wird der Prüfling mit dem Kreuztisch meßbar gegenüber der Visierlinie des Okulars verschoben bzw. mit dem Rundtisch gedreht. Die Meßpunkte des Prüflings werden bei einer Längen-, Abstands- oder Durchmessermessung auf die Visierlinie eingestellt und jeweils die Tischstellung abgelesen. Die Differenz der Ablesungen ist der Meßwert.

Das *Achsenschnittverfahren* wird angewendet, wenn der Prüfling infolge seiner geometrischen Form keine genauen Schattenkanten wirft (Gewinde, Bolzen, Kegel u. a. m.). Bei diesem Verfahren werden im Achsenschnitt des Prüflings Meßschneiden an die Meßfläche angeschoben. Jede Meßschneide hat parallel zur Schneidenkante in definiertem Abstand einen Haarstrich, der mit dem Mikroskop eingefangen wird. Winkelmeßokulare enthalten zu diesem Zweck in entsprechendem Abstand zum Strichkreuz parallele Linien, die mit dem Haarstrich einer Meßschneide zur Deckung gebracht werden können (Abb. 6–35).

Das *Doppelbildverfahren* eignet sich zum Messen von Lochmittenabständen und für Symmetrieprüfungen (s. 6.5.1.4).

Das mechanische *Kontaktverfahren* mit dem Nulleinstellgerät (s. 6.4.2) ermöglicht den Einsatz des Meßmikroskopes auch für Messungen, bei denen die optischen Indikationsverfahren nicht anwendbar sind. Das Nulleinstellgerät (mechanische Innenmeßeinrichtung) wird daher besonders für Messungen an Sacklöchern, Nuten, abgesetzten Bohrungen sowie für Parallelitätsmessungen, Konizitätsmessungen u. a. m. verwendet.

Beim *Formvergleich mit Profilbildern* (Gewinde, Radien, Winkel, Zahnprofile) finden Normalprofil-Strichplatten im Revolverokular (s. 6.5.1.3) bzw. im Strichplatteneinsatz Anwendung. Im Mikroskop erscheint das Schattenbild des Prüflings und das betreffende Profilbild der Strichplatte in gleicher Größe. Durch Vergleich läßt sich die Formabweichung des Prüflings feststellen.

Für *Winkelmessungen* wird das Winkelmeßokular (s. 6.5.1.2) oder ein Rundtisch verwendet.

Eine *Projektionseinrichtung* (Abb. 6–37) erlaubt ein Beobachten auch durch mehrere Personen. Auf den Tubusträger wird ein Projektionsschirm aufgesetzt. Ein großes Werkzeugmikroskop (96) hat einen eingebauten Schirm, durch eine Schieberbetätigung wird der Strahlengang umgelenkt. Bei diesem Gerät kann auf dem Projektionsschirm eine Zeichnungsvergleichseinrichtung angebracht werden. Von dem zu prüfenden Werkstück wird entsprechend der Mikroskopvergrößerung eine Transparentzeichnung angefertigt und in die Einrichtung eingelegt. Im binokularen Einblick erscheint die Zeichnung als grünes Schattenbild, der Prüfling als rotes. Die Bilder werden zur Deckung gebracht.

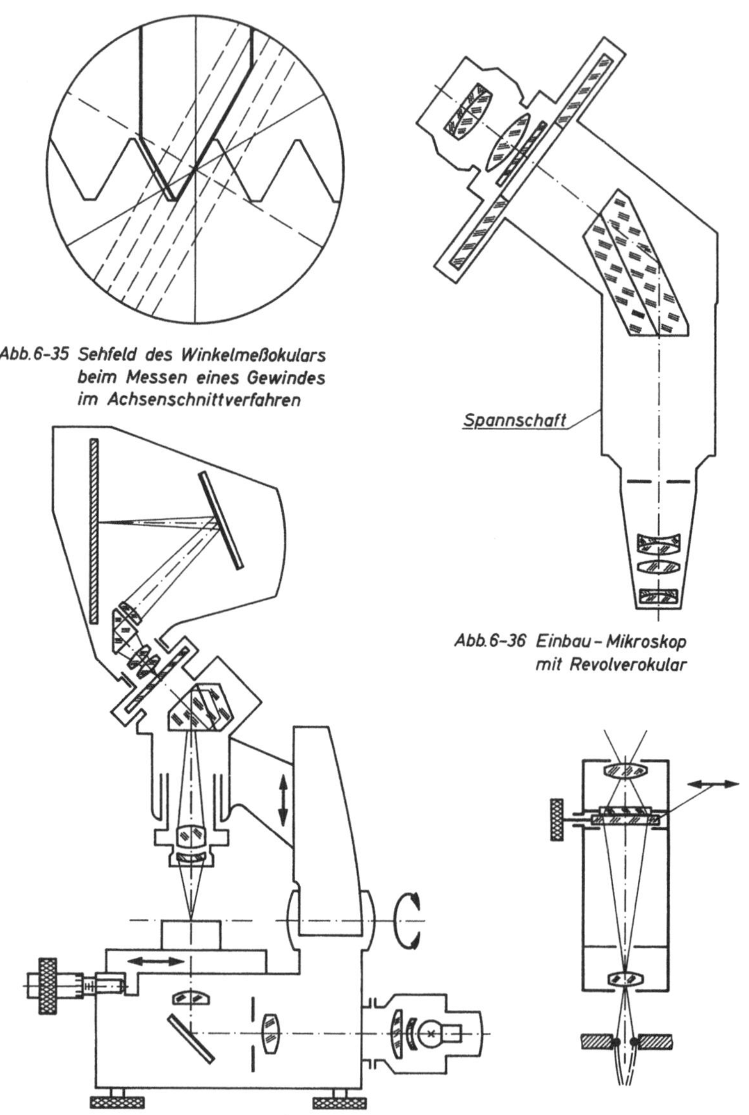

Abb. 6-35 Sehfeld des Winkelmeßokulars beim Messen eines Gewindes im Achsenschnittverfahren

Abb. 6-36 Einbau-Mikroskop mit Revolverokular

Abb. 6-37 Meßmikroskop mit aufgesetzter Projektionseinrichtung

Abb. 6-38 Meßprinzip des Bohrungs-Meßmikroskops (Jenoptik)

Die Stellen, die am Werkstück zu wenig abgearbeitet wurden, erscheinen schwarz, die am Werkstück fehlen, weiß. Außerdem läßt sich an einigen Geräten eine Photoeinrichtung anbringen (39, 42, 49, 66, 96).

Meßbereiche	
Koordinatenmeßtisch	
x-Richtung	0···100, 0···150 mm
y-Richtung	0··· 50, 0··· 75 mm
Rundtisch	0···360°
Kippung des Mikroskopständers	± 12°, ± 15°
Objektivvergrößerungen	1×, 1,5×, 3×, 5×
Gesamtvergrößerung (Produkt aus Objektiv- und Okularvergrößerung)	6× bis 50×
Ablesung	
der Meßschrauben	0,01; 0,005 mm
des Rundtisches	3′, 6′
am Trieb zur Mikroskopneigung	15′
Meßunsicherheit	
beim Schattenbildverfahren	
Längenmessung	± 3 bis ± 5 µm
Winkelmessung mit Winkelmeßokular	± 1′ bis ± 2′
beim Achsenschnittverfahren	
Längenmessung	± 2,5 bis ± 4 µm
Winkelmessung mit Winkelmeßokular	± 1,5′ bis ± 2,5′
Längenmessung mit dem Nulleinstellgerät	± 2 bis ± 4 µm

6.5.6 Universal-Meßmikroskope

Die Universal-Meßmikroskope zeichnen sich gegenüber den im vorherigen Abschnitt beschriebenen Werkzeug-Meßmikroskopen sowohl durch einen größeren Meßbereich als auch durch geringere Meßunsicherheit aus, welche durch eingebaute Strichmaßstäbe mit Mikroskop- oder Projektionsablesung erreicht wird. Die Geräte gleichen in den Meßverfahren den Werkzeug-Meßmikroskopen. Im Einzelaufbau sind sie verschieden. Die universelle Anwendbarkeit wird durch ein reichhaltiges Zubehör erreicht.

Das Universalmeßmikroskop (39) hat Glas-Strichmaßstäbe. In x-Richtung wird gemessen durch Verschieben des Prüflings gegenüber einer Strichmarke im Visiermikroskop, in y-Richtung durch Verschieben des Visiermikroskops gegenüber dem Prüfling. In beiden Fällen machen die Maßstäbe die Verschiebung mit. Die beiden Mikroskope zum Ablesen der Maßstäbe sind mit dem Grundbett fest verbunden.

Die Ausrüstung des Mikroskops umfaßt: Winkelmeßokular, Revolverokular, Doppelbildokular (s. 6.5.1.2 bis 4), Meßschneideneinrichtung, auf den Tubusträger aufsetzbare Projektions- und Photoeinrichtung, eine Auflicht-Beleuchtungseinrichtung zum Anklemmen an der

Fassung des benutzten Objektivs, Meßhebelvorsatz (Nulleinstellgerät, s. 6.4.2) in Verbindung mit dem Objektiv 3×, Spitzenbock mit Teilkreis zur Bestimmung von Größen in Abhängigkeit vom Drehwinkel bei waagerechter Achse, Rundtisch mit Teilkreis zur Prüfung in Abhängigkeit vom Drehwinkel um eine vertikale Achse, Rundlaufmeßeinrichtung sowie verschiedene Aufnahmevorrichtungen (Plantisch mit Glasplatte, Spitzenböcke).

Anwendungsmöglichkeiten:

Gewindemessung: Flanken-, Außen- und Kerndurchmesser bis 100 mm Steigung, Flankenwinkel. Lage des Gewindeprofils zur Achse, Gewindeform.

Winkelmessung: Flankenwinkel an Gewindeschneidstählen, -fräsern und -strählern, Profilwinkel von Formfräsern jeder Art, Winkel an Schablonen, Schnitten, Formlehren usw.

Formprüfung: Messen nach Rechtwinkel- und Kreiskoordinaten an Formlehren, Schablonen, Formstählen und Fräsern, Schnittstempeln, Fabrikationsteilen der spanabhebenden und spanlosen Formgebung.

Gerätedaten:

Meßbereiche	
Längsschlitten (x-Richtung)	0···200 mm
Querschlitten (y-Richtung)	0···100 mm
Winkelteilung von Rundtisch, Winkelmeßokular, Spitzenbock	0···360°
Winkelteilung im Revolverokular	± 7°
Ablesung	
Ablesemikroskop	1 µm
Winkelteilung im Winkelmeßokular	1′
Winkelteilung im Revolverokular	10′
Winkelteilung des Rundtisches	30″
Winkelteilung des Spitzenbockes	1′

Ungenauigkeit der Meßverfahren:

Der Hersteller gibt bei den einzelnen Meßverfahren Formeln an für die höchsten auftretenden Ungenauigkeiten. Hier sollen nur für die wichtigsten Verfahren Größenordnungen angeführt werden.

Schattenkantenverfahren	
Längenmessung mit Plan- und Rundtisch	± 3 µm
Winkelmessung mit Winkelmeßokular	± 2′
Achsenschnittverfahren	
Längenmessung	± 2 µm
Winkelmessung mit Winkelmeßokular	± 2,5′
Nulleinstellgerät	± 3 µm

Das Werkstatt-Meßmikroskop (49) kann mit zwei verschiedenen Meßtischen ausgerüstet werden: Ablesung an Meßschrauben oder Projektionsablesung an Glasmaßstäben. Das Gerät kann mit einem Tubus mit Strichplattenrevolver und auswechselbaren Okularen (Winkelmeßokular, Projektionsokular) oder einem binokularen Tubus versehen werden, bei welchem eine Winkelmeßeinrichtung eingebaut ist, außerdem Strichplatten auswechselbar sind und sich eine Doppelbildeinrichtung anbringen läßt. Bei beiden Tuben wird der Prüfling durch ein telezentrisches Objektiv in der Strichplattenebene 1 : 1 zwischenabgebildet. Objekt und Strichplattenbild erscheinen gemeinsam im Sehfeld des Mikroskops, so daß für verschiedene Objektive (10-, 20- und 30-fache Gesamtvergrößerung) dieselben Strichplatten verwendet werden können.

Die Ausrüstung umfaßt: Nulleinstellgerät (s. 6.4.2) mit oder ohne Vertikalmeßeinrichtung, Meßschneideneinrichtung, optischer Rundtisch, Spitzenböcke, Zahnradprüfgerät zum Beobachten des Abrollvorganges. Auch dieses Meßmikroskop dient zum Messen von Längen und Winkeln (Rechtwinkel- und Polarkoordinaten), insbesondere zum Ausmessen von Werkstücken komplizierter Gestalt. Mit den Nulleinstellgerät mit Vertikalmaßstab können auch Messungen des Flankendurchmessers und der Steigung an Innengewinden durchgeführt werden.

Das Universal-Meßmikroskop UMM (96) hat ebenfalls eingebaute Strich-Glasmaßstäbe. Die Führung und Auflageflächen des Längsschlittens nehmen die je nach Meßaufgabe notwendigen Meßtische und Aufnahmevorrichtungen auf. Der Querschlitten trägt den in Spitzenhöhe schwenkbaren Mikroskopständer mit Mikroskop. Im Mikroskopteil sind Hauptbeleuchtung und die Optikteile für Projektion, Photographie, Zeichnungsvergleich, Doppelbildeinstellung sowie Betrachtung und Ablesung eingebaut. Auswechselbare Einsätze für Winkelmessungen und Profilstrichplatten werden hinter dem binokularen Einblick eingesetzt. Der Höhentrieb des Mikroskops ist gleichzeitig zum Einstellen einer Höhenmeßeinrichtung mit Endmaß und Feinzeiger vorgesehen. Das Doppelokular dient sowohl zur Beobachtung des Prüflings beim Messen bzw. zum Anvisieren als auch zum Ablesen der Strichmaßstäbe und der Kreisteilungen (Winkelteilungen von Rundtisch, Spitzenbock, Mikroskopständer, Winkelmeßeinsatz). Die verschiedenen Ablesestellen werden durch Betätigen zugeordneter Druckknöpfe im binokularen Einblick zur Abbildung gebracht. Objektive 1×, 2×, 4×, 8× und das Nulleinstellgerät sind gegeneinander auswechselbar. Unterhalb der Objektive läßt sich eine Auflichtbeleuchtung anbringen. Die Vergrößerung der Okulare beträgt 10×, somit ergeben sich Gesamtvergrößerungen von 10×, 20×, 40× und 80×.

Zum Aufnehmen der Prüflinge sind vorgesehen: verschieden hohe Spitzenböcke mit Spitzenzentrierung, Spitzenbock mit Teilkreis zum Verstellen um eine waagerechte Achse, verstellbare V-Lager, Plantisch, Rundtisch mit Teilkreis.

An diesem Meßmikroskop kann mit folgenden Meßverfahren gemessen werden: Schattenbild-, (6.1.10.1), Achsenschnitt- (s. u. 6.5.5), Doppelbild- (6.5.1.4), Meßmarken-Doppelbild- (s. Lichtspaltverfahren 6.1.10.3), Kontaktverfahren (Nulleinstellgerät 6.4.2), Formvergleich mit Profilbildern, Winkelmessung mit Winkelmeßeinrichtung (6.5.1.3), Zeichnungsvergleich (s. u. 5.5.5) sowie Projektionsverfahren.

Das UMM gestattet Messungen in Rechtwinkel- und Kreiskoordinaten in der Ebene sowie in räumlichen Rechtwinkel- und Zylinderkoordinaten.

Gerätedaten:

Meßbereich	
des Längsschlittens	0···200 mm
des Querschlittens	0···100 mm
Ablesung der Strichmaßstäbe	1 μm
Winkelmeßbereich	
der Mikroskopneigung	± 15°
des Rundtisches, Spitzenbocks mit Teilkreis und Winkelmeßeinsatzes	0···360°
des Strichplatteneinsatzes	± 8°
Ablesung der Teilkreise	1′

6.5.7 Bohrungsmeßmikroskop

Das Bohrungsmeßmikroskop (39) dient zum Messen kleiner zylindrischer und kegliger Bohrungen von 0,05 bis 2 mm Durchmesser mit Hilfe von Glasperlen, die an die Bohrungswand angelegt werden (Abb. 6–38). Im Fuß des Mikroskops befindet sich der Meßperlenhalter, in den die Meßperle gesteckt wird. Die Meßperle ist innerhalb des Meßbereiches schwenkbar. Durch eine Bohrung tritt die Meßperle in den zentrier- und horizontierbaren Meßtisch ein. Auf dem Meßtisch wird der Prüfling mit Klemmfedern festgehalten. Der Tisch kann vertikal meßbar verschoben werden. Das Mikroskop ist mit einem Zahntrieb in der Höhe verstellbar. Das optische System des Mikroskops besteht aus einem telezentrischen Objektiv und einer Okularmeßschraube (s. 6.5.1.1). In der Okularmeßschraube sind zwei Strichplatten angeordnet:

1. Eine feststehende zum Zentrieren der Prüflinge,

2. eine in der x-Achse verschiebbare mit vier im Abstand von 0,5 mm bezifferten Kreismarken.

Meßvorgang: Nach dem Fokussieren bzw. Zentrieren von Meßperle und Prüfling sowie nach dem Einstellen der gewünschten Meßhöhe bringt man das Schattenbild der Meßperle und das von der Bohrungswand erzeugte Spiegelbild der Meßperle in Berührung. Dann ist mit der Meßschraube der Maßstab so einzustellen, daß die Meßperle in die nächstgelegene Kreismarke zu liegen kommt. In dieser Stellung wird abgelesen. Der gleiche Vorgang wiederholt sich an der anderen Bohrungswand. Der Bohrungsdurchmesser ergibt sich aus dem Abstand der benutzten Meßkreise (s. Abb. 6–38) plus Meßperlendurchmesser plus bzw. minus der Differenz der beiden Meßschraubenablesungen.

Gerätedaten:
Skalenwert des Meßschraubenokulars 1 µm; Skalenwert der Höheneinstelltrommel 0,2 mm; Meßbereich 0,05 bis 2 mm ∅; Meßtiefe je nach Bohrungsdurchmesser bis zu 4 mm.

6.6 Fluchtungs- und Richtungsmeßgeräte

Abweichungen der Fluchtung sind Versetzungen in senkrechter und waagerechter Ebene parallel zur angestrebten Richtung. Als Bezugslinie wird eine optische Linie (Fluchtfernrohr-Kollimator), ein gespannter Draht oder auch ein Flüssigkeitsspiegel (s. Tiefenindikator-6.3.4) verwendet.

Abweichungen der Richtung sind Winkelabweichungen der Achsen oder Flächen einzelner Objekte zueinander. Die Abweichungen können durch Bestimmen der Winkel zwischen zwei optischen Linien gemessen werden.

6.6.1 Fluchtlinienprüfer

Der Fluchtlinienprüfer (49) dient zum Vermessen von Geradführungen an Maschinenbetten. Zum Darstellen einer Bezugslinie zur Führung wird ein Meßdraht benutzt. Die Abweichungen von der Fluchtlinie werden nach Einfangen des Drahtes in einem Mikroskop an der Teilung einer Meßschraube abgelesen.

Aufbau: Mikroskop und Stativ sind durch eine Schlittenführung verbunden. Zum Scharfstellen des Drahtes ist das Mikroskop am Stativ durch Zahntrieb vertikal verstellbar. Horizontal wird es meßbar mit einer Meßschraube verschoben. Zum horizontalen Ausrichten des

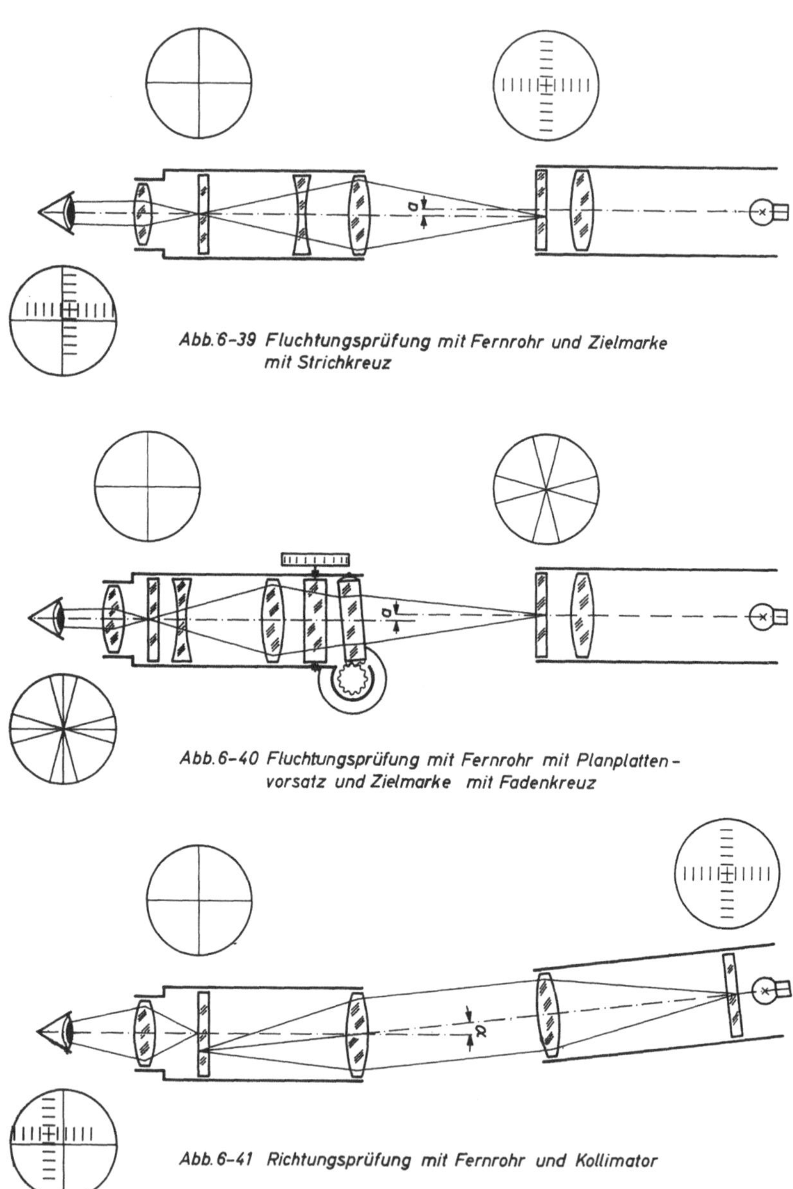

Abb. 6-39 Fluchtungsprüfung mit Fernrohr und Zielmarke mit Strichkreuz

Abb. 6-40 Fluchtungsprüfung mit Fernrohr mit Planplattenvorsatz und Zielmarke mit Fadenkreuz

Abb. 6-41 Richtungsprüfung mit Fernrohr und Kollimator

Fluchtlinienprüfers trägt das Stativ eine Libelle. Eine einfache Ausführung besitzt ein Okular mit eingebauter Winkelstrichplatte. Der Meßdraht wird zwischen den Schenkeln des Winkels eingefangen. Bei der Ausrüstung mit Schnittbildokular teilt ein eingebautes Prisma das Bild des Meßdrahtes. In der einen Okularhälfte wird der Meßdraht direkt, in der anderen um 180° gedreht abgebildet. Beim Verstellen der Meßschraube bewegen sich beide Bilder gegenläufig zueinander. Der Meßdraht ist genau eingefangen, wenn die Bilder geradlinig zusammenfallen (Koinzidenz).

Der Meßdraht wird über eine Rolle mit einem Gewicht gespannt. Er muß so ausgerichtet sein, daß bei Anfangs- und Endstellung gleiche Werte gemessen werden.

Ablesung der Meßschraube	0,01 mm
Einfangunsicherheit im	
Strichplattenokular (Stahldraht)	$2\,\sigma = \pm\,3{,}2\ \mu m$
Schnittbildokular (Stahldraht)	$2\,\sigma = \pm\,2{,}8\ \mu m$
Meßunsicherheit des Meßsystems (Schnittbildverfahren)	
mit Stahldraht	$\pm\,(5 + L)\ \mu m$
mit Phosphorbronzedraht	$\pm\,(3 + L/2)\ \mu m$
L = Bahnlänge in m	
Meßbare Bahnlänge mit Phosphorbronzedraht	6 m
mit Stahldraht	20 m

6.6.2 Fluchtfernrohr

Das Fluchtfernrohr ist gleichzeitig ein Zielfernrohr für die Fluchtungsprüfung mit einer beleuchteten Zielmarke und ein Kollimationsfernrohr für die Richtungsprüfung mit einem Kollimator.

Bei der *Fluchtungsprüfung* dient die optische Achse des Zielfernrohres als Bezugslinie. Die Zielmarke wird nacheinander an die einzelnen Meßstellen gebracht und das Fernrohr auf diese scharf eingestellt. Die Zielmarke kann als Kreuzskala ausgebildet sein, an der die Höhen- und Seitenversetzung gegenüber der Bezugsachse aus der Stellung des Fadenkreuzes gegenüber der Kreuzskala abgelesen werden (Abb. 6–39). Die Kreuzskala ist in größere Intervalle geteilt (0,5 mm), mit größer werdenden Zielentfernungen ist sie schwerer zu erkennen. Die Meßunsicherheit ist dadurch ziemlich groß. Eine einfache Strichkreuzmarke kann verwendet werden, wenn das Fernrohr mit einem Planplattenvorsatz ausgerüstet ist (Abb. 6–40). Dieser Vorsatz besteht aus zwei Planglasplatten, die um die horizontale bzw. vertikale Achse schwenkbar sind. Das Schwenken der Platten bewirkt ein Parallelversetzen der in das Fernrohr eintretenden Strahlen (s. 6.1.4). Es kann dadurch die Zielmarke mit der Visiermarke im Fernrohr zur Deckung gebracht werden. Die Schwenkung der Platten ist dann ein Maß für die Strahlversetzung und somit für die Versetzung der Zielmarke. Die Ablesung erfolgt an Trommeln der Triebe zum Schwenken der Platten. Die Meßunsicherheit wird bei diesem Verfahren bedeutend verringert. Eine Voraussetzung für das Erreichen geringer Meßunsicherheit ist ruhende Luft. Durch aufsteigende warme Luft werden die Lichtstrahlen abgelenkt. Ein Hersteller (39) gibt für sein Fluchtfernrohr mit Planplattenvorsatz bei der Fluchtungsprüfung in ruhender Luft eine Meßunsicherheit von höchstens $\pm$ (0,02 + 0,012 E) mm an (E = Zielentfernung in m).

Bei der *Richtungsprüfung* wird das Fernrohr auf Unendlich eingestellt, zwischen Fernrohr und Kollimator entsteht ein paralleler Strahlengang. Im Kollimator befindet sich in der Brennebene des Kollimatorobjektives eine beleuchtete Kreuzskala. Skalenmittelpunkt und Fadenkreuzmitte des Fernrohres decken sich, wenn die Achsen von Kollimator und Fernrohr übereinstimmen oder parallel versetzt sind. Stimmen die Achsen im Winkel nicht überein, erscheint das Bild der Kreuzskala zum Bild der Fadenkreuzes versetzt, die Abweichungen in senkrechter und waagerechter Ebene können an der Kreuzskala abgelesen werden (Abb. 6–41).

An den Fluchtfernrohren kann teilweise ein Okular mit Autokollimationseinrichtung angesetzt werden. Die Wirkungsweise ist dann die gleiche wie die beim Autokollimationsfernrohr (s. 6.6.3).

Das Fernrohr wird zur Messung auf ausrichtbare Stative oder Richtgestelle gesetzt. Kollimator und Zielmarken werden in verschiedenen, den Meßaufgaben angepaßten Vorrichtungen aufgenommen. Wird an schwer zugänglichen Stellen gemessen, so erleichtert ein rechtwinkliger Okularansatz das Beobachten.

Auf den Okularstutzen des Visierfernrohres kann bei einigen Geräten eine Projektionseinrichtung aufgesetzt werden. Damit läßt sich das Fadenkreuz des Fernrohres auf reflektierende, helle Flächen projizieren. Auf diese Weise können in Richtung der Fernrohrachse liegende Punkte in einer Entfernung bis etwa 60 m festgelegt bzw. korrigiert werden.

Das Fluchtfernrohr läßt sich in vielen Fachgebieten einsetzen: Ausrichten von Maschinenbetten, Fundamenten, Konsolen; Ausfluchten von Lagerbohrungen in Großmaschinen, Transmissionen, Schiffswellenlagerungen; Vermessen und Ausrichten von Konstruktionen und Rahmen (Lokomotivrahmen, astronomische Fernrohre); Prüfung der Geradlinigkeit von Führungen an Werkzeugmaschinen, Aufzügen, Förderanlagen, großen Meßvorrichtungen; Prüfen der geradlinigen Bewegung von Tischen, Schlitten an Werkzeugmaschinen und Meßeinrichtungen (32, 39, 49, 60, 74).

Daten:

Zielentfernung (Größenordnung, unterschiedlich bei den einzelnen Geräten).		
Fluchtungsmessung mit Zielmarke und mit Skalenkreuzmarke	1 bis 12 m	
mit Planplattenvorsatz und mit Zielmarke	1 bis 40 m	
Richtungsmessung mit Kollimator	0 bis 25 m	
Meßunsicherheit	(39)	(49)
Fluchtungsmessung mit Planplattenvorsatz und Zielmarke	$\pm (20 + 12\,E)\,\mu m$;	$\pm (5 + 3{,}3\,E)\,\mu m$;
	E = Zielentfernung in m	
Richtungsmessung	$\pm 4''$	$\pm 6''$

6.6.3 Autokollimationsfernrohr

Das Autokollimationsfernrohr dient in Verbindung mit Planspiegel, Pentagonprisma und Polygonspiegel zur Richtungsprüfung und Winkelmessung. Das Autokollimationsfernrohr hat eine eingebaute Beleuchtungseinrichtung (Abb. 6–42). Das Objektiv projiziert das Bild des beleuchteten Strichkreuzes in das Unendliche, d. h. aus dem Fernrohr treten parallele Lichtstrahlen aus. Ein in beliebiger Entfernung senkrecht zur Fernrohrachse gestellter Planspiegel reflektiert das Strahlenbündel in das Fernrohr zurück. Dabei wirken das Fernrohr und sein Spiegelbild zusammen wie Fernrohr und Kollimator. Nach der Reflektion wird das Strichkreuz wiederum im Meßokular, in der Brennebene des Fernrohrobjektives abgebildet. Neigt man den Spiegel um einen kleinen Winkel α, so ändern die reflektierten Strahlen ihre Richtung um den Winkel $2\,\alpha$ gegenüber der optischen Achse, und das Strichkreuzbild im Meßokular ändert seine Lage um die Strecke y (Abb. 6–43). Diese Versetzung ist ein Maß für die Winkelabweichung und wird mit dem Meßokular ausgewertet. Es kann direkt die Neigung des Spiegels gegenüber der optischen Achse des Fernrohres abgelesen werden. Wegen des parallelen Strahlenganges ist die Versetzung y nur von der Winkeländerung abhängig. Spiegelentfernung und Parallelversatz des Spiegels bewirken keine Versetzung des Strichkreuzbildes und haben auch keinen Einfluß auf dessen Größe.

Bei der Prüfung von Führungsbahnen und bei Ebenheitsprüfungen wird der Planspiegel in Richtung der Fernrohrachse in Schritten der

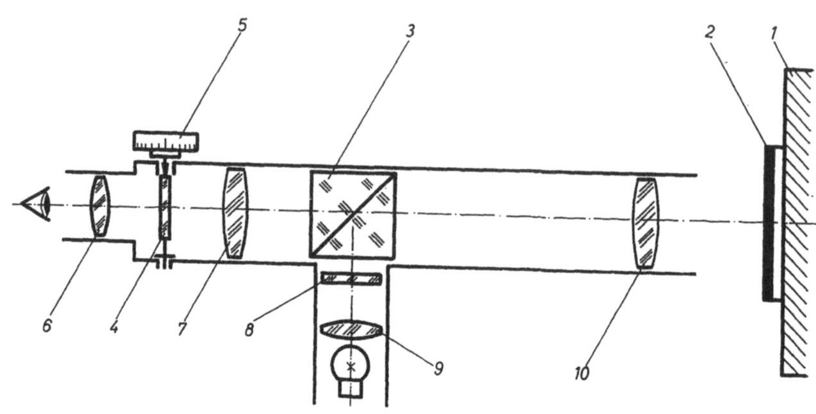

1 Prüffläche
2 Autokollimationsspiegel
3 Teilungswürfel
4 Strichplatte mit Doppelstrichkreuz
5 Meßschraube
6 Okular
7 Umkehrsystem
8 Strichplatte mit Winkelskalen
9 Kondensor
10 Objektiv

Abb. 6-42 Aufbau des Autokollimationsfernrohres

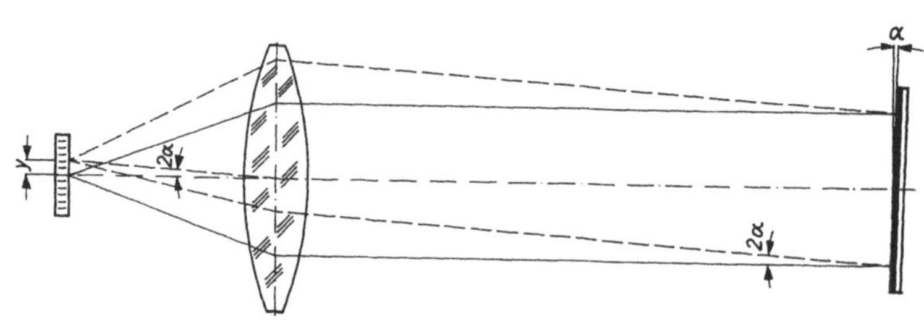

Abb. 6-43 Meßprinzip des Autokollimationsfernrohres mit Planspiegel

Basislänge L (100 oder 200 mm) verschoben. Die Spiegelneigung ist jeweils im Meßokular des Fernrohres abzulesen. Aus dem Abstand der beiden Auflagepunkte (Basislänge L) des Spiegels und den Neigungsunterschieden lassen sich die vorhandenen Höhenabweichungen berechnen oder graphisch ermitteln.

Das Pentagonprisma (32, 49) lenkt den Strahlengang um 90° um, ohne daß es in der Meßebene genau ausgerichtet werden muß. Es können mit dem Pentagonprisma 90°-Winkel eingestellt und gemessen werden sowie Parallelitätsprüfungen durchgeführt werden.

Spiegelpolygone sind Körper aus Glas oder Metall mit ebenen Begrenzungsflächen. Die Grundfläche ist ein regelmäßiges Vieleck (4-, 8-, 10-, 12-, 36-eck). Die Seitenflächen sind Spiegel. Der Polygonspiegel braucht nicht genau zum Prüfling zentriert zu werden, nur die Drehachse muß parallel zur Prüflingsachse stehen. Die Spiegelpolygone dienen in Verbindung mit dem Autokollimationsfernrohr zum Einstellen und Messen von Winkeln bei Teilkreisen, Lochscheiben, Zahnrädern (32, 33, 49, 60).

Das Autokollimationsfernrohr wird je nach Meßaufgabe in verschiedenen Richtgestellen aufgenommen.

Meßbereich: abhängig von der Spiegelentfernung, größter Bereich je nach Gerät $\pm 6'$ bis $\pm 20'$; Meßunsicherheit $\pm 4''$ bis $\pm 1''$ bei ruhender Luft; größte Spiegelentfernung etwa 20 m (32, 33, 49, 60).

6.7 Optische Geräte an Werkzeugmaschinen

Optische Meßgeräte können vielfach direkt in der Werkzeugmaschine verwendet werden. Einbaumeßmikroskope (s. 6.5.3) werden zur Überprüfung von Schneidwerkzeugen und Werkstücken eingesetzt. Eine weitere Anwendung finden optische Einstellhilfen in Form von Zentriermikroskopen und Zentrierprojektoren sowie optische Maßstabsablesungen.

6.7.1 Optische Einstellhilfen

Das genaue Ausrichten von Werkstücken, Vorrichtungen, Rundtischen auf Werkzeugmaschinen wird durch optische Einstellhilfen erleichtert. Grundsätzlich können zwei Arten unterschieden werden: Die Projektion von Marken auf das auszurichtende Teil, die mit Markierungen auf dem auszurichtenden Teil zur Deckung gebracht werden, und das Einfangen von auf dem Teil befindlichen Markierungen (Anreißlinien, Bohrungen, Zentrierspitzen) in einem Mikroskop mit Strichplatte. Die Geräte sind meist mit Kegeln zur Aufnahme in der Spindel der Werkzeugmaschine ausgerüstet (30, 32, 49, 66, 67, 78).

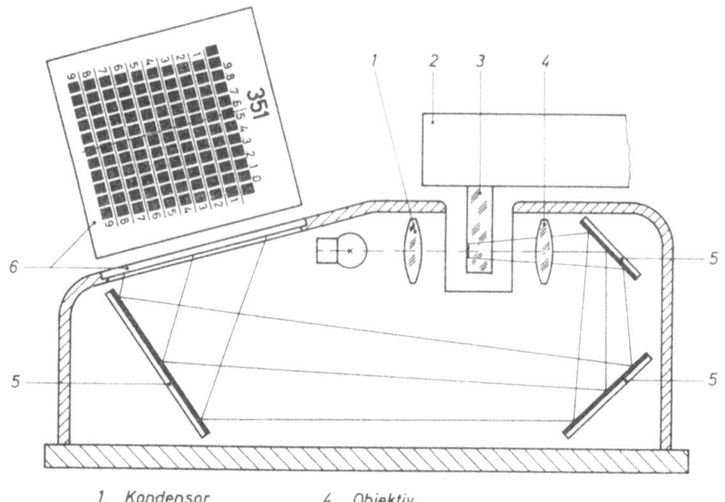

Abb. 6-44 Projektionsablesung am Glasmaßstab mit Transversalmeßfeld

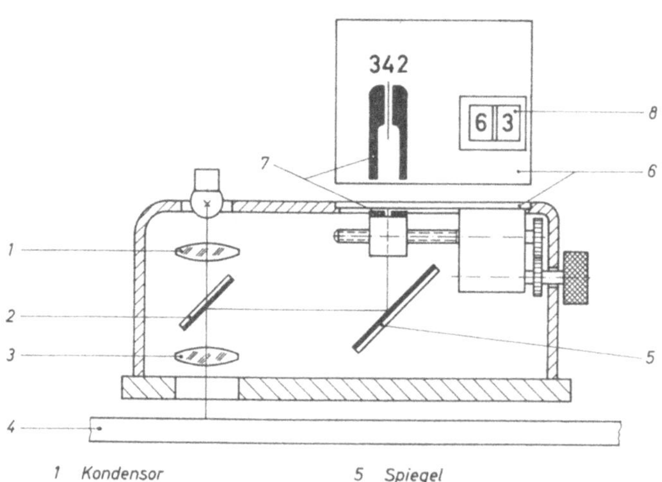

Abb. 6-45 Projektionsablesung am Metallmaßstab mit mechanischem Zählwerk

6.7.2 Optische Geräte für die Positionierung auf Werkzeugmaschinen

Optische Meßgeräte für die Maßstabsablesung finden mit steigenden Anforderungen an die Genauigkeit der auf Werkzeugmaschinen gefertigten Teile und an die Arbeitsgeschwindigkeit immer größere Verwendung. Es ist möglich, das Meßmittel (Maßstab, Teilkreis) an die für die Genauigkeit günstigste Stelle zu legen, da die Ablesung nicht direkt am Meßmittel erfolgt. Weiterhin sind räumlich getrennte Meßstellen nebeneinander abbildbar. Zum Ablesen der Meßmittel wurden früher Mikroskope verwendet. Dabei konnte immer nur eine Meßstelle von einer Person beobachtet werden. Heute werden in steigendem Maße optische Meßgeräte mit Projektionsanzeige verwendet. Bei diesen wird ein Teil des Maßstabes auf einem Projektionsschirm abgebildet. Die Vorzüge dieser Methode sind: Ermüdungsfreies Ablesen, Beobachtungsmöglichkeit mehrerer Meßstellen durch mehrere Personen, keine Parallaxefehler bei der Ablesung, Möglichkeit der Fernbildübertragung auf einen zentralen Bedienungsstand durch ein Fernsehgerät. Bei gleicher Meßunsicherheit muß jedoch das Projektionsbild größer sein als das Okularbild (Korn der Mattscheibe). Auch erfordert das Projektionsverfahren eine stärkere Lichtquelle.

Der Aufbau der Projektionsmeßgeräte ist folgender: Die Maßstabsteilung wird durch eine Lichtquelle beleuchtet, Durchlicht bei Glasmaßstäben (Abb. 6–44) und Auflicht bei Metallmaßstäben (Abb. 6–45) und durch ein Objektiv auf einen Bildschirm (Mattscheibe) geworfen. Dieser Bildschirm ist als Meßfeld ausgebildet, so daß Bruchteile des Maßstabsintervalls abgelesen werden können. Verschiedene Einrichtungen und Ausführungen ermöglichen eine Nullstellung oder auch digitale Ablesung, so z. B. der Zählwerkprojektor (Abb. 6–45). Der Maßstabsstrich wird hierbei in einer verschiebbaren Doppelstrichmarke eingefangen, die Verschiebung wird gleichzeitig durch ein mechanisches Zählwerk angezeigt, welches die Unterteilung des Maßstabsintervalls vornimmt. Der Maßstab ist meist am Maschinenschlitten befestigt, das Projektionsmeßgerät fest mit dem Maschinenbett verbunden. Die Geräte werden verwendet in Bohrwerken, Universalfräsmaschinen, Rundtischen, Teilköpfen, Zahnradprüfgeräten. Die Einstellunsicherheit der Geräte liegt je nach verwendetem Gerät bei $\pm 0{,}01$ bis $\pm 0{,}001$ mm (30, 32, 33, 67).

6.8 Mit Lichtinterferenz arbeitende Geräte

Lichtinterferenz beruht auf der Wellennatur des Lichts. Gehen von einer Lichtquelle zwei Strahlen aus, so haben beide die gleiche Schwin-

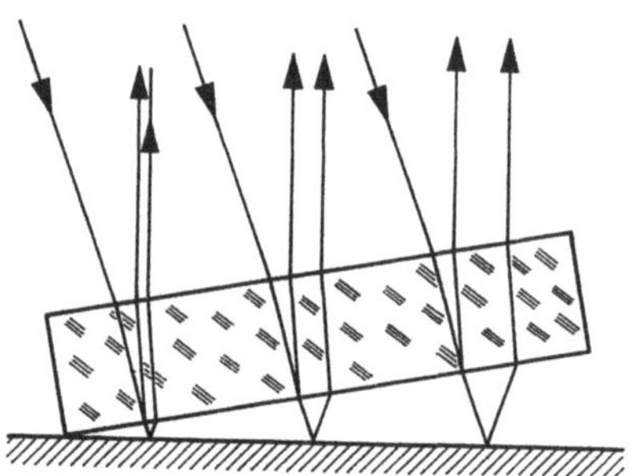

Abb. 6-46 Interferenzen am Keil

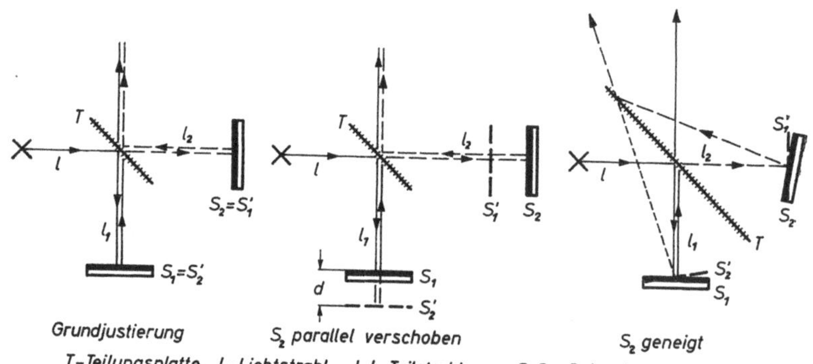

T-Teilungsplatte, l-Lichtstrahl, l_1,l_2-Teilstrahlen, S_1,S_2-Spiegel

Abb. 6-47 Michelson-Interferometer

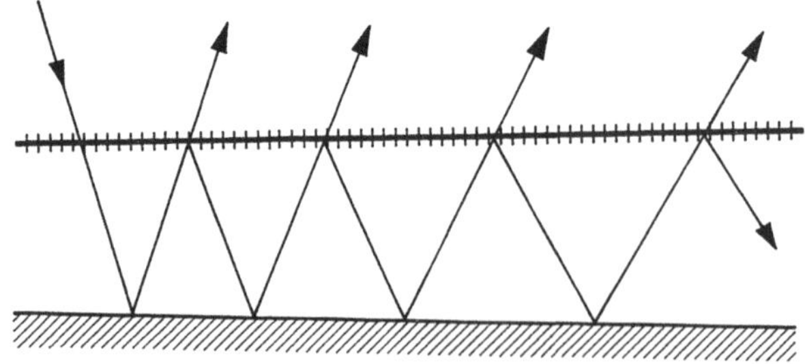

Abb. 6-48 Mehrfachreflexion, die zur Mehrstrahlinterferenz führt

gungsphase, solange sie gleiche Strecken zurücklegen. Legen die Strahlen bis zur Vereinigung verschieden lange Strecken zurück, so sind zwei Extreme möglich: ein Wellenberg des einen Strahles kann auf einen Wellenberg oder auf ein Wellental des anderen Strahles fallen. Im ersteren Falle beträgt der Wegunterschied ein Vielfaches der Wellenlänge λ, die Wellen verstärken sich; im zweiten Falle ein ungeradzahliges Vielfaches von $\lambda/2$, die Wellen heben sich auf. Es entsteht einmal Helligkeit, einmal Dunkelheit. Lichtinterferenz ist somit eine optische Erscheinung, die immer da zustande kommt, wo die zwei Teilstrahlen eines von einer punktförmigen Lichtquelle ausgehenden gespaltenen Lichtstrahles wieder zusammentreffen, so daß infolge sich ändernder Wegdifferenz beider Teilstrahlen abwechselnd Helligkeit und Dunkelheit entstehen. Interferenzstreifen entstehen, wenn eine Planglasplatte auf eine ebene Fläche so aufgelegt wird, daß ein keilförmiger Luftraum zwischen den Flächen entsteht (Abb. 6–46). Das einfallende Licht wird teils an der Rückfläche der Planglasplatte, teils an der Prüflingsfläche reflektiert. Beide Teile kommen zur Überlagerung. Sie ergeben dort einen Interferenzstreifen, wo die Dicke des Luftkeils ein ungeradzahliges Vielfaches von $\lambda/4$ beträgt. Zwischen zwei aufeinanderfolgenden Interferenzstreifen beträgt demnach der Dickenunterschied des Keils genau $\lambda/2$. Die Streifen stellen somit Höhen- oder auch Schichtlinien dar. Die Interferenzen am Keil heißen daher auch Interferenzen gleicher Dicke. An Parallelplatten entstehen Interferenzen gleicher Neigung. Bei konstanter Plattendicke hängt der Wegunterschied nur vom Einfallswinkel (= Beobachtungswinkel) ab. Die Interferenzlinien sind Kreise.

Beim Michelson-Interferometer werden Parallel- und Keilplatten virtuell erzeugt, indem man in die Nähe einer Fläche das Spiegelbild einer zweiten Fläche bringt. Aus Abb. 6–47 geht der Aufbau des Interferometers hervor. Das von der Lichtquelle kommende Strahlenbündel l wird von der Teilungsplatte T in zwei Teilbündel l_1 und l_2 aufgespalten. Das Teilbündel l_1 wird an der Teilungsplatte reflektiert, fällt senkrecht auf eine Spiegelfläche S_1, wird hier reflektiert und durchsetzt die Teilungsplatte. Das Teilbündel l_2 durchsetzt die Teilungsplatte, trifft auf den Spiegel S_2, wird reflektiert, fällt zurück auf die Teilungsplatte und wird hier reflektiert in die Richtung des anderen Teilbündels l_1. Die beiden Teilbündel kommen zur Interferenz. Sind die beiden Spiegelflächen so justiert, daß sie selbst Spiegelbilder S_2' bzw. S_1' voneinander in bezug auf die Teilungsplatte sind, so entsteht virtuell eine Planparallelplatte der Dicke Null. Verschiebt man eine der Spiegelflächen S_1 oder S_2 parallel zu sich selbst, so erhält die virtuelle Planparallelplatte eine endliche Dicke d. Neigt man eine der Spiegelflächen, so erhält man eine virtuelle Keilplatte, deren Dicke durch Parallelverschiebung eingestellt werden kann. Virtuelle Keilplatte und virtuelle Planparallelplatte ergeben die gleichen Interferenzerscheinungen wie die reelle Keilplatte und die reelle Planparallelplatte.

Da bei dem beschriebenen Verfahren zwei Strahlen zur Interferenz gelangen, spricht man auch vom Zweistrahlverfahren bzw. Zweistrahlinterferenz. Mehrstrahlinterferenz (auch Multipelinterferenz genannt) erzeugt man durch Mehrfachreflexion. Diese wird erreicht durch eine dicht über der eigentlichen Spiegelfläche mit geringer Neigung angeordnete Vergleichsplatte, die mit einer teildurchlässigen, reflektierenden Schicht versehen ist (Abb. 6–48). Durch diese Anordnung werden schmale, kontrastreiche Interferenzstreifen erzielt, die sich gut auswerten lassen.

Arbeitet man mit weißem Licht, so werden nur wenige schwarze Interferenzstreifen erzeugt, die anderen sind mehr oder weniger farbig, da sich ja das weiße Licht aus verschiedenen Wellenlängen zusammensetzt. Bei Licht einer Wellenlänge (monochromatisches Licht) erhält man viele schwarze Interferenzstreifen. Monochromatisches Licht erhält man durch einen Monochromator. Der Hauptteil des Monochromators ist ein Dispersionsprisma (Abb. 6–49), das zwischen zwei Reflexionsprismen so eingeschaltet ist, daß es zu einem Prisma konstanter Ablenkung wird. Es läßt sich um einen Punkt schwenken. Je nach Stellung des Prismas wird durch einen festen Austrittsspalt ein anderer Wellenlängenbereich des Spektrums ausgeblendet. Für die Beleuchtung werden Gasentladungslampen verwendet. Bei diesen entsteht ein charakteristisches Linienspektrum. Durch Ausblenden geeigneter Spektrallinien läßt sich praktisch monochromatisches Licht herstellen.

6.8.1 Glasprüfmaße

Glasprüfmaße sind die einfachsten Mittel, mit denen mit Hilfe der Interferenz geprüft und auch gemessen werden kann. Durch Auflegen der Glasprüfmaße auf die zu untersuchende Fläche entstehen an unebenen Stellen Luftkeile, an denen, wenn die Prüflingsoberfläche ausreichend fein ist, Interferenzerscheinungen beobachtet werden können. Da der Dickenunterschied des Luftkeils zwischen zwei aufeinanderfolgenden Interferenzlinien einer halben Wellenlänge entspricht ($\lambda/2 \approx 0{,}3\ \mu m$), kann man Aussagen über die Größenordnung der Abweichung machen. Außerdem lassen sich aus dem Verlauf der Interferenzlinien Aussagen über die Form der untersuchten Fläche machen.

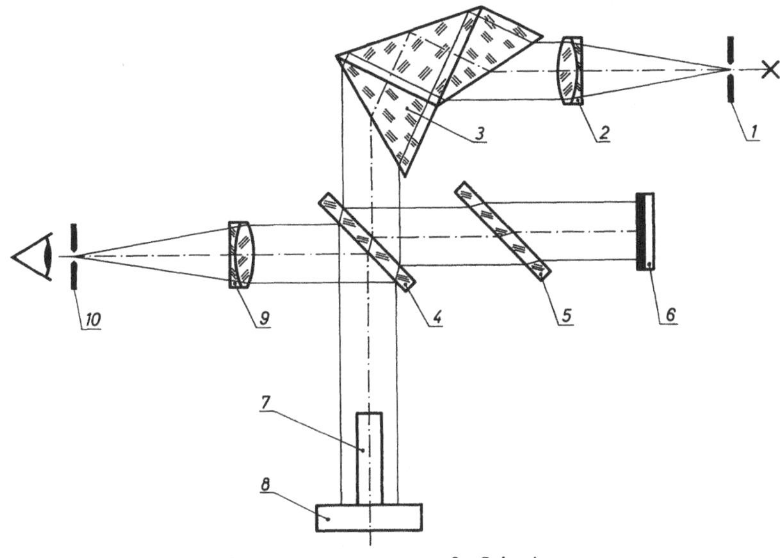

1 Eintrittsspalt
2 Kollimatorobjektiv
3 Dispersionsprisma konstanter Ablenkung
4 Teilungsplatte
5 Kompensationsplatte
6 Spiegel
7 Parallelendmaß
8 Objektplatte
9 Fernrohrobjektiv
10 Austrittsspalt

Abb. 6-49 Strahlengang im Interferenz-Komparator (Jenoptik)

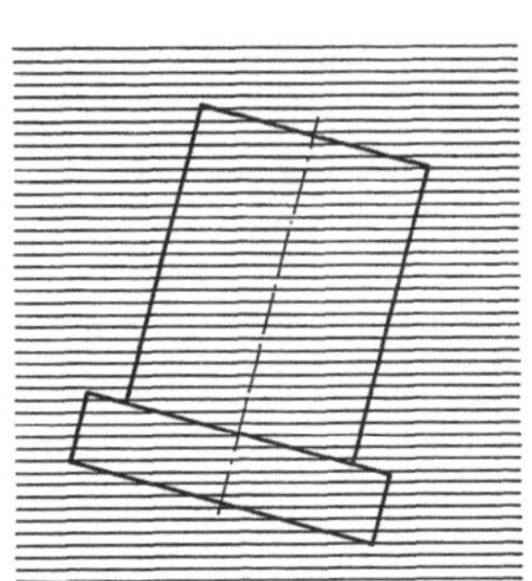

Abb. 6-50 Schematische Darstellung der Lage der Objektplatte mit Endmaß in den hellen und dunklen Schichten, die durch Interferenz des Lichts entstehen

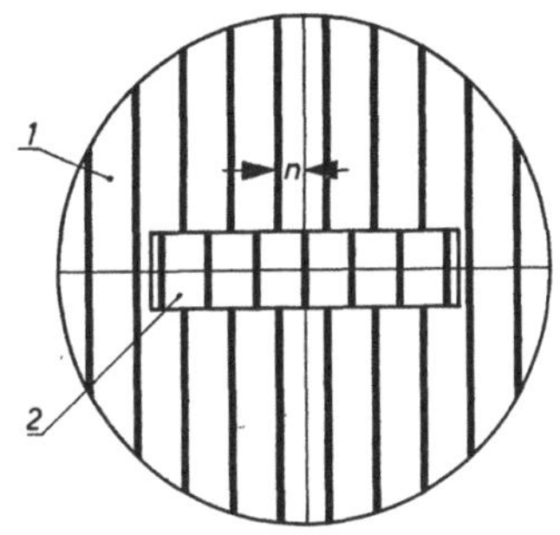

1 Objektplatte
2 Parallelendmaß

Abb. 6-51 Sehfeld des Interferenz-Komparators (Jenoptik)

Planglasplatten dienen zum Prüfen der Ebenheit von Meßflächen, Planplatten, Führungen, Endmaßen, Meßtischen (39, 49, 96).

Planparallele Glasprüfmaße werden zum Prüfen der Meßflächen von Meßschrauben, Fühlerlehren, Längenmeßgeräten auf Parallelität und Ebenheit verwendet (39, 96).

Quarzspiegelendmaße (49) dienen zum Paralleleinstellen der Meßflächen bei Längenmeßgeräten mit mechanischer Antastung. Die Interferenzstreifen entstehen durch den bei Unparallelität der Flächen des Meßhütchens und des Auflagetisches bzw. des Gegentasters sich bildenden Luftkeils. Sie können durch eine verspiegelte Fläche des Quarzspiegelendmaßes beobachtet werden.

6.8.2 Endmaß-Interferenzkomparator

Die üblichen Meßgeräte gestatten meist, nur Längenunterschiede bis zu 1 µm festzustellen. Diese Genauigkeit reicht zum Messen von Endmaßen, die als Normale verwendet werden und genauer sein müssen, nicht aus. Im Endmaßkomparator werden Endmaße direkt gegen Lichtwellenlängen vermessen, wobei größere Genauigkeiten erzielt werden können. Es wird dabei die Lichtinterferenz verwendet. Die Endmaßflächen werden als Spiegelflächen in den Strahlengang des Interferometers einbezogen (Abb. 6–49). Die Objektplatte mit dem angesprengten Endmaß wird gegenüber dem Strahlengang leicht geneigt. Es erscheinen Interferenzstreifen auf der Oberfläche der Objektplatte und auf der Endmaßfläche (Abb. 6–50). Zum Messen werden nicht unmittelbar die Wellenlängen ausgezählt, sondern nur die Verschiebung der Streifen auf zwei Flächen ausgemessen (Abb. 6–51), und zwar für verschiedene Wellenlängen. Es werden verschiedene Spektrallinien der Beleuchtung herangezogen. Verwendet wird Licht von Helium, Krypton- und Cadmiumlampen. Aus dem Sollmaß des Endmaßes und der bei verschiedenen Lichtwellenlängen ermittelten Streifenverschiebung läßt sich mit Hilfe eines Nomogrammes (Lichtwellenlängen-Rechenschieber) die Länge des Endmaßes feststellen.

Die Meßwerte sind noch einer Korrektur zu unterziehen, da der Berechnung des Nomogramms Lichtwellenlängen zugrunde gelegt sind, die für eine Lufttemperatur von 20 °C, einem Luftdruck von 760 mm Hg und einem Wasserdampfdruck der Luft von 10 mm Hg stimmen. Man mißt jedoch in Lichtwellenlängen, die den bei der Messung herrschenden atmosphärischen Bedingungen entsprechen.

Mit dem Endmaßkomparator lassen sich Parallelendmaße absolut bestimmen, außerdem sind Differenz- und Vergleichsmessungen von

Endmaßen möglich. Weiterhin können teilweise Ebenheit und Parallelität bestimmt werden.

Anwendungsbereiche 0···100 (125) mm, bei Differenzmessungen teilweise bis 200 mm; Meßunsicherheit je nach Gerät $\pm 0{,}02$ bis 0,06 μm (3, 33, 39, 96).

6.8.3 Interferenzmikroskope

Diese Mikroskope werden zum Untersuchen von Oberflächen, zum Ausmessen von Rauhtiefen und dünnen Oberflächenschichten mit Hilfe der Interferenzstreifen, die ja Schichtlinien darstellen, benutzt. Es wird meist grünes Thalliumlicht verwendet. Die Geräte arbeiten mit Zwei- oder Mehrstrahlinterferenz. Die Streifenbilder werden mit einem Mikroskop vergrößert beobachtet und an Hand von Okularstrichplatten, teilweise auch in Verbindung mit Kreuzmeßtischen, ausgemessen. Der Aufbau der Interferenzmikroskope entspricht meist dem der größeren Meßmikroskope. Auf einem auf den Gerätefuß aufgesetzten Tisch wird der Prüfling aufgelegt. Das optische System, bestehend aus dem Mikroskop mit Wechselobjektiven und Interferometer, ist an dem Ständer vertikal verschiebbar. Das Anbringen einer Photoeinrichtung ist möglich. Das Interferenzmikroskop eines Herstellers (96) ist so aufgebaut, daß der Prüfling auf eine Öffnung des Kreuztisches oben auf dem Gerät mit der zu untersuchenden Fläche nach unten aufgelegt wird. Dadurch entfällt die vertikale Grobverstellung zur Anpassung an die Prüflingsgröße.

Der Meßbereich der Geräte für Rauhtiefenmessungen liegt bei 2 bis 0,03 μm. Die Meßunsicherheit ist unterschiedlich. Sie ist abhängig vom Verfahren (Zwei- oder Mehrstrahlinterferenz) und von dem Reflexionsvermögen des Prüflings. Sie liegt in der Größenordnung von $\pm 0{,}1$ bis $\pm 0{,}03$ μm bei Zweistrahlverfahren und kann beim Mehrstrahlverfahren $\pm 0{,}001$ μm erreichen (3, 39, 90, 96).

7 Pneumatische Längenmeßgeräte

Pneumatische Längenmeßgeräte werden sowohl in der Werkstatt als auch im Prüfraum verwendet. In der modernen Fertigung werden pneumatische Meßgeräte zum Prüfen von Massenteilen, zum Messen während der Bearbeitung des Werkstücks und zuweilen zum Steuern der Werkzeugmaschine eingesetzt. Pneumatische Meßgeräte findet man auch in halb- und vollautomatischen Meß- und Sortieranlagen.

Bei der Anwendung pneumatischer Meßverfahren wirken sich folgende Eigenschaften vorteilhaft aus:

1. Robuste Bauart, einfache Handhabung und Unempfindlichkeit gegen Erschütterungen gewährleisten den Einsatz in der Werkstatt und die Bedienung durch angelernte Kräfte.

2. Die Meßgrößenaufnehmer können sehr klein hergestellt werden und an schwer zugänglichen Stellen (Werkzeugmaschine, Mehrstellenmeßeinrichtungen) angebracht werden.

3. Pneumatische Aufnehmer eignen sich besonders gut zur Bohrungsmessung, auch für lange Bohrungen und zur Feststellung von Formabweichungen.

4. Der Meßgrößenaufnehmer kann vollkommen aus nichtmagnetischen Werkstoffen hergestellt werden, was für Messungen in magnetischen Feldern oder an Permanentmagneten vorteilhaft sein kann.

5. Anzeigegerät und Meßgrößenaufnehmer können getrennt voneinander aufgestellt und durch einen flexiblen Schlauch miteinander verbunden werden.

6. Das Anzeigegerät kann meist mit mehreren Grenzkontakten ausgerüstet werden. Es gibt aber auch Kontaktgeber ohne Anzeigegerät.

7. Mit pneumatischen Längenmeßgeräten können hohe Übersetzungen erreicht werden (bis 100000 : 1).

Fehlerquellen beim Messen mit pneumatischen Geräten sind vor allem Verschmutzung der Düsen sowie Undichtheit von Schläuchen, Verbindungsstellen usw. Einflüsse durch Änderung des atmosphärischen Druckes und der Temperatur der Luft auf das Meßergebnis lassen sich durch entsprechende Auslegung der Geräte klein halten.

7.1 Meßverfahren

Die pneumatischen Längenmeßverfahren beruhen auf der Erscheinung, daß die Luftmenge, die in der Zeiteinheit durch einen Strömungskanal strömt, wesentlich durch dessen engsten Strömungsquerschnitt beeinflußt werden kann. Dieser engste Querschnitt wird bei pneumatischen Längenmeßgeräten mit der Meßgröße geändert, indem in den Luftstrom hinter oder in dem Endquerschnitt einer Düse ein Hindernis eingeschaltet wird. Die Änderung der durchströmenden Luftmenge dient als Maß für die Verschiebung dieses Hindernisses. So kann z. B. die Prüflingsoberfläche direkt mit der aus der Meßdüse austretenden Luft angeblasen werden. Dann bestimmt der Abstand zwischen Meßdüse und Prüflingsoberfläche die Größe des engsten Querschnittes. Bei anderen Meßgrößenaufnehmern, die den Prüfling mechanisch antasten, steuert ein Meßbolzen das Hindernis, das eine keglige Nadel, ein Ventilteller oder eine Prallplatte sein kann (Abb. 7–1).

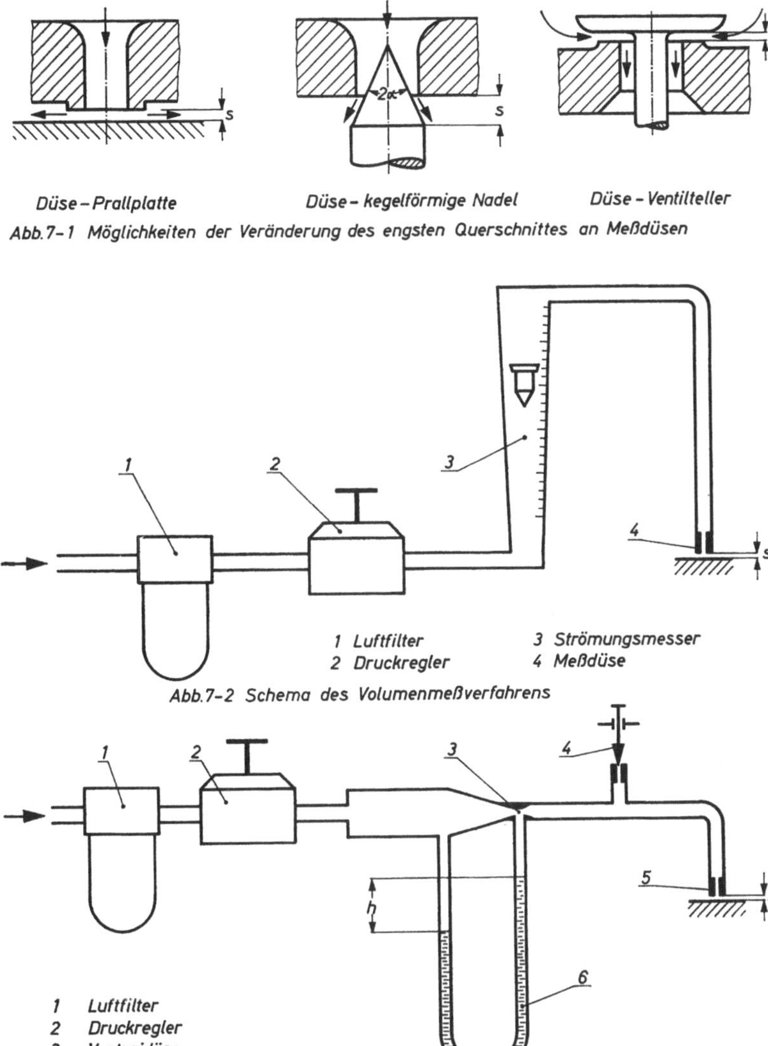

Abb.7-1 Möglichkeiten der Veränderung des engsten Querschnittes an Meßdüsen

Abb.7-2 Schema des Volumenmeßverfahrens

1 Luftfilter
2 Druckregler
3 Venturidüse
4 Abströmventil
5 Meßdüse
6 Differenzdruckmanometer

Abb.7-3 Schema des Geschwindigkeitsmeßverfahrens

Die verschiedenen pneumatischen Meßverfahren unterscheiden sich durch die Art der Erfassung der in der Zeiteinheit durch die Meßdüse strömenden Luftmenge, die das Maß für die Stellung des Hindernisses gegenüber der Meßdüse ist.

7.1.1 Strömungsmeßverfahren

Bei diesem Meßverfahren, welches häufig auch als Volumenmeßverfahren bezeichnet wird, ist vor der Meßdüse ein Strömungsmesser angeordnet (Abb. 7–2). Dieser Strömungsmesser besteht aus einem konischen Glasrohr, in welchem sich abhängig vom Durchsatz an Meßluft ein Schwimmer auf eine bestimmte Höhe einstellt. Hierbei wird die Strömungsgeschwindigkeit gleichgehalten und der Strömungsquerschnitt meßbar verändert. Durch Glasrohre mit unterschiedlichen Kegelwinkeln lassen sich verschiedene Übersetzungen erzielen. Der Speisedruck wird so hoch gewählt, daß in der Meßdüse Lavalgeschwindigkeit herrscht. Dadurch ist der Luftdurchsatz weitgehend unabhängig von dem Speisedruck. Die Ausflußzahl der Meßdüse, die für den Luftdurchsatz mitbestimmend ist, ist abhängig vom atmosphärischen Außendruck und im gewissen Maße auch vom Speisedruck [*68*]. Durch geeignete Wahl des Speisedruckes kann der Einfluß des Außendruckes in gewissen Grenzen gehalten werden, weshalb bei diesem Verfahren meist mit geregeltem Speisedruck gearbeitet wird.

7.1.2 Geschwindigkeitsmeßverfahren

Im Gegensatz zum Strömungsmeßverfahren wird beim Geschwindigkeitsmeßverfahren ein Querschnitt vor der Meßdüse konstant gehalten und in diesem die Luftgeschwindigkeit gemessen. Es wird hier meist mit einer Venturidüse gearbeitet, wobei die Geschwindigkeit über eine Differenzdruckmessung an zwei verschiedenen Strömungsquerschnitten bestimmt wird (Abb. 7–3). Auch hier wird der Speisedruck so gewählt, daß in der Meßdüse Lavalgeschwindigkeit herrscht und aus den gleichen Überlegungen wie bei dem Strömungsmeßverfahren geregelt.

7.1.3 Druckmeßverfahren

Bei den Druckmeßverfahren wird vor der Meßdüse eine zweite Düse als Vordüse (Kopfdüse) angeordnet (Abb. 7–4). Der zwischen den beiden Düsen auftretende Druck wird als Maß für den Spalt an der Meßdüse benutzt. Je nach den in der Kopf- und Meßdüse herrschenden Ge-

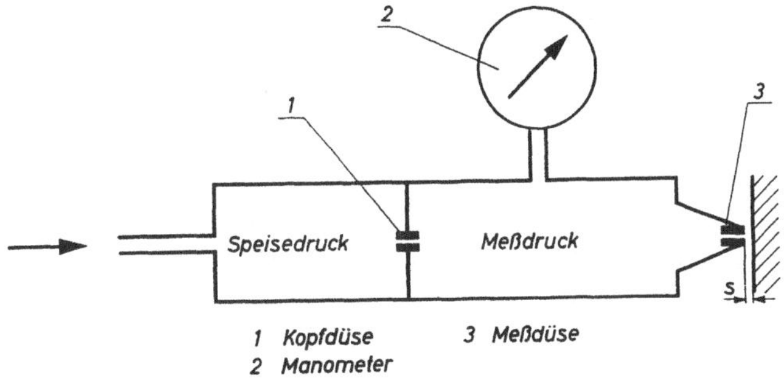

Abb. 7-4 Schema des Druckmeßverfahrens

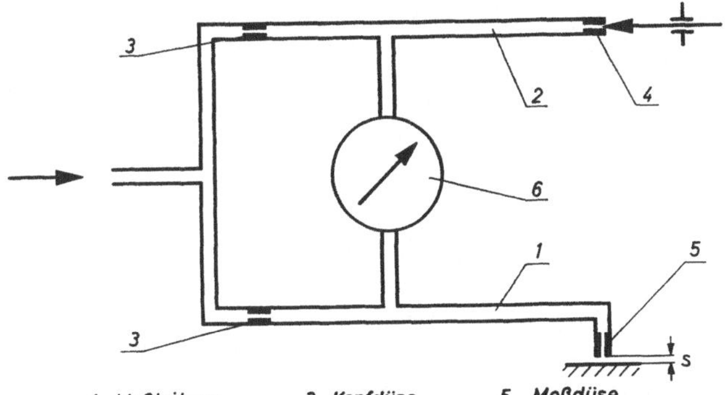

Abb. 7-5 Schema des Differenzdruckmeßverfahrens mit Vergleichsleitung

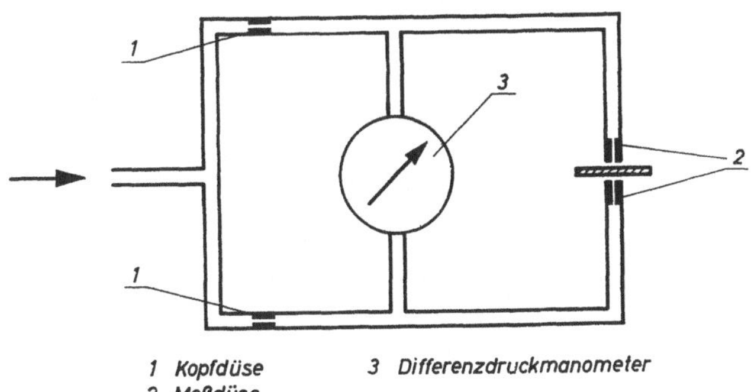

Abb. 7-6 Schema des Differenzdruckmeßverfahrens für Differenzmessungen

schwindigkeiten, die von dem Speise- und Meßdruck abhängig sind, können vier Fälle unterschieden werden:

1. In der Kopf- und Meßdüse ist die Geschwindigkeit kleiner als die Lavalgeschwindigkeit. Dies tritt nur bei niedrigem Speisedruck auf (unter 0,8 atü, meist 0,05 atü).
2. In der Kopfdüse liegt die Geschwindigkeit unter der Lavalgeschwindigkeit, in der Meßdüse herrscht Lavalgeschwindigkeit.
3. In der Kopfdüse herrscht Lavalgeschwindigkeit, in der Meßdüse liegt sie darunter.
4. In der Kopf- und Meßdüse herrscht Lavalgeschwindigkeit. Dieses tritt nur bei höheren Drücken auf (3—5 atü).

In den Fällen 1 und 4 ist der Meßdruck nur wenig vom barometrischen Druck abhängig (die Berechnungen sind in [*68*] angeführt). Daher werden diese Fälle ausschließlich bei den Meßgeräten verwirklicht.

7.1.4 Differenzdruckmeßverfahren

Erfaßt man den Druckunterschied zwischen dem Meßdruck und einem Vergleichsdruck, so wird aus dem Druckmeßverfahren das Differenzdruckmeßverfahren, das meist als Hochdruckverfahren (in allen Düsen Lavalgeschwindigkeit) ausgelegt ist.

Als Vergleichsdruck kann der Speisedruck benutzt werden oder der Druck in einer Vergleichsleitung, einem System Kopfdüse—Vergleichsdüse (Abb. 7–5). Die Vergleichsdüse kann zur Einstellung des Vergleichsdruckes justierbar sein.

Eine weitere Möglichkeit besteht in der Einbeziehung der Vergleichsdüse in das Meßgrößenaufnehmersystem, die Vergleichsdüse wird veränderlich. Diese Anordnung wird für sogenannte Differentialmessungen benutzt (Abb. 7–6), mit der die Differenz zweier Meßgrößen (z. B. Abstände einer Platte von zwei gegenüberliegenden Düsen, Kegelmessung, Geradheitsmessung) erfaßt werden kann.

7.2 Eigenschaften pneumatischer Meßverfahren

7.2.1 Meßbereich

Der bei pneumatischen Meßgeräten verwendbare lineare Meßbereich ist verhältnismäßig klein. Daher werden die Geräte nur für Unterschiedsmessungen benutzt. Die Einstellung erfolgt mit Normalen. Die

Größe des linearen Meßbereiches ist vom Meßverfahren, von der Empfindlichkeit des Gerätes (Übersetzung) und von der Art des Meßgrößenaufnehmers abhängig. Übersetzung und Meßbereich stehen in einem umgekehrten Verhältnis zueinander. Die Größenordnung des Meßbereiches liegt bei einer Übersetzung von 1000 : 1 bei 200—250 μm, von 5000 : 1 bei 20—50 μm.

7.2.2 Meßungenauigkeit

Die Meßungenauigkeit eines Gerätes ist von verschiedenen Faktoren abhängig. Düsen zeigen Abweichungen in Form, Abmessung und Oberflächenbeschaffenheit, die sich auf die Ausflußzahl und somit auf die Übersetzung auswirken. Diese systematischen Fehler lassen sich durch Kalibrieren ausschalten. Weiterhin hat die Qualität der Anzeigegeräte und teilweise die Konstanthaltung des Speisedruckes einen Einfluß, die vielfach zu zufälligen Fehlern führen. Wird der Prüfling direkt angeblasen, so bildet er einen Unsicherheitsfaktor, da seine Oberflächenqualität einen Einfluß hat. Bei den mit Niederdruck arbeitenden Geräten führt Verschmutzung der Prüflingsoberfläche zu Ungenauigkeiten, da die Oberfläche durch den aus der Meßdüse austretenden Luftstrom nicht gereinigt wird.

Allgemein rechnet man bei gut eingestellten und kalibrierten pneumatischen Meßgeräten mit einer Meßungenauigkeit von ± 2,5 bis ±0,5 μm, im Bereich der üblichen Übersetzungen von 1000 : 1 bis 10000 : 1. Bei höheren Übersetzungen können auch geringere Ungenauigkeiten erzielt werden.

7.2.3 Einstellzeit

Die Trägheit der Anzeige ist vom Verfahren abhängig. Werden beim Meßvorgang Druckänderungen hervorgerufen, so vergeht durch die eintretende Zustandsänderung der Luft zwischen Kopf- und Meßdüse eine Zeitspanne, bis die Strömung wieder stationär ist. Diese Zeit kann durch Kleinhaltung der Lufträume, kurze Leitungen und Auffüllung des Druckmeßgerätes (Bourdonfeder) mit Flüssigkeit günstig beeinflußt werden.

Größenordnungen der Einstellzeiten:

Niederdruckverfahren	1 bis 3 s
Hochdruck-, Differenzdruckverfahren	0,1 bis 0,3 s
teilweise auch	0,01 s

7.2.4 Luftverbrauch

Der Luftverbrauch ist abhängig vom Meßverfahren, vom Meßbereich bzw. vom Speisedruck.

Größenordnung des Luftverbrauches einiger Meßverfahren für eine Meßstelle:

Niederdruckmeßverfahren	0,2 Nm^3/h
Geschwindigkeits- und Volumenmeßverfahren	0,5 Nm^3/h
Hochdruckmeßverfahren	0,8 Nm^3/h
Differenzdruckmeßverfahren	1,5 Nm^3/h

7.3 Meßgeräte

7.3.1 Geräte nach dem Strömungsmeßverfahren

Bei dem Millipneu-Säulenmeßgerät (18) erfolgt die Anzeige durch einen Schwimmer im konischen Glasrohr. Parallel zum Glasrohr sind Skala und Führung für Toleranzmarken angeordnet. Rohr und Skala sind für Übersetzungsänderung auswechselbar. Das genaue Übersetzungsverhältnis kann durch ein Ventil kalibriert werden, in dem ein Parallelstrom zum Strömungsmesser eingestellt wird. Durch ein Abströmventil (5 in Abb. 7–7), das dem Strömungsmesser nachgeschaltet ist, kann die Schwimmerlage verändert werden (Nullpunkteinstellung). Die Geräte lassen sich baukastenartig zusammensetzen. Am Glasrohr kann das photoelektrische Photopneuschaltelement (s. 7.4.1) angeschlossen werden.

Anschlußdruck des Gerätes 3 bis 10 atü

Übersetzung	Meßbereich	Skalenwert
1000 : 1	125 μm	5 μm
2000 : 1	60 μm	2 μm
5000 : 1	25 μm	1 μm
10000 : 1	12,5 μm	0,5 μm

Aufnehmer: Düsendorne, Innenmeßgeräte, Meßbügel mit Düsen und mit Tastern, Taster, Einrichtung zum Messen während des Schleifens. Das *Precisionaire-Gerät* (81) arbeitet nach dem gleichen Verfahren wie das Millipneugerät. Auch sein Aufbau ist ähnlich. Es wird normalerweise mit 1 bis 5 Anzeigerohren und Skalen geliefert. Ein Wandler dient zur Signalgabe oder zur Betätigung von Schalteinrichtungen für halb- und vollautomatische Meß- und Sortieranlagen.

Anschlußdruck 4 bis 9 atü; Speisedruck 0,7 bis 1,4 atü.

Übersetzung	Meßbereich	Skalenwert
1000 : 1	125 µm	2,0 µm
2000 : 1	75 µm	1,0 µm
5000 : 1	30 µm	1,0 µm
10000 : 1	15 µm	1,0 µm
20000 : 1	8 µm	0,5 µm
40000 : 1	4 µm	0,5 µm

Eine andere Typenreihe wird mit vergrößertem Meßbereich geliefert. Durch einen weiteren pneumatischen Verstärker werden größere Übersetzungen erreicht.

Übersetzung	Meßbereich	Skalenwert
5000 : 1	60 µm	1,0 µm
10000 : 1	30 µm	1,0 µm
20000 : 1	15 µm	0,5 µm
40000 : 1	7,5 µm	0,5 µm
50000 : 1	6 µm	0,1 µm
80000 : 1	4 µm	0,05 µm
100000 : 1	3 µm	0,05 µm

Aufnehmer: Düsendorne, Kontaktdorne, Meßbügel mit Tastern und mit Düsen, Taster, Düsenelemente.

7.3.2 Geräte nach dem Geschwindigkeitsmeßverfahren

Das *Ventometer* (35) ist für mehrere Übersetzungen ausgelegt. Die Umstellung erfolgt durch Auswechseln der Venturidüse und der Skala. Meßgrößenaufnehmer können mit Schnellkupplung direkt an das Gerät oder durch Schlauchleitungen mit diesem verbunden werden. Die Anzeigegeräte können baukastenartig aneinandergereiht werden. Zur Einstellung eines Toleranzfeldes ist die Skala drehbar. Durch Drehknöpfe sind der Betriebsdruck und die Nullage (Abströmventil, Abb. 7–3) einstellbar.

Anschlußdruck 3,5 atü

Aufnehmer: Düsendorne, Düsenringe, Meßbügel.

Übersetzung	Meßbereich	Skalenwert
625 : 1	200 µm	5 µm
1250 : 1	100 µm	2,5 µm
1650 : 1	80 µm	2 µm
2500 : 1	50 µm	1 µm
5000 : 1	25 µm	0,5 µm

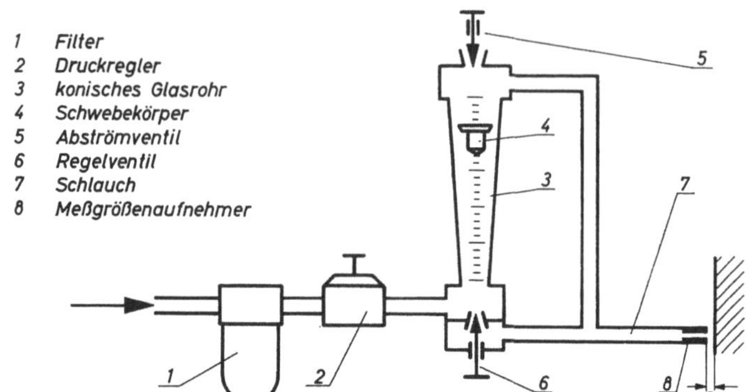

Abb. 7-7 Schematischer Aufbau eines Volumenmeßgerätes

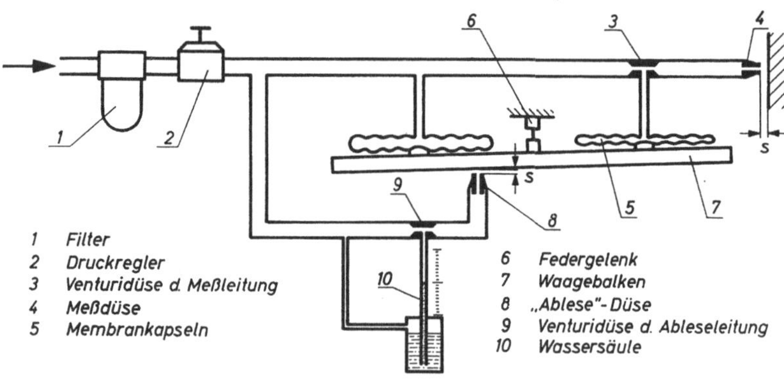

Abb. 7-8 Schema des COMPAC-AR

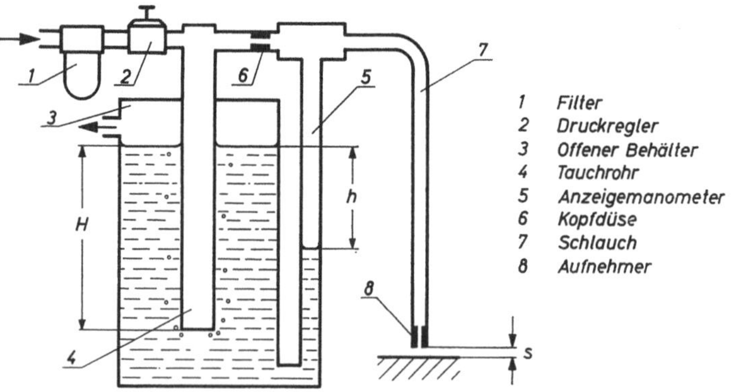

Abb. 7-9 Schematischer Aufbau eines Niederdruckgerätes m. Naßregler

Bei dem Gerät *Compac-AR* (12) wird die Durchströmgeschwindigkeit im Venturisystem nicht direkt gemessen, sondern die Drücke wirken über Membrankapseln auf eine Art Waagebalken (Abb. 7–8). Die Verschiebung dieses Waagebalkens wird mit einem zweiten Venturisystem gemessen und an einer Wassersäule angezeigt. Der Arbeitsdruck des Gerätes beträgt 0,7 atü, die Einstellzeit 1,5 sec, die Übersetzung 6000 : 1 und der Meßbereich 60 μm.

7.3.3 Geräte nach dem Niederdruckverfahren

Das *Aeromeßgerät* (54) arbeitet nach dem Solexverfahren. Die Konstanthaltung des Druckes erfolgt über eine Wassersäule H = 500 mm Wassersäule. Die konstant geregelte Luft strömt durch die Staudruckkammer (Abb. 7–9) zum Meßgrößenaufnehmer. In der Staudruckkammer ist eine einstellbare Vordüse angeordnet. Der Druck in dieser Kammer wird mit einem Flüssigkeitsmanometer gemessen, wobei die Flüssigkeitssäule des Druckreglers gleichzeitig als kommunizierende Röhre dient. Die Skala ist nicht linear und leicht auswechselbar, da zu jedem Geber eine Skala gehört. Die Geräte werden als 2- und 4-Säulengeräte gebaut. Für die Säulengeräte gibt es entsprechende Signal- und Steuergeräte, die durch Kontaktgeber in Abhängigkeit vom Meßdruck geschaltet werden (Schaltungenauigkeit 0,5 μm).

Anschlußdruck 0,5 bis 2 atü; Speisedruck 0,05 atü; Übersetzung 500 : 1 bis 5000 : 1.

Aufnehmer: Düsendorne, Taster.

Das *Nieberding-Gerät* (63) arbeitet ebenfalls nach dem Solex-Verfahren. Das Anzeigegerät wird mit dem Druckregler kombiniert oder es werden Druckregler und Anzeigegerät getrennt. In diesem Falle können je nach der Größe der Kopfdüse (Übersetzung) 7 bis 12 Anzeigeeinheiten an einem Druckregler angeschlossen werden. Die Übersetzung kann mit verschiedenen, einschraubbaren Kopfdüsen eingestellt werden. Mechanische Kontaktgeber (s. 7.4.2) ermöglichen den Anschluß von Signal- und Steuergeräten.

Anschlußdruck 0,5 bis 2 atü; Speisedruck 0,05 atü; Übersetzung 500 : 1 bis 20000 : 1 in Abhängigkeit von Kopfdüse und Meßwertgebern.

Aufnehmer: Düsendorne, Düsenringe, Meßbügel mit Taster, Taster, Kontakt- und Düsenmeßbügel zur Messung an laufenden Bändern.

7.3.4 Geräte nach dem Hochdruckverfahren

Die nach dem Hochdruckverfahren arbeitenden *Moore-Geräte* (50) sind speziell zum Messen der Durchmesser spitzenlos geschliffener Teile entwickelt worden. Die Meßgrößenaufnehmer arbeiten berührungslos. Die Skalen des Anzeigegerätes sind auswechselbar, das Toleranzfeld kann durch zwei einstellbare Zeiger markiert werden. Der Anschlußdruck beträgt 4,5 bis 5 atü, der Arbeitsdruck 2 atü, der Meßbereich ± 25 µm bei 4500facher, ± 15 µm bei 15000facher und ± 5 µm bei 45000facher Übersetzung.

Nach dem System Moore werden *Meß- und Steuergeräte* hergestellt, mit denen spitzenlose Rundschleifmaschinen gesteuert werden können. Durch das Steuergerät werden sowohl der Schleifvorgang (Einstech- und Durchgangsschleifen) beeinflußt als auch fehlerhafte Werkstücke aussortiert oder die Werkstückzufuhr abgeschaltet. Die Schaltunsicherheit der pneumatisch-elektrischen Steuerelemente beträgt ±0,2 µm. Mit Hilfe dieses Steuergerätes können die Durchmesser der geschliffenen Werkstücke in einem Bereich von ±2 µm gehalten werden.

Die *RIV-Geräte* (28) werden in zwei Ausführungen geliefert, Simplex für eine Meßstelle (Abb. 7–10), Duplex für zwei Meßstellen. Bei diesem Gerät arbeiten zwei Zeiger auf eine gemeinsame Skala. Die Geräte werden für jeweils zwei Meßbereiche hergestellt, und zwar für 0 bis 36 µm und 0 bis 100 µm. Außerdem ist ein weiteres Gerät mit einem bis vier pneumatisch-elektrischen Kontakten ausgerüstet. Der Anschlußdruck dieser Geräte beträgt 4 bis 6 atü. Als Meßgrößenaufnehmer werden vorzugsweise Düsendorne verwendet, es werden aber auch Taster geliefert.

Das Meß- und Steuergerät *Aeropan* (54) ist mit vier pneumatischen Kontaktgebern ausgerüstet, Nullpunkt und Übersetzung können eingestellt werden. Das Gerät wird vorwiegend zum Steuern von Schleifmaschinen und für Sortieraufgaben eingesetzt. Es können verschiedene Kontakt- und Düsen-Meßgrößenaufnehmer verwendet werden. Der Anschlußdruck beträgt 3 bis 5 atü, der Arbeitsdruck 1,5 atü.

Übersetzung	6800	3400	1700
Meßbereich	50 µm	100 µm	200 µm
Skalenwert	1 µm	1 µm	2 µm
Meßunsicherheit		≤ Skalenwert	
Schaltunsicherheit der Kontakte	± 0,2 µm	± 0,3 µm	± 0,5 µm.

Das ähnlich aufgebaute *Elmillipneu-Zeigergerät* (18) ist mit 2, 4 oder 6 Kontakten ausgestattet.

7.3.5 Geräte nach dem Differenzdruckverfahren

Bei dem *Sigma-Wassersäulengerät* (83) wird der Vergleichsdruck zwischen einer Kopf- und einer verstellbaren Vergleichsdüse erzeugt (Abb. 7–11). Meß- und Vergleichsleitung sind durch eine Druckdose verbunden. Die Druckdose ist durch eine Membran in zwei Kammern geteilt. Die untere Kammer ist mit Flüssigkeit gefüllt und an ein U-Rohr angeschlossen. Beim Auftreten einer Druckdifferenz wird sich die Membran durchbiegen und Flüssigkeit aus der Kammer in das Anzeigerohr drücken. Es lassen sich mehrere Säulen nebeneinander anordnen (ausgeführt wurden schon 60). Der Nullpunkt wird mit der Vergleichsdüse eingestellt. Durch Auswahl entsprechender Meßgrößenaufnehmer und Änderung der Übersetzung lassen sich bei Mehrstellenprüfung auf den Anzeigegeräten einheitliche Toleranzfelder einstellen.

Zur Signalgabe für Steuerungen und Sortierungen können den einzelnen Wassersäulen elektrische Kontaktgeber zugeordnet werden. Der Anschlußdruck der Geräte beträgt 3,5 bis 7 atü, die Übersetzung 200 : 1 bis 10000 : 1. Als Meßgrößenaufnehmer werden Taster, Düsendorne und Düsenringe verwendet.

Ähnlich aufgebaut ist das *Air-Line-Gerät* (92). Die Geräte arbeiten mit fester Übersetzung (5000, 10000, 20000). Als Meßgrößenaufnehmer finden vorwiegend Taster sowie Federkontaktdorne Anwendung. Der Anschlußdruck beträgt 4 atü.

Das *Sigma-Dialair-Gerät* (83) ist ein Rundskalengerät (Metallmanometer). Eine Membran wird durch den Druck in der Vergleichs- und in der Meßleitung beaufschlagt. Ändert sich der Druck in der Meßleitung, so wird die Membran ausgelenkt. Die Auslenkung der Membran wird über ein Hebelsystem auf einen Zeiger übertragen. Das Gerät wird für Übersetzungen von 1500:1 bis 50000:1 hergestellt. Es können die gleichen Meßgrößenaufnehmer wie beim Sigma-Wassersäulengerät verwendet werden. Ähnlich arbeiten das *Cejet-Gerät* (40) und das *Pneumy-Gerät* (55). Der Nullpunkt kann durch die Vergleichsdüse eingestellt werden. Die Geräte können mit elektrischen Kontakten versehen werden.

Bei dem *Airoptic-Gerät* (72) ist die durch die Drücke in Meß- und Vergleichsleitung beaufschlagte Membran mit einem drehbaren Spiegel gekoppelt. Der Spiegel reflektiert eine Lichtmarke auf eine auswechselbare Mattscheibenskala. Die Nullpunkteinstellung erfolgt an der Vergleichsdüse. Außerdem kann aber die Vergleichsdüse durch eine Meßdüse ersetzt werden, so daß Differenzmessungen durchgeführt werden

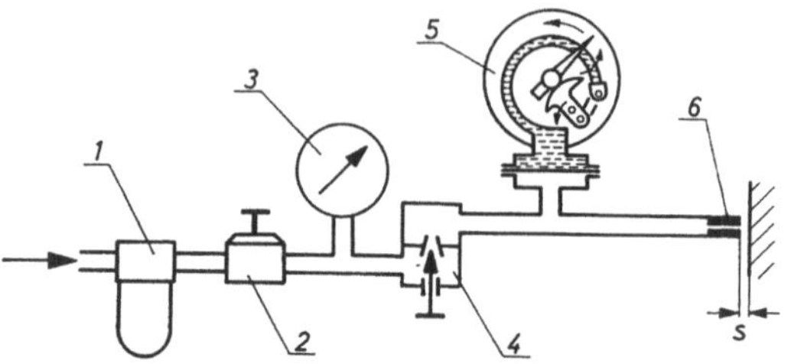

1 Filter
2 Druckregler
3 Manometer
4 verstellbare Kopfdüse
5 Anzeigemanometer, flüssigkeitsgefüllt
6 Meßdüse

Abb. 7-10 Schematischer Aufbau eines pneumatischen Hochdruck-Meßgerätes (RIV)

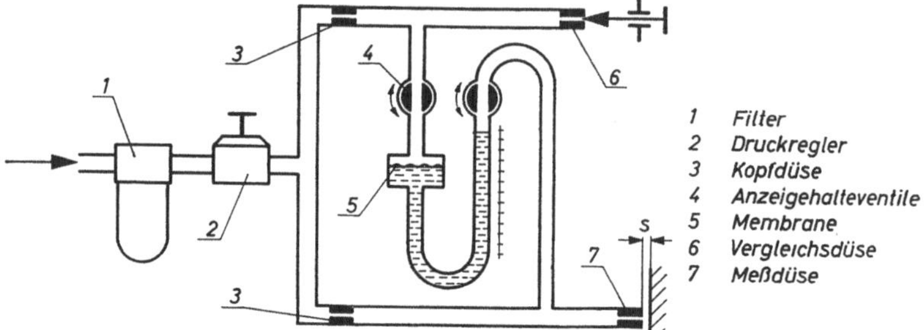

Abb. 7-11 Schematischer Aufbau eines Differenzdruckmeßgerätes m. Wassersäule (Sigma)

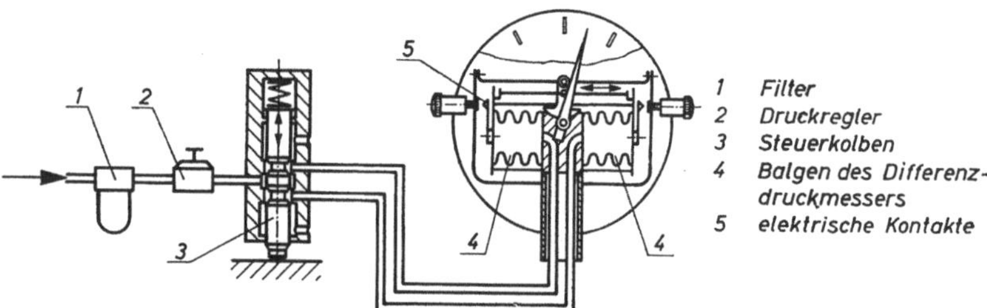

Abb. 7-12 Schematischer Aufbau eines Deltameters und eines Deltaventils

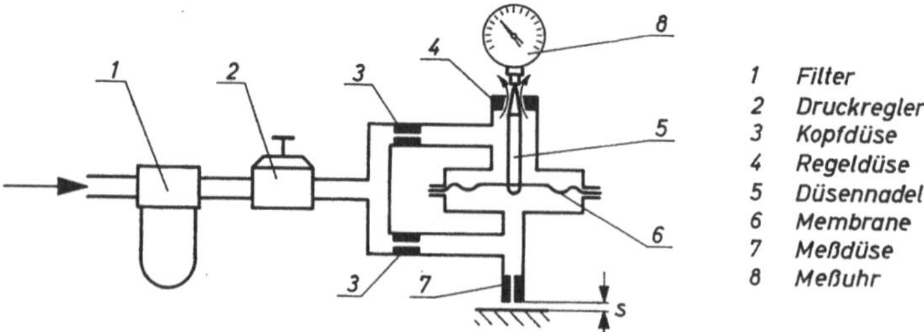

Abb. 7-13 Schematischer Aufbau eines Etamic-Gerätes

können (s. a. 7.1.4). Einstellbare elektrische Kontakte machen das Gerät für Steuerungsaufgaben geeignet.

Anschlußdruck 4–8 atü; Speisedruck 2 atü; Vergrößerung 1000, 2000, 5000; Meßbereich 120, 48, 24 μm.

Aufnehmer: Düsendorne, Düsenringe, Taster, Bandmeßgeräte, Gerät zum Messen während des Schleifens.

Das *Deltameter* (40) arbeitet nach dem Differenzdruckverfahren. Vor- und Meßdüsen sind in dem als „Deltaventil" ausgebildeten Meßgrößenaufnehmer vereinigt und werden durch die Meßgröße verändert. Die Druckluft strömt über ein Reduzierventil (etwa 2,5 atü) und einen Filter zu einem Druckregler. Die geregelte Luft strömt zum Deltaventil, in welchem sich ein Dreifachsteuerkolben befindet (Abb. 7–12). Zwischen Steuerkolben und Gehäuse entstehen drei Kammern, die durch Ringspalte untereinander und mit der Außenluft verbunden sind. Bei Mittelstellung des Steuerkolbens haben die vier Ringspalte gleiche Querschnittsflächen, die in die mittlere Kammer einströmende Luft verteilt sich gleichmäßig auf die äußeren Kammern und strömt nach außen ab. Ändert sich die Lage des Steuerkolbens, dann ändern sich die Ringspalte, die Drücke in den äußeren Kammern werden verschieden sein. Von den beiden äußeren Kammern führen Leitungen zum Differenzdruckmesser, der die Stellung des Steuerkolbens, d. h. des Tastbolzens, anzeigt. Die Größe der Übersetzung hängt von der Form des Steuerkolbens ab. Bei diesem Gerät besteht also nur die Möglichkeit, mechanisch anzutasten. Für Schalt- und Steueraufgaben kann das Gerät bis zu 12 Kontakte erhalten. Die Schaltunsicherheit beträgt $\pm 0{,}1$ μm. Der Meßbereich beträgt je nach Ausführung des Deltaventils 0—5 bis 0—100 μm. Die Meßkraft beträgt 150 p $\pm$ 15 p. Das Deltameter wird in Verbindung mit einem besonderen Aufnehmer als Meß- und Steuergerät an Schleifmaschinen verwendet.

Das *Deltamatic* (40) ist ein Deltameter mit eingebauten Relais und Signallampen. Es wird vorwiegend als Steuergerät verwendet.

Das *Etamic-Gerät* (15) arbeitet ebenfalls mit zwei Druckleitungen. Die Drücke dieser Leitungen beaufschlagen eine sehr weiche Membran. Mit dieser Membran ist eine Nadel verbunden, die einen Düsenquerschnitt verändert (Abb. 7–13). Die Membran mit der Nadel stellt sich immer so ein, daß in beiden Systemen gleicher Druck herrscht (Nullverfahren). Die Verschiebung der Nadel wird auf eine Meßuhr übertragen. Sie ist ein Maß für die an der Meßdüse vorhandene Spaltweite. Das Gerät kann auch für Differenzmessungen ausgeführt werden. Dann haben beide Druckleitungen je eine Meßdüse. Durch verschiedene

Düsen kann der Meßbereich (d. h. die Übersetzung) der Geräte verändert werden. Die Meßbereiche können 10, 20, 40, 80, 160 μm betragen. Für das Gerät werden als Meßgrößenaufnehmer Düsendorne, Düsenringe und Taster geliefert. Der Anschlußdruck soll mindestens 4 atü betragen. Das Gerät kann mit bis zu 9 elektrischen Kontakten ausgerüstet werden. Die Kontakte werden von der Nadel gesteuert. Die entsprechenden Relais sind im Gerät eingebaut.

7.4 Bauelemente zur Signalgabe

Durch die Auslösung von Schalt- und Steuervorgängen durch die Meßgröße wird es vielfach möglich, die Fertigung, die Prüfung und die Sortierung von Werkstücken zu mechanisieren oder zu automatisieren. Die Schalt- und Steuervorgänge werden meist elektrisch über Grenzkontakte und nachgeschaltete Relais ausgelöst. Außerdem sind auch pneumatische Elemente entwickelt worden, die in rein pneumatischen Schaltungen Schalt- und Steuervorgänge auslösen.

7.4.1 Lichtelektrische Kontaktgeber

Diese Kontaktgeber arbeiten kräftefrei und mit geringer Schaltverzögerung. Zwischen einer Lichtquelle und einem photoelektrischen Bauelement wird ein Hindernis eingebracht oder hinausgeführt und dadurch der Photostrom unterbrochen bzw. ausgelöst, wodurch Relais geschaltet werden können. An die photoelektrischen Bauelemente brauchen keine Anforderungen hinsichtlich einer Proportionalität zwischen Lichtstrom und Photostrom gestellt zu werden, da es sich nur um ja-nein-Schaltungen handelt. Damit die Relais ohne Verstärker direkt geschaltet werden können, ist eine hohe Stromempfindlichkeit der photoelektrischen Bauelemente wünschenswert. Reicht die Stromempfindlichkeit nicht aus, können Transistorverstärker verwendet werden, die durch ihre geringen Abmessungen direkt im Kontaktgeber unterzubringen sind.

Die lichtelektrischen Kontaktgeber können an den verschiedensten Anzeigegeräten eingesetzt werden. Bei Zeigergeräten kann eine Fahne am Zeiger bei Erreichen eines Sollwertes den Lichtstrom unterbrechen und damit einen Schaltimpuls auslösen. Bei Geräten, die nach dem Volumenmeßverfahren arbeiten, kann der Schaltimpuls durch den Schwimmkörper des Strömungsmessers, bei Geräten mit einer Flüssigkeitsanzeige durch die sich in den Lichtstrahl hineinschiebende Flüssigkeitssäule ausgelöst werden. Der Strahlengang durch das Anzeigerohr eines mit Flüssigkeitssäule arbeitenden Geräts ist in Abb. 7–14

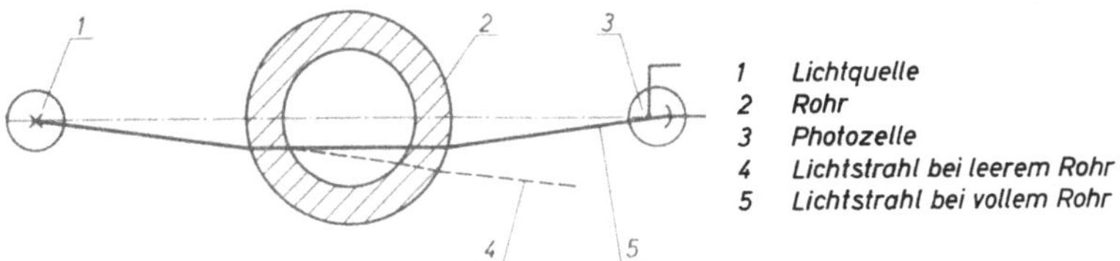

Abb. 7-14 Strahlengang durch ein Anzeigerohr mit lichtelektrischem Kontaktgeber

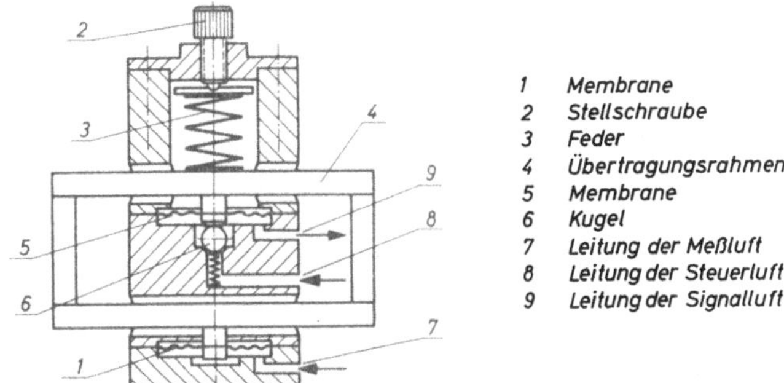

Abb. 7-15 Druckempfindlicher Schalter mit pneumatischem Signalausgang

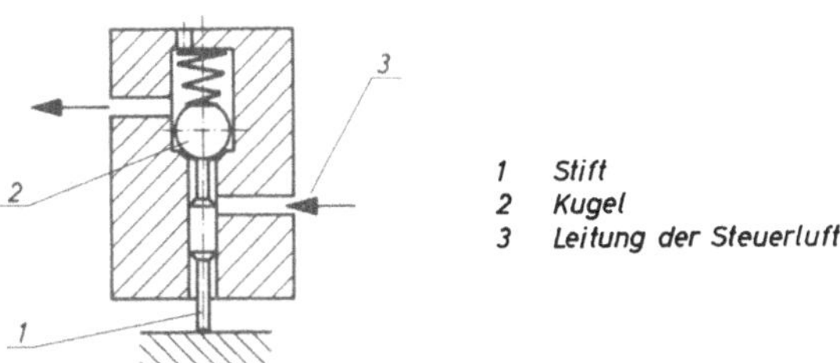

Abb. 7-16 Pneumatischer Springschalter

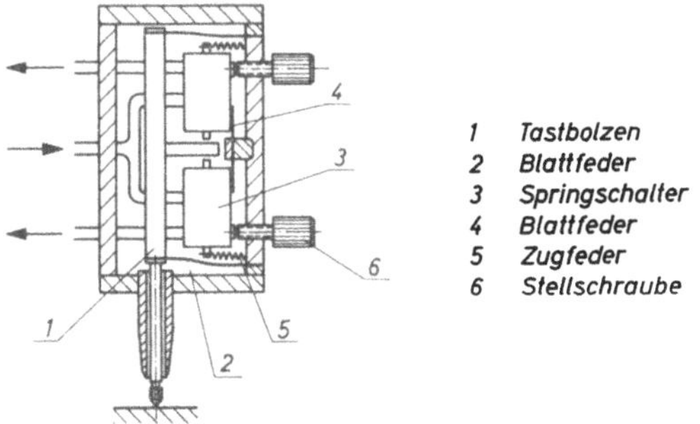

Abb. 7-17 Taster mit pneumatischen Springschaltern

dargestellt. Ist das Rohr mit Flüssigkeit gefüllt, wirkt es wie eine Zylinderlinse und sammelt das Licht in der Photozelle. Bei leerem Rohr dagegen werden die Lichtstrahlen nach allen Seiten zerstreut, nur ein sehr kleiner Teil von ihnen trifft auf das Photoelement, welches darauf nicht anspricht.

7.4.2 Mechanische Kontaktgeber

Während lichtelektrische Kontaktgeber nur in Verbindung mit Anzeigegeräten verwendet werden können, können mechanische Kontaktgeber auch ohne Anzeigegerät als reine Signalgeräte bei Druckmeßverfahren angewendet werden. Für die mechanischen Kontaktgeber werden die gleichen Bauelemente verwendet, wie sie in Manometern üblich sind. Das sind Membranen (Plattenfedern), Rohr- (Bourdonrohr) Kapsel- oder Balgfedern. Die Anwendung der einzelnen Bauelemente ist abhängig vom Arbeitsdruck des Meßsystems. Bei Niederdruckgeräten werden Platten- und Kapselfedern, bei Hochdruckgeräten Balg- und Rohrfedern verwendet. Die Einstellung des Schaltpunktes in Abhängigkeit vom Meßdruck kann auf zwei Arten erfolgen. Entweder ist der Gegenkontakt fest und die Spannung des Federelementes wird verändert oder das Federelement bleibt unverändert und der Gegenkontakt wird verstellt. Die erste Art wird hauptsächlich ausgeführt, wenn der Kontaktgeber als reiner Signalgeber verwendet wird. Bei der Kombination von Anzeigegerät und Kontaktgeber kann nur die zweite Art angewendet werden, da ja die Auslenkung des Federelementes zur Anzeige benutzt wird (s. Abb. 7–12).

7.4.3 Schalter mit pneumatischem Signalausgang

Bei diesen Kontaktgebern (92) wird die Druckluft nicht nur als Signal-, sondern auch als Energieträger verwendet. Der Druck eines Meßsystems nach dem Druckmeßverfahren (s. 7.1.3) wirkt auf eine Membran 1, Abb. 7–15. Der Membran wird über die Stellschraube 2, die Feder 3 und den Übertragungsrahmen 4 eine Vorspannung erteilt. Mit dem Rahmen 4 ist eine weitere Membran 5 verbunden, die über ein Druckstück auf die federbelastete Kugel 6 eines Kugelventils wirkt. Wird die Kraft des durch die Leitung 7 auf die Membran 1 wirkenden Meßdruckes gleich bzw. etwas größer als die durch Feder 3 bewirkte Kraft, so wird sich der Rahmen 4 etwas anheben. Dadurch kann die Kugel 6 von ihrem Sitz gehoben werden und es kann Druckluft über die Leitung 8 durch das Kugelventil in die Leitung 9 strömen und dann z. B. direkt ein Stellglied betätigen oder über ein Druckrelais auch größere Arbeitselemente betätigen. Für die Rückkehr des Systems in die Ausgangslage muß die Luftzufuhr in der Leitung 9 unterbrochen und die Leitung entlüftet werden. Der Schalter spricht auf Druckunterschiede von 0,005 atü an. Bei geeigneter Auslegung der Vordüse (d. h. der Übersetzung) des mit 1,4 ata arbeitenden Meßsystems kann eine Schaltunsicherheit von unter 1 μm erreicht werden. An eine Meßleitung können mehrere derartige Schalter angeschlossen werden.

Kugelventile zur Abgabe eines pneumatischen Signals können auch mechanisch betätigt werden, etwa durch einen Tastbolzen. Ein derartiges Ventil ist in Abb. 7–16 dargestellt. Drückt eine Tastbolzen auf den Stift 1, so wird die Kugel 2 leicht angehoben. Der Druck der Luft in der Leitung 3 wirkt nun auf eine größere Fläche der Kugel, die Kugel wird gegen die Federkraft hochgeschnellt, das Ventil ist offen. Der Druck in der Leitung 3 reicht bei nicht angehobener Kugel nicht aus, um die Kugel vom Sitz gegen die Federkraft abzuheben, da er nur auf eine kleine Fläche der Kugel wirken kann. Zur Rückkehr des Ventils in die Ausgangslage muß die Leitung 3 entlüftet werden. Diese Kugelventile können als Springschalter in Verbindung mit einer Meßuhr oder mit einem eigenen Tastbolzen verwendet werden. In Abb. 7–17 ist ein derartiger Taster mit Springschaltern dargestellt. Die Einstellung des Ansprechpunktes erfolgt über eine Schraube, mit der das ganze Ventil um den Punkt der Blattfedereinspannung gekippt wird.

7.4.4 Signal- und Steuergeräte

Den Kontaktgebern mit elektrischem Signalausgang sind meist Relaisschaltungen nachgeordnet, die die einzelnen Signale entsprechend den Erfordernissen der Anlage auf Anzeigelampen oder Stellglieder geben. Anzeigelampen werden, wie auch bei mechanischen Feinzeigern mit Grenzkontakten und elektrischen kontaktgebenden Tastern, benutzt, um die Lage einer Meßgröße innerhalb oder außerhalb eines eingestellten Toleranzfeldes anzuzeigen. Dabei bedeutet die grüne Lampe „Gut", die weiße „Nacharbeit" und die rote „Ausschuß". An Stelle von Lampen können auch akustische Signalgeber angewendet werden. Bei Mehrstellenmessungen lassen sich alle Meßstellen durch geeignete Schaltungen auf eine gemeinsame Anzeige schalten, so daß nicht jede Meßstelle einzeln abgefragt werden muß. In Sortiereinrichtungen werden die Signale zum Stellen von Weichen benutzt, damit die gemessenen Werkstücke in die zuständige Sortierklasse, d. h. den entsprechenden Behälter gelangen. Bei Maschinenmeßsteuerungen werden die Signale zur Ausführung von Stellfunktionen, z. B. Auslösen, Ändern oder Stoppen der Vorschubbewegung von Maschinensupporten oder zum Abstellen der Maschine verwendet.

7.5 Meßgrößenaufnehmer

Pneumatische Meßverfahren (s. 7.1) lassen sich mit verschiedenartigen Meßgrößenaufnehmern bei vielen Meßaufgaben anwenden, die auch mit mechanischen, optischen oder elektrischen Meßverfahren gelöst werden können. Darüber hinaus können pneumatische Meßverfahren besonders gut eingesetzt werden, wenn eine Mittelwertbildung über mehrere Meßgrößen erforderlich ist. Hierzu werden mehrere, auf ein Anzeigegerät wirkende Meßdüsen, an verschiedenen Meßstellen angeordnet. Die Mittelwertbildung erfolgt durch Addition der sich an den Meßdüsen bildenden Spalthöhen (Abb. 7–18). Dadurch wird es möglich, Innen-, Abstands-, Spiel-, Fluchtungs- und Lageabweichungsmessungen berührungsfrei vorzunehmen.

Bei berührungsfreiem Messen mit Niederdruck erreicht man ein praktisch meßkraftfreies Messen. Die Qualität der Oberfläche und ihre Verschmutzung (Öl, Kühlmittel, Späne, Schleifstaub) beeinflussen aber den Meßwert. Bei mit Hochdruck arbeitenden Geräten wird durch die ausströmende Luft die Oberfläche des Prüflings weitgehend gereinigt. Berührungsfrei sollten immer nur Maße an Werkstücken mit gleicher Oberflächenbeschaffenheit (Serienfertigung) miteinander verglichen werden. Bei berührendem Messen, d. h. mit mechanischer Antastung des Prüflings, strömt die Luft aus der Düse immer über das gleiche Hindernis (Prallplatte). Dadurch wird der Einfluß der Prüflingsoberfläche auf den Widerstand an der Meßdüse ausgeschaltet.

7.5.1 Pneumatische Taster

Als pneumatische Taster können direkt Düsen verwendet werden, mit denen die Prüflingsoberfläche berührungslos angetastet wird. Die Düse kann aber auch durch einen Tastbolzen beeinflußt werden, der die Prüflingsoberfläche mechanisch antastet. Das Anzeigegerät und der Taster müssen einander angepaßt sein.

Berührungsfreie Taster (Düsenmeßeinheiten) erfassen den Spalt zwischen der Stirnfläche der Düse und der Oberfläche des Prüflings. Die Meßluft strömt an der Prüflingsoberfläche entlang. Die berührungslosen Taster sollten daher nur für die Serienprüfung von Werkstücken mit annähernd gleicher Oberflächenqualität eingesetzt werden. Die Meßunsicherheit liegt dann bei ± 1 µm.

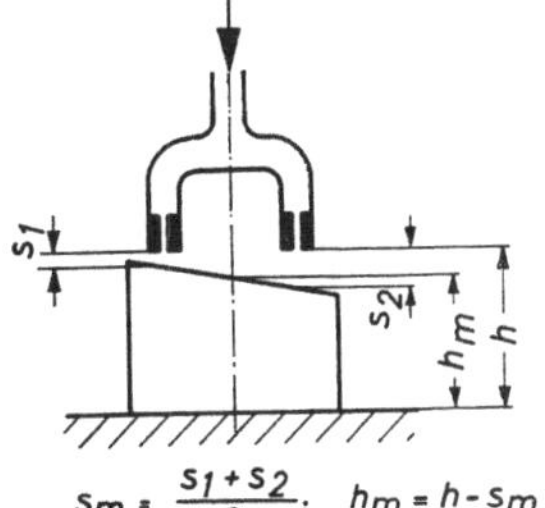

$s_m = \frac{s_1 + s_2}{2}$; $h_m = h - s_m$

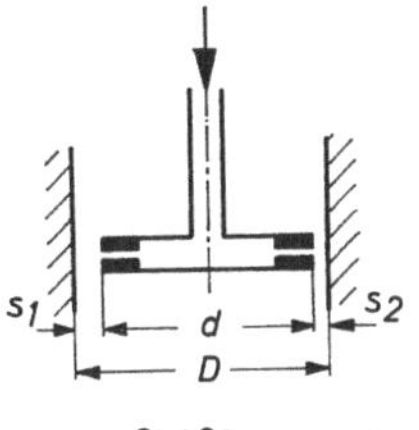

$s_m = \frac{s_1 + s_2}{2}$; $D = d + 2s_m$

Abb. 7-18 Mittelwertbildung bei pneumat. Meßverfahren

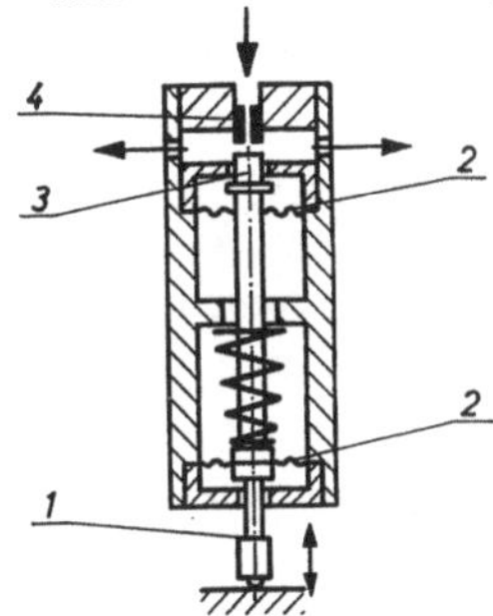

1 Tastbolzen
2 Membrane
3 Prallplatte
5 Düse

Abb. 7-19 Pneumatischer Taster mit Prallplatte

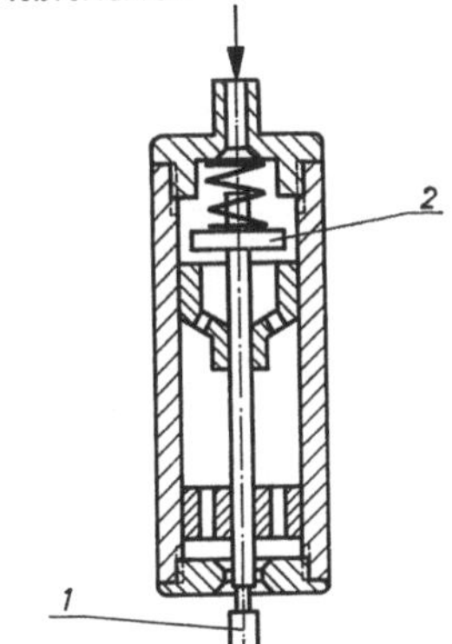

1 Meßtaster 2 Ventilteller

Abb. 7-20 Pneumatischer Taster mit Ventilteller

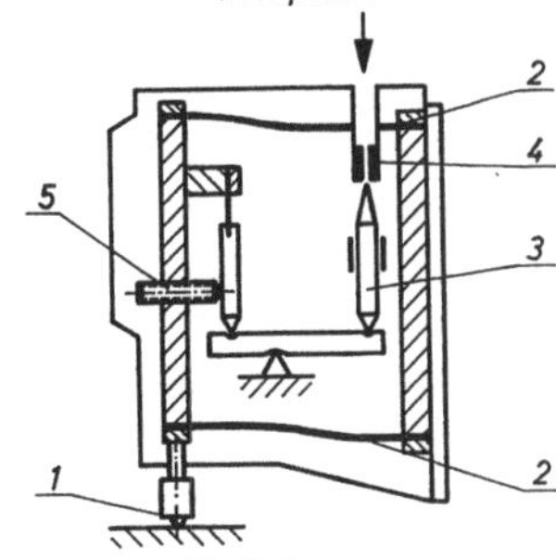

1 Tastbolzen
2 Blattfeder
3 Düsennadel
4 Meßdüse
5 Justierschraube

Abb. 7-21 Pneumatischer Taster mit kegliger Düsennadel

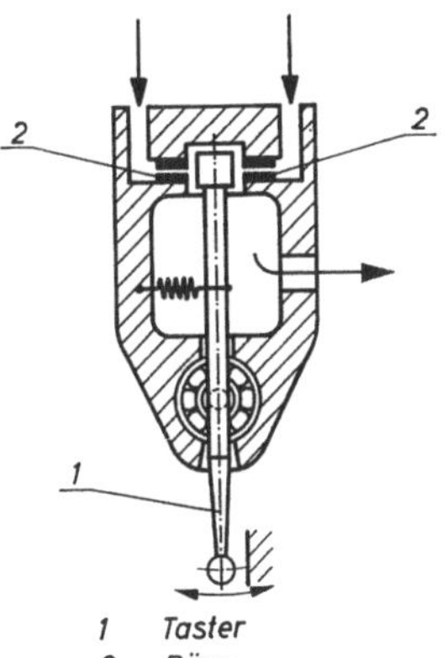

1 Taster
2 Düse

Abb. 7-22 Seitlich wirkender Taster

Bei den *berührenden Tastern* streicht die Meßluft über das im Meßgrößenaufnehmer angebrachte Hindernis, das mit dem Tastbolzen verbunden ist und den Ausströmquerschnitt der Meßdüse ändert. Einflüsse der Oberflächenbeschaffenheit des Prüflings werden somit ausgeschaltet. Es können dadurch geringere Meßunsicherheiten erreicht werden. Daher werden die berührenden Taster insbesondere bei hohen Übersetzungen verwendet.

Die berührenden Taster enthalten Düsen mit verschiedenen Hindernissen. Der Feintaster in Abb. 7–19 hat als Hindernis eine Prallplatte vor der Düse. Der Feintaster Abb. 7–20 ist als Ventil ausgebildet. In der Abb. 7–21 ist ein Taster dargestellt, der als Hindernis eine Düsennadel besitzt. Die Düsennadel hat eine gekrümmte Mantellinie, damit ein linearer Zusammenhang zwischen Nadelhub und Anzeige zustande kommt. Die Übersetzung ist abhängig vom Kegelwinkel der Düsennadel. Durch auswechselbare Düsennadeln können verschiedene Meßbereiche eingestellt werden. Der Tastbolzen ist in Blattfedern aufgehängt und wirkt über einen in Schneiden gelagerten Hebel auf die Düsennadel. Mit einer Schraube läßt sich das Übersetzungsverhältnis fein verstellen (Veränderung des Hebelarms).

Der mechanische Teil der Taster führt nur geringe Bewegungen aus, damit wirken nur kleine Massenkräfte. Durch Lagerung des Tastbolzens in Blattfedern oder Membranen treten nur geringe Reibungen auf.

Die Meßkräfte können klein gehalten werden (20 bis 150 p). Die pneumatischen Taster haben meist Schaftdurchmesser von 8 mm und 28 mm. Es sind Meßunsicherheiten von $\pm 0{,}2\ \mu m$ erreichbar.

Seitlich wirkende Taster finden hauptsächlich Anwendung zum Messen von Lageabweichungen. Zur einfacheren Anpassung an den Prüfling ist der Tastbolzen in einer Reibungskupplung schwenkbar (Abb. 7–22).

Ein Taster zum Messen von Lageabweichungen ist der „*Air-Master*“ (92) Der Prüfling wird z. B. beim Messen von Rundlaufabweichungen (Radialschlag) zwischen Spitzen aufgenommen, gedreht und radial angetastet. Aus der Folge von Meßwerten werden Minimal- und Maximalwert ermittelt und das arithmetische Mittel sowie die Differenz des Maximal- und Minimalwerts als stehende Anzeige an zwei Anzeigegeräten direkt ablesbar gemacht. Die Funktionsweise des Tasters ist folgende: Zwei Prallplatten werden durch den Tastbolzen bei Drehung des Prüflings in die dem Maximal- und Minimalwert entsprechende Extremstellung gebracht und dort festgehalten (Abb. 7–23). Über die so

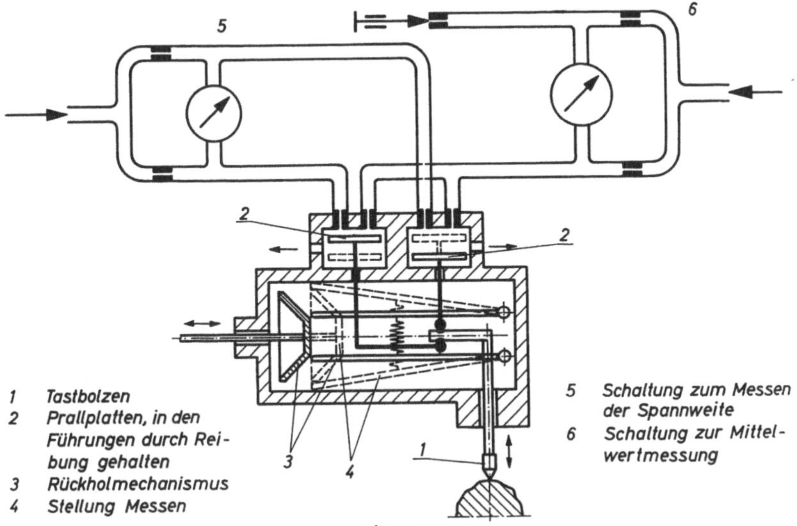

Abb. 7-23 Taster AIR-MASTER

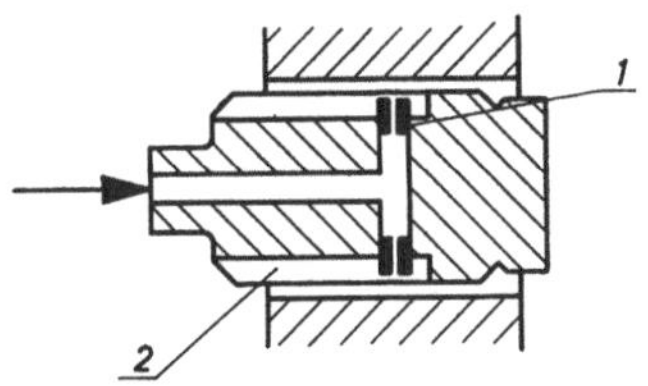

Abb. 7-24 Schema eines Düsenmeßdornes

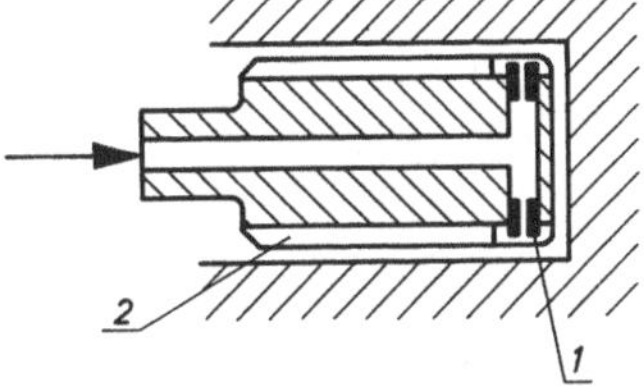

Abb. 7-25 Düsenmeßdorn f. Sacklochbohrung

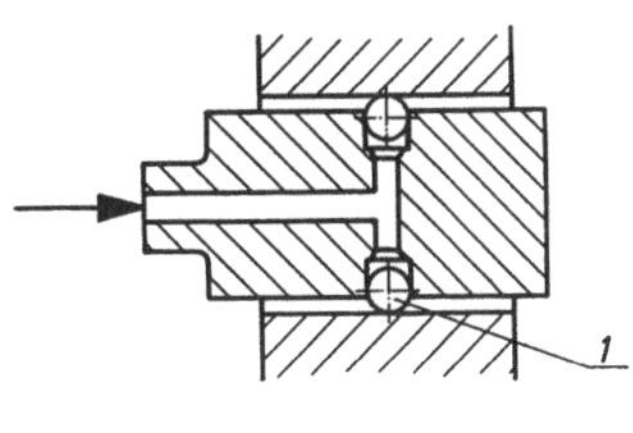

Abb. 7-26 Kugelkontaktdorn (Sheffield)

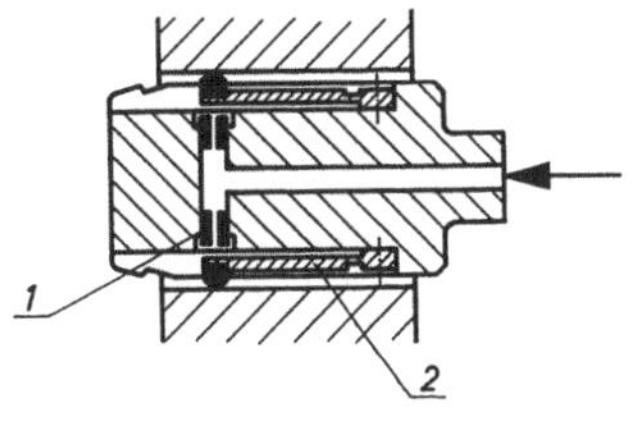

Abb. 7-27 Federkontaktdorn (Sheffield)

eingestellten Prallplatten wird einmal eine Mittelwertmessung vorgenommen (s. Abb. 7–18), die das arithmetische Mittel ergibt, d. h. den mittleren Durchmesser. Weiterhin wird über dieselbe Stellung der Prallplatten eine Differenzmessung (s. 7.1.4) ausgeführt. Die Differenz des Maximal- und Minimalwertes entspricht der Rundlaufabweichung.

7.5.2 Meßdorne zur Bohrungsmessung

Düsenmeßdorne zur Bohrungsmessung sind mit mindestens zwei Düsen versehen, über die eine Mittelwertbildung erfolgt.

Die Austrittsöffnungen der Meßdüsen sind gegenüber der Mantelfläche des Dorns etwas zurückgezogen, um die Düse vor Beschädigungen zu schützen. Gleichzeitig tritt dadurch eine Verminderung des Meßbereiches ein, da die Prallplatte (Prüflingsoberfläche) nicht bis an die Düse herangeführt werden kann. Um den Verschleiß der Zapfen klein zu halten, werden diese oft hartverchromt oder mit Hartmetall bestückt. Vorführzapfen erleichtern vielfach das Einführen des Meßzapfens in die zu messende Bohrung.

Für das Abströmen der Meßluft sind Bohrungen oder Nuten angebracht (Abb. 7–24). Mit Düsenmeßdornen kann nicht an der Bohrungskante gemessen werden, es ist ein Mindestabstand erforderlich. Für Sacklochbohrungen werden spezielle Dorne verwendet (Abb. 7–25). Zur Einstellung der Anzeigegeräte dienen Einstellringe (Lehrringe), die eine genügende Breite besitzen müssen.

Meßdorne zur Bohrungsmessung werden mit Handgriff hergestellt, an welchem der Schlauch zum Anzeigegerät angeschlossen ist. Ferner gibt es Tischausführungen mit horizontaler oder vertikaler Achse, sowie Ausführungen mit Schnellkupplungen zum Anschluß direkt an das Anzeigegerät. Für tiefe Bohrungen (Rohre) kommen Dorne mit verlängertem Griff zur Anwendung, für schwer zugängliche Bohrungen solche in abgewinkelter Bauart.

Bei der Bohrungsmessung kann unter Verwendung pneumatischer Düsenmeßdorne eine Meßunsicherheit von ± 1 µm erreicht werden. Die vielfältige Anwendung der Düsenmeßdorne ist unter 7.6 zu ersehen.

Kontaktmeßdorne werden verwendet, wenn die Prüflingsoberfläche den Meßwert beeinflussen würde, z. B. bei porösen oder sehr rauhen Oberflächen, aber auch bei sehr genauen Messungen, um den Einfluß der Prüflingsoberfläche weitgehend auszuschalten, wie dies schon bei den pneumatischen Tastern erläutert wurde. Außerdem können in Bohrungen schmale Stege und Absätze vermessen werden. Im wesentlichen werden zwei Arten dieser Kontaktmeßdorne hergestellt. Bei der einen Ausführung (Abb. 7-26) wird durch den Arbeitsdruck eine Kugel an die Prüflingsoberfläche gedrückt. Der Abstand Kugel—Düse dient zur Maßbestimmung. Die andere Art sind Federkontaktdorne (Abb. 7-27). Die Düse liegt unter einer Blattfeder, die eine Prallplatte darstellt. Die Feder drückt über ein Meßhütchen auf die Prüflingsoberfläche. Der Abstand Blattfeder—Düse dient zur Maßbestimmung. Diese Kontaktmeßdorne werden vorwiegend mit zwei Düsen ausgeführt.

7.5.3 Meßringe, Meßbügel

Für die Düsenmeßringe gilt sinngemäß das gleiche wie für die Düsenmeßdorne. Da sich Ringe nicht immer verwenden lassen, z. B. zum Messen von Kurbelzapfen, werden vielfach Düsenmeßbügel verwendet. Meßbügel werden auch mit pneumatischen Tastern ausgerüstet. Ihr Aufbau ist dann ähnlich den Meßbügeln mit mechanischen Feinzeigern (s. 5.6.1).

7.6 Ausführung und Anwendung pneumatischer Meßgrößenaufnehmer

Pneumatische Meßgrößenaufnehmer können in den verschiedensten Spezialausführungen hergestellt werden. In den folgenden Abschnitten sollen einige Möglichkeiten aufgezeigt werden. Da die Aufnehmer für ein bestimmtes zu prüfendes Werkstück hergestellt werden müssen, lohnt sich ihre Verwendung nur in der Serienfertigung. Hier können dann aber Prüfzeiten bedeutend reduziert werden. Mit den unter 7.4 beschriebenen Signalgeräten ist vielfach eine weitgehende Mechanisierung oder sogar Automatisierung der Prüfung möglich.

7.6.1 Messen von Innendurchmessern sowie Form- und Lageabweichungen

Wird ein Düsendorn mit zwei gegenüberliegenden Düsen (Abb. 7-24) verwendet, erfolgt eine Zweipunktmessung. Durch die Mittelwertbildung über die zwei Düsen hat die Lage des Dorns in der Bohrung praktisch keinen Einfluß auf den Meßwert. Diese Bohrungsprüfung entspricht nicht dem Taylorschen Grundsatz, da keine Formprüfung über die ganze Bohrung stattfindet. Kontaktdorne finden Anwendung für Sacklöcher, für Bohrungen mit Unterbrechungen oder wenn eine Bohrung bis zur Kante gemessen werden muß. Für große Bohrungen können Taster in einer Vorrichtung angewendet werden.

Unrundheit wird, wenn kein Innengleichdick vorliegt, durch Drehen eines Düsendornes mit zwei Düsen ermittelt, d. h. Prüfen verschiedener

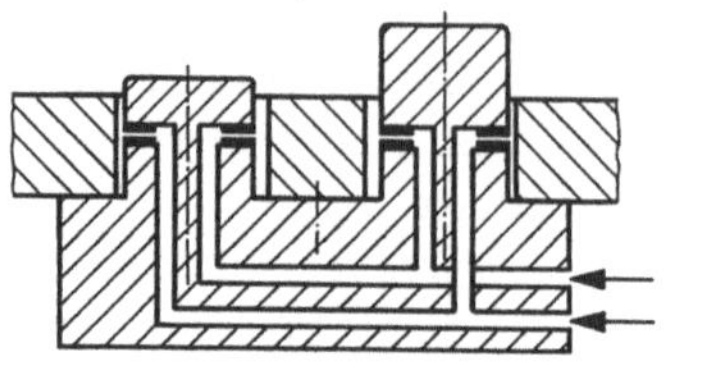

Abb. 7-28 Anordnungen zur Ermittlung des Achsabstandes zweier Bohrungen

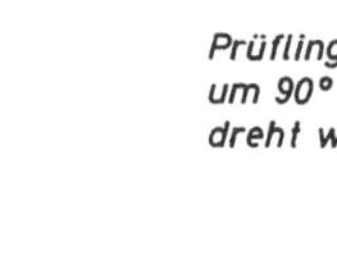

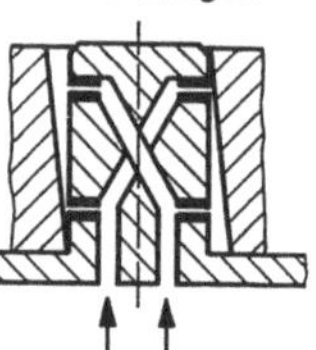

Abb. 7-29 Anordnungen zum Messen der Rechtwinkligkeit einer Bohrung

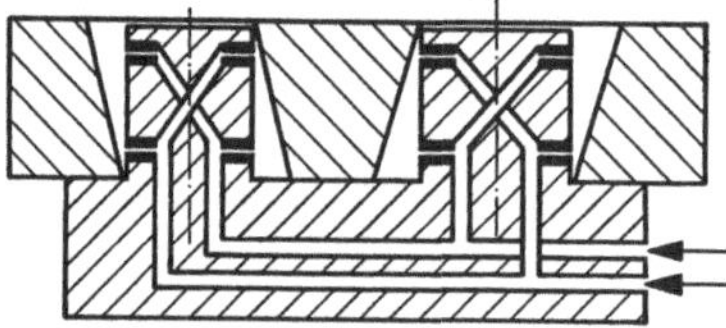

Abb. 7-30 Anordnung zur Ermittlung der Parallelität zweier Bohrungen

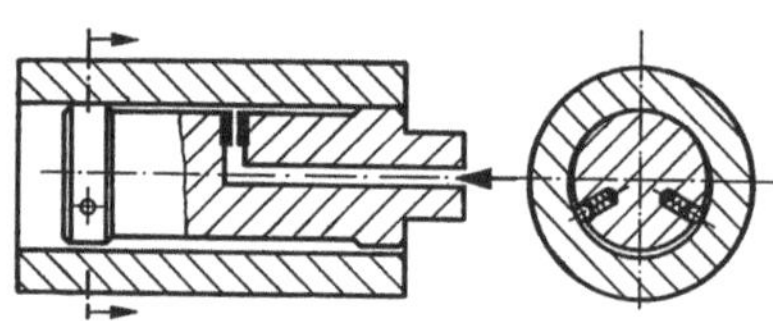

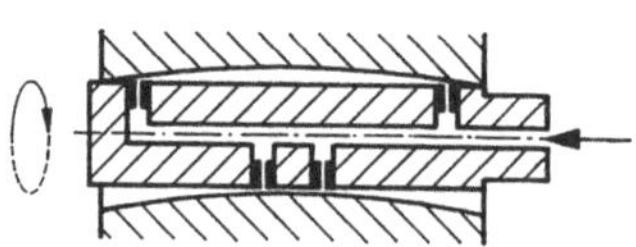

Abb. 7-31 Anordnungen zum Messen der Geradheit einer Bohrung

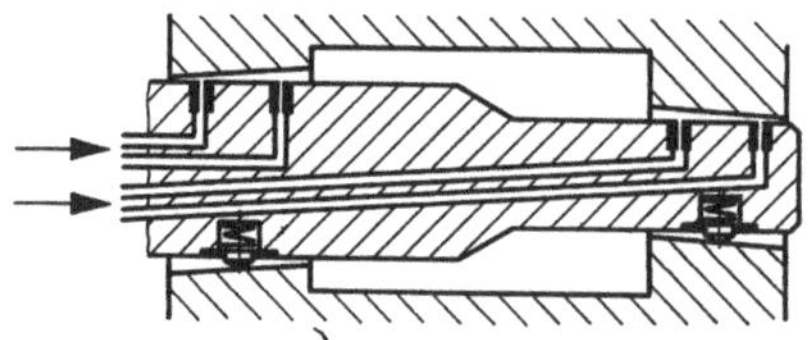

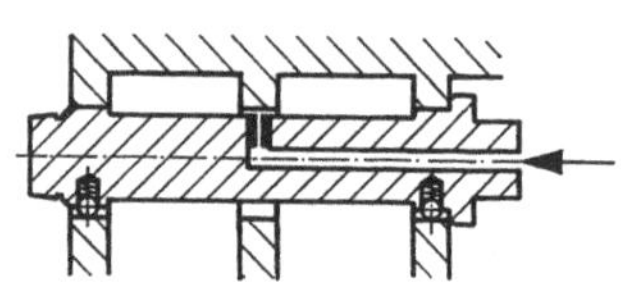

Abb. 7-32 Anordnungen zum Messen der Fluchtung zweier Bohrungen

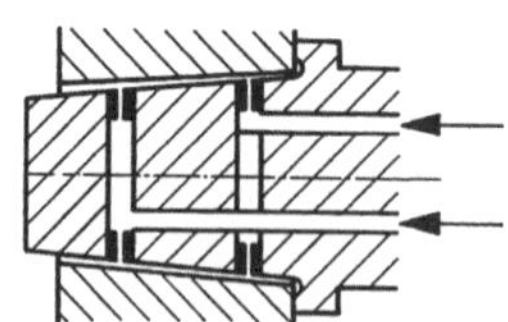

Abb. 7-33 Anordnung zur Kegelmessung

Durchmesser in einer Ebene senkrecht zur Bohrungsachse. Innengleichdicke können durch Dreipunktmessung erkannt werden, es werden Dorne mit drei Düsen verwendet.

Konizität einer Bohrung kann durch eine Längsbewegung des Dornes in der Bohrung ermittelt werden, d. h. Prüfen des Durchmessers in einer Ebene der Bohrungsachse.

Der *Achsabstand* zweier Bohrungen kann nach der Anordnung Abb. 7–28 ermittelt werden. Die Größe der Bohrungen sowie evtl. Abweichungen der Bohrungsdurchmesser haben keinen Einfluß auf die Ermittlung des Achsabstandes. Zur Anzeige werden zwei normale Anzeigegeräte verwendet. Die Differenz der Anzeigen ist die Abweichung des Achsabstandes. Es kann aber auch ein Gerät nach dem Differenzdruckverfahren angewendet werden, mit dem eine Differenzmessung ausgeführt wird (s. 7.1.4). Hier kann direkt die Abweichung abgelesen werden.

Die *Rechtwinkligkeit* kann mit Düsendornen nach Abb. 7–29 geprüft werden. Bei dem Dorn Abb. 7–29a muß der Prüfling um 180°, bei der Anordnung b um 90° gedreht werden. Hierbei können wiederum zwei Anzeigegeräte bzw. ein Differenzmeßgerät verwendet werden.

Die *Parallelität* zweier Bohrungen kann mit zwei Dornen, wie sie zur Prüfung der Rechtwinkligkeit verwendet werden, überprüft werden (Abb. 7–30).

Die Prüfung der *Geradheit* von Bohrungen erfolgt mit Dornen nach Abb. 7–31. Dabei müssen die Dorne gedreht werden.

Zur *Fluchtungsprüfung* zweier Bohrungen kann ein Dorn nach Abb. 7–32 verwendet werden. Zur Anzeige werden vier Geräte oder zwei Differenzmeßgeräte verwendet.

Die *Kegelprüfung* (Abb. 7–33) erfolgt durch das Messen zweier Durchmesser. Verwendet man ein Gerät zur Differenzmesssung, so erhält man ein Maß für den Kegelwinkel (abhängig vom Abstand der zwei Durchmesser). Soll die Geradheit der Mantellinie geprüft werden, so muß ein drittes Düsenpaar in der Mitte des Prüfdorns angeordnet werden.

7.6.2 Messen von Außendurchmessern sowie Form- und Lageabweichungen

Die Meßgrößenaufnehmer zum Messen von Außendurchmessern entsprechen meist sinngemäß denen zur Bohrungsmessung.

Der *Durchmesser* wird mit Düsenringen, Düsenmeßbügeln, Meßbügeln mit Tastern, Tastern oder Meßdüsen in Vorrichtungen (für große Durchmesser) gemessen. Die *Unrundheit* sowie die *Konizität* wird durch Drehen bzw. Längsverschieben des Meßgrößenaufnehmers mit Zweipunktmessung ermittelt. *Gleichdicke* können mit Ringen mit drei Düsen festgestellt werden. Abweichungen von der *Geradheit* werden mit Anordnungen entsprechend denen zur Bohrungsmessung geprüft, oder der Prüfling wird in einem Prisma gedreht und mit mehreren Tastern angetastet. Das Messen der *Rundlauf- und Planlaufabweichungen* kann mit Tastern bzw. mit seitlich wirkenden Tastern erfolgen. Die Umkehrspanne der Taster ist bei Lagerung in Membranen oder Blattfedern gering. Die Prüfung der Abweichung vom rechten Winkel und die Kegelmessung erfolgen entsprechend denen für die Innenmessung.

8 Elektrische Meßgeräte

Die elektrische Messung von Längen und Längenänderungen bietet gegenüber den rein mechanischen Verfahren einige Vorzüge, die zu einer breiten Anwendung elektrischer Meßgeräte geführt hat. Es seien hier einige Vorteile der elektrischen Messung aufgeführt:

1. Eine hohe Empfindlichkeit.
2. Das Meßsignal kann fast verzögerungsfrei verstärkt werden. Dadurch ist eine schnelle Anzeige, Zählung, Registrierung auch schnell veränderlicher Signale möglich.
3. Meßgrößenaufnehmer und Anzeigegeräte können getrennt werden, es ist eine Übertragung über größere Entfernungen meist möglich.
4. Das Automatisieren der Messung ist leicht möglich.
5. Weiterhin besteht die Möglichkeit, Meßsignale in Rechenschaltungen und Regelungen weiterzuverarbeiten.

Als Nachteile sind der vielfach höhere Aufwand anzuführen. Früher wurde besonders über die Anfälligkeit gegenüber Störungen geklagt, die nur von Fachkräften beseitigt werden konnten.

Zur Umwandlung der Meßgröße (Länge) in eine elektrische Größe wird ein Meßgrößenaufnehmer (Wandler, auch Umformer, Geber, Sender genannt) benötigt. Dieser soll möglichst keine Rückwirkungen auf das Meßobjekt ausüben.

Anzeige- und Registriergeräte haben eine gewisse Leistungsaufnahme. Damit sie voll ausgesteuert werden können ist insbesondere bei schnell ablaufenden Vorgängen oft eine Verstärkung des Meßsignals notwendig.

Bei Mehrstellenmessungen können Umschalter verwendet werden, mit denen mehrere Meßgrößenaufnehmer nacheinander auf einen Verstärker geschaltet werden. Diese Umschalter können auch programmgesteuert werden.

8.1 Grundlagen der elektrischen Meßverfahren

8.1.1 Meßgrößenaufnehmer

Bei den Meßgrößenaufnehmern können nach der Wirkungsweise zwei Gruppen unterschieden werden. Die erste Gruppe umfaßt die Aufnehmer, bei denen unter Einwirkung der Meßgröße eine elektrische Größe verändert wird. Sie heißen daher auch *passive* Aufnehmer. Die zweite Gruppe stellen die *aktiven* Aufnehmer dar, bei denen unter Einwirkung der Meßgröße eine elektrische Größe erzeugt wird (z. B. Erzeugen einer elektrostatischen Spannung durch Deformation eines Kristalles — piezoelektrischer Effekt).

Meßgrößenaufnehmer für die Längenmessung sind vorwiegend passiv. Durch die Einwirkung der Meßgröße werden ohmsche, induktive oder kapazitive Widerstände geändert. Die Änderung wird durch geeignete Verstärkung und Umformung zur Anzeige gebracht.

8.1.1.1 Änderung eines ohmschen Widerstandes

Die Änderung der wirksamen Länge eines Leiters und damit seines Widerstandes kann durch Verschieben oder Verdrehen eines *Abgriffes* oder durch *Dehnung* erfolgen.

Zunächst soll die Änderung des ohmschen Widerstandes durch Änderung des Abgriffs betrachtet werden. Der Widerstand eines Drahtes der Länge l ist:

$$R = \frac{\varrho \cdot l}{F},$$

dabei ist ϱ spezifischer Widerstand, l Länge und F Querschnittsfläche des Drahtes.

Wird an diesem Draht die Teillänge l_1 abgegriffen (Abb. 8–1), so ist der Widerstand dieses Teildrahtes

$$R_1 = \frac{\varrho \cdot l_1}{F}.$$

Es verhält sich somit

$$\frac{R_1}{R} = \frac{l_1}{l}.$$

Liegt an dem gesamten Draht die Spannung U, dann ist das Verhältnis der Spannung am Teildraht zur Spannung am gesamten Draht

$$\frac{U_1}{U} = \frac{R_1}{R}.$$

In Verbindung mit obiger Gleichung erhält man

$$\frac{U_1}{U} = \frac{l_1}{l} \quad \text{bzw.} \quad U_1 = \frac{l_1}{l} U.$$

Sind die angelegte Spannung U und die Drahtlänge l konstant, dann ändert sich U_1 nur mit l_1, d. h. die Spannung U_1 ist ein Maß für die abgegriffene Drahtlänge l_1 und somit ein Maß für den Weg oder auch Winkel.

Für die Weg- oder Winkelmessung ist besonders wichtig, daß das Potentiometer eine gute Linearität des Widerstandes aufweist. Diese Linearität hängt vor allem von der Wickelgenauigkeit und der Gleichmäßigkeit des Drahtdurchmessers ab. Ist der Draht auf einen Isolierkörper aufgewickelt, so kann er nur sprungweise abgegriffen werden, wodurch sich die Spannung U_1 ebenfalls sprunghaft ändert.

Bei der Änderung des ohmschen Widerstandes durch Dehnung ist die Widerstandsänderung der Längenänderung genau proportional, wie das folgende Ableitung zeigt:

Der Widerstand des Meßdrahtes beträgt:

$$R = \varrho \frac{4\,L}{\pi\,D^2},$$

worin ϱ der spezifische Widerstand des Metalldrahtes, L die Länge und D der Durchmesser des Drahtes bedeuten. Partiell differenziert ergibt sich daraus:

$$\frac{dR}{R} = \frac{dL}{L} - 2\frac{dD}{D}.$$

Nach dem Poissonschen Gesetz der Querkontraktion ist

$$\frac{dD}{D} = -\mu\frac{dL}{L} \qquad \mu = \text{Poissonsche Konstante.}$$

Mit diesem Ausdruck erhält man die Formel:

$$\frac{dR}{R} = \frac{dL}{L}(1 + 2\,\mu) = \frac{dL}{L}\cdot k.$$

Die Poissonsche Konstante hat bei Metallen die Größe 0,25 bis 0,4. Daher müßte die Proportionalitätskonstante (in der Dehnmeßstreifentechnik Eichfaktor genannt) $k = \frac{\Delta R}{R} : \frac{\Delta L}{L}$ einen Wert zwischen 1,5 und 1,8 haben. Meist hat der Eichfaktor k einen Wert von ungefähr 2, da der spezifische Widerstand auch vom Verformungszustand des Drahtes abhängig ist.

Von einem Dehnmeßdraht wird gefordert, daß er einen möglichst linearen Verlauf des Verhältnisses relativer Widerstandsänderung zu relativer Längenänderung zeigt. Außerdem soll die Abhängigkeit des Widerstandes von der Temperatur möglichst gering sein, da ja jede Widerstandsänderung als Längenänderung gedeutet wird. Als Widerstandsmaterial hat sich Konstantan als besonders geeignet erwiesen.

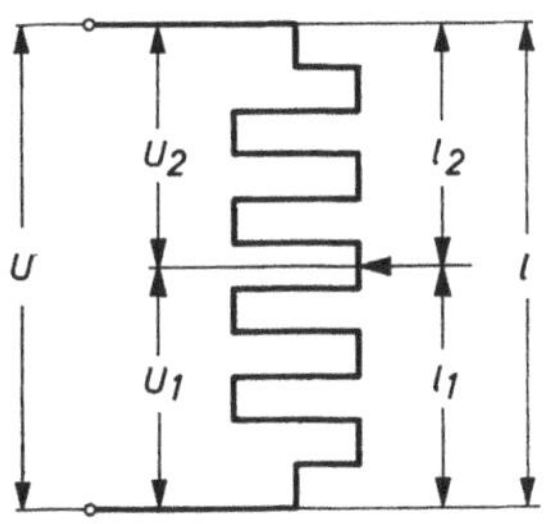

Abb. 8-1 Schaltbild einer Spannungsteilerschaltung

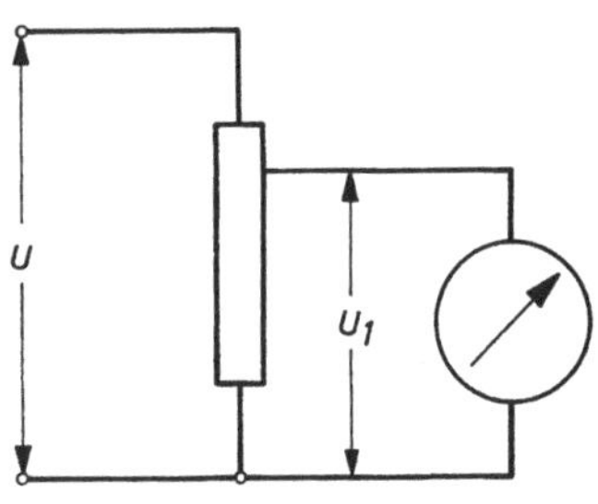

Abb. 8-2 Einfache Spannungsteilerschaltung

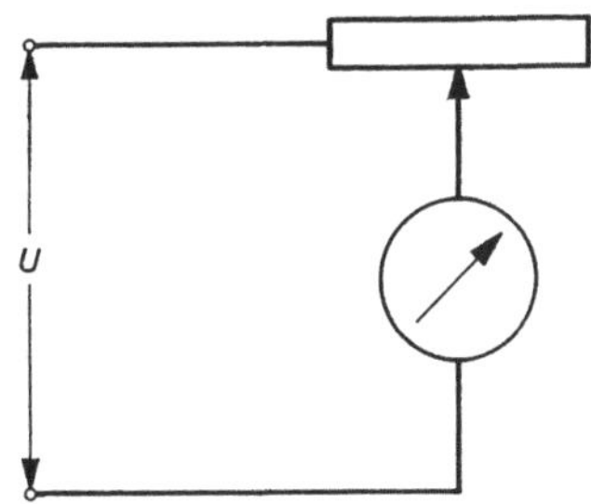

Abb. 8-3 Strommessung zur Widerstandsbestimmung

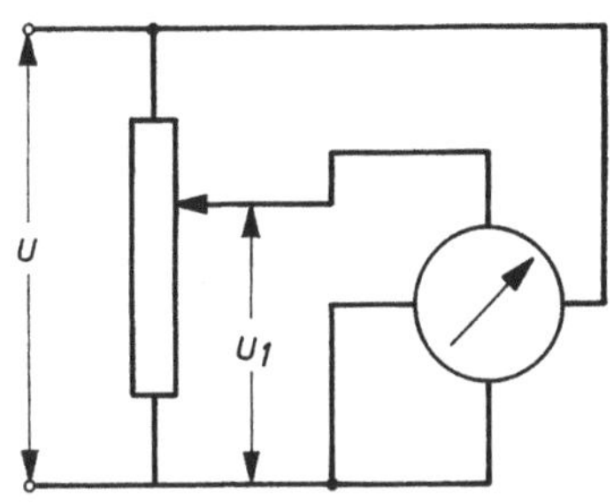

Abb. 8-4 Spannungsunabhängige Widerstandsmessung m. einem Quotientenmesser

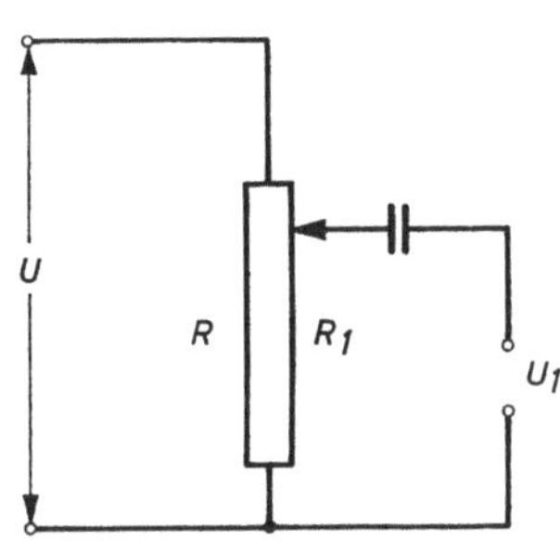

Abb. 8-5 Spannungsteilerschaltung für dynamische Messungen

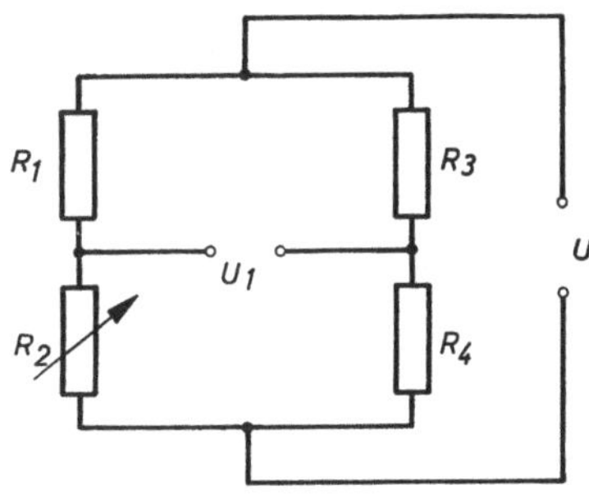

Abb. 8-6 Brückenschaltung

Die ohmschen Widerstände werden zum Messen verschieden geschaltet. Einfache Meßschaltungen sind in Abb. 8–2 und 8–3 wiedergegeben. Diese Schaltungen eignen sich nur für Messungen, an die keine hohen Anforderungen gestellt werden, da Schwankungen der Speisespannung U voll in das Meßergebnis eingehen. In Abb. 8–4 ist eine Schaltung mit Quotientenmeßwerk gezeigt. Gemessen wird $U_1/U = l_1/l$. Bei dieser Schaltung ist der Meßwert unabhängig von evtl. Speisespannungsschwankungen. Beide Schaltungen werden nur für statische bzw. quasistatische Vorgänge verwendet. Für dynamische Messungen eignet sich die Schaltung nach Abb. 8–5. Hier entspricht nicht U_1, sondern der zeitliche Verlauf von U_1 der Änderung des Widerstandes R_1

$$U_1 = \frac{U}{R} \frac{dR_1}{dt}.$$

Die in Abb. 8–6 gezeigte Brückenschaltung ist eine häufig verwendete Schaltung zur Messung von ohmschen, induktiven und kapazitiven Widerständen. Sind in der Brücke nur ohmsche Widerstände enthalten, so gilt:

$$U_1 = U \frac{R_2 R_3 - R_1 R_4}{(R_1 + R_2)(R_3 + R_4)}.$$

Die Brücke ist abgeglichen, wenn $U_1 = 0$, d. h. wenn $\frac{R_1}{R_2} = \frac{R_3}{R_4}$ ist. Die Messung der Widerstände kann nach zwei Methoden erfolgen. Bei der Nullmethode (Kompensationsverfahren), die nur für statische Messungen verwendet werden kann, wird auf die abgeglichene Brücke ($U_1 = 0$) die Meßgröße aufgebracht und dadurch z. B. der Widerstand R_1 um ΔR_1 verändert. Die Brücke wird dann mit einem variablen Widerstand wieder abgeglichen. Erfolgt der Abgleich durch eine bekannte Änderung von R_2 um ΔR_2, dann gilt für $U_1 = 0$:

$$(R_1 + \Delta R_1) R_4 = (R_2 + \Delta R_2) R_3,$$

woraus für ΔR_1 folgt:

$$\Delta R_1 = \Delta R_2 \frac{R_3}{R_4}.$$

Bei der Ausschlagmethode (für statische und dynamische Messungen) ist die Spannung U_1 das Maß für die Änderung eines Widerstandes. Die Brücke wird vor der Messung wiederum abgeglichen, dann die Meßgröße aufgebracht (z. B. Änderung von R_1 um ΔR_1). Die Meßspannung läßt sich aus der Brückengleichung ersehen.

Die Empfindlichkeit der Brücke ist am größten, wenn die Größenordnung der Brückenwiderstände gleich ist. Durch die Meßgröße können auch mehrere Widerstände gleichzeitig verändert werden. Diese Möglichkeit wird beim Arbeiten mit Dehnmeßstreifen und bei induktiven Aufnehmern ausgenützt. Ist die Brücke aus gleichen Widerständen aufgebaut, die untereinander gleiche Temperaturen haben, so kompensieren sich die durch Temperaturänderung hervorgerufenen Widerstandsänderungen, der Nullpunkt bleibt konstant. Es ändert sich aber die Empfindlichkeit der Brücke, was beim Arbeiten mit der Ausschlagmethode zu berücksichtigen ist. Bei Verwendung von ohmschen Widerständen kann die Brücke mit Gleich- oder Wechselspannung gespeist werden.

Wird die Brücke mit einer Wechselspannung gespeist, so liegen bei einer rein ohmschen Brücke Strom und Spannung in Phase. Sind aber in der Brücke Kapazitäten oder Induktivitäten vorhanden (bei ohmschen Widerständen können dies z. B. Kapazitäten der Verdrahtung sein), so tritt eine Verschiebung der Phase von Strom und Spannung ein. Bei der Herstellung des Brückengleichgewichtes muß daher nach Betrag und Phase abgeglichen werden.

Bei sehr kleinen Änderungen des Widerstandes kann die Brückenspannung U_1 verstärkt werden. Auch bei Verstärkung kann sowohl nach der Null- als nach der Ausschlagmethode gemessen werden.

8.1.1.2 Änderung eines induktiven Widerstandes

Die Induktivität einer Spule mit Eisenkern und Luftspalt ist

$$L = \frac{w^2}{\dfrac{l_{Fe}}{\mu_{Fe} \cdot F} \dfrac{l_L}{\mu_L \cdot F}}$$

Darin ist μ_{Fe} die Permeabilität des Eisenkerns,
μ_L die Permeabilität der Luft,
F der Querschnitt des Eisenkerns bzw. des freien Spulenquerschnitts,
l_{Fe} die Länge des eingetauchten Eisenkerns,
l_L die Länge der Spule ohne Eisenkern,
w die Windungszahl der Spule.

Da die Permeabilität des Eisens bedeutend größer ist als die Permeabilität der Luft, kann näherungsweise geschrieben werden

$$L = \frac{w^2}{\dfrac{l_L}{\mu_L \cdot F}} = \mu_L \cdot F \frac{w^2}{l_L}.$$

Das heißt aber, daß die Induktivität einer Spule durch Ändern der wirksamen Pfadlänge in Luft (des Luftspalts) geändert werden kann.

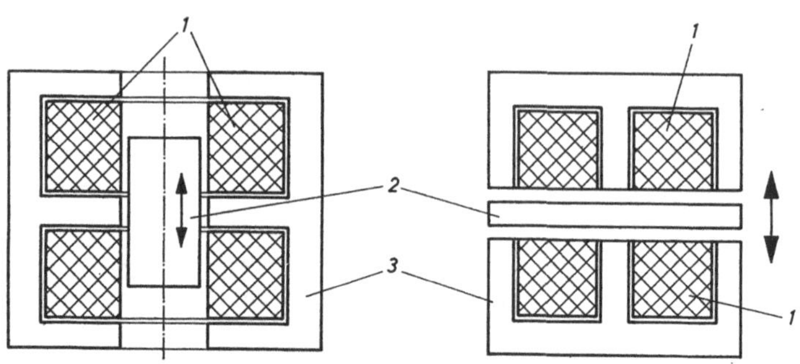

1 Spulenkern 2 bewegliches Eisen 3 festes Eisen

Abb. 8-7 Prinzip eines induktiven Aufnehmers mit 2 Spulen und Tauchkern

Abb. 8-8 Prinzip eines induktiven Aufnehmers mit 2 Spulen und veränderlichem Luftspalt

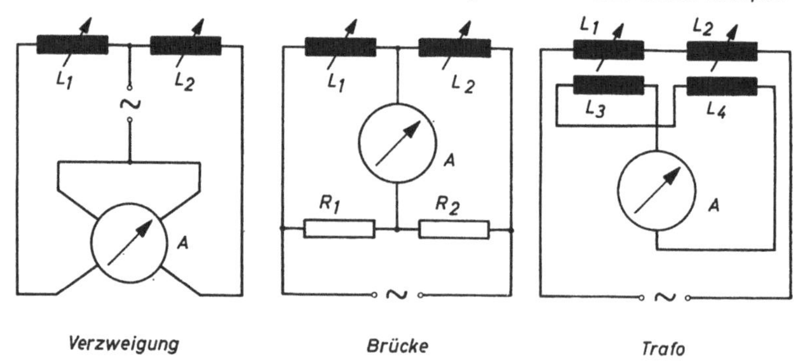

L Spulen R Widerstand A Anzeigegerät

Abb. 8-9 Meßschaltungen für Induktivitäten

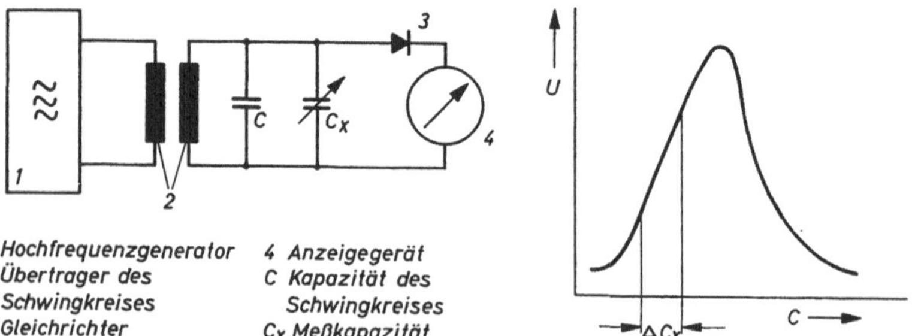

1 Hochfrequenzgenerator
2 Übertrager des Schwingkreises
3 Gleichrichter
4 Anzeigegerät
C Kapazität des Schwingkreises
C_x Meßkapazität

Abb. 8-10 Schaltung zum Messen einer Kapazität nach der Methode der halben Resonanzkurve

Abb. 8-11 Resonanzkurve
ΔC_x näherungsweise linearer Bereich

Haben zwei Spulen einen gemeinsamen Eisenkern, so wird bei Verschieben des Eisenkerns in der einen Spule die Induktivität kleiner, in der anderen größer. Beide Spulen werden in eine Brückenschaltung eingebaut. Diese Anordnung (Abb. 8–7) eignet sich besonders zum Messen größerer Wege (mittlerer Hub 5 bis 50 mm). Für noch größere Wege wird zur Verkürzung der Baulänge des Aufnehmers nur eine Spule verwendet, eine zweite kleine Spule dient nur zur Temperaturkompensation. Zum Messen kleinster Längenänderungen (Hübe von 0,5 mm, meßbar noch 0,2 µm) werden eisengeschlossene Spulen mit veränderlichem Luftspalt verwendet (Abb. 8–8). Der Verlauf der Scheinwiderstandsänderung kann durch Formgebung des Luftspalts und des Eisenkerns der Anwendung angepaßt werden.

Die Meßschaltungen für Induktivitäten können sehr unterschiedlich sein. In Abb. 8–9 sind die grundsätzlichen Möglichkeiten angeführt. Bei der Verzweigungsschaltung liegen die Spulen L_1 und L_2 des Meßgrößenaufnehmers mit den Spulen des Anzeigegerätes A in Reihe und parallel an der Spannungsquelle. Bei der Brückenschaltung sind die Spulen L_1 und L_2 mit zwei unveränderlichen Widerständen in eine Brücke geschaltet, gemessen wird die Diagonalspannung. Bei der Trafoschaltung liegen die aus dem Netz gespeisten Spulen L_1 und L_2 des Aufnehmers in Reihe als Primärspulen. Die Sekundärspulen L_3 und L_4 sind gegeneinander geschaltet und speisen das Anzeigegerät.

Diese Schaltungen werden in abgewandelten Formen immer wieder verwendet. Brückenschaltungen werden oft mit Trägerfrequenz gespeist. Durch Brückenverstimmung wird die Trägerfrequenz amplitudenmoduliert. Die Diagonalspannung wird dann verstärkt, die Trägerfrequenz gleichgerichtet und der Meßwert an einem Drehspulinstrument abgelesen oder bei dynamischen Messungen auf einem Oszillographen oder einem Schreiber dargestellt.

8.1.1.3 Änderung eines kapazitiven Widerstandes

Die Kapazität C eines Plattenkondensators ist

$$C = \frac{\varepsilon \cdot F}{d}.$$

Darin ist ε die Dielektrizitätskonstante des Stoffes zwischen den Platten,
F die wirksame Plattenfläche,
d der Abstand der Platten.

Der Plattenabstand d ist dabei die Größe, die am einfachsten und daher auch am meisten geändert wird, um den Kondensator als Meßgrößenaufnehmer zu verwenden. Bei Änderung des Plattenabstandes von d auf $(d + \Delta d)$ gilt:

$$C_1 = \frac{\varepsilon F}{d} \quad \text{und} \quad C_2 = \frac{\varepsilon F}{(d + \Delta d)}.$$

Daraus ergibt sich

$$\Delta C = C_2 - C_1 = \frac{\varepsilon F}{d}\left(\frac{1}{1 + \frac{\Delta d}{d}} - 1\right) = \frac{\varepsilon F}{d}\,\frac{\Delta d}{d + \Delta d}.$$

Für $\Delta d \ll d$ kann man schreiben

$$\frac{\Delta C}{C} = -\frac{\varepsilon F}{d^2} \cdot \Delta d.$$

Bei kleinen Abstandsänderungen ist also die Kapazitätsänderung der Abstandsänderung proportional.

Die Messung der Kapazitätsänderung beim Zweiplattenkondensator erfolgt vielfach nach der Methode der halben Resonanzkurve. In Abb. 8–10 ist die Prinzipschaltung dargestellt. Ein Hochfrequenzgenerator speist einen Schwingkreis L und C, der durch den kapazitiven Meßgrößenaufnehmer C_x verstimmt wird. Dadurch tritt eine Änderung der Impedanz des Schwingkreises ein, der eine Änderung des Hochfrequenzstromes J zur Folge hat. Ein Teil dieses Stromes wird gleichgerichtet und gemessen. Ist der Schwingkreis so ausgelegt, daß man sich bei Änderung der Kapazität C_x auf der Flanke der Resonanzkurve des Schwingkreises befindet, so erhält man eine der Kapazitätsänderung ziemlich proportionale Spannungsänderung (Abb. 8–11).

Eine weitere Möglichkeit zur Meßgrößenaufnahme stellt der Differentialkondensator dar. Er besteht aus zwei festen und einer dazwischen beweglichen Platte (Abb. 8–12). Dieser kann nur in einer Spannungsteiler- oder Brückenschaltung verwendet werden. Das Ersatzbild Abb. 8–13 zeigt, daß die Gesamtkapazität C des Differentialkondensators von der Stellung der Mittelplatte unabhängig ist.

Es ist:

$$C = \frac{C_1 \cdot C_2}{C_1 + C_2} = \frac{\varepsilon F}{d_1 + d_2}.$$

Schickt man Wechselstrom durch die Reihenschaltung von C_1 und C_2, so wird die sich bei einer kleinen Verschiebung Δd der Mittelplatte aus der Mittellage ergebende Spannungsänderung des Punktes 0 gegen einen Punkt fester Spannung:

$$\frac{U_1}{U_2} = \frac{C_2}{C_1} = \frac{1 + \frac{\Delta C}{C}}{1 - \frac{\Delta C}{C}} = 1 + 2\frac{\Delta d}{d},$$

$$\frac{\Delta U}{U} = \frac{U_1 - U_2}{U_1 + U_2} \approx \frac{\Delta d}{d}.$$

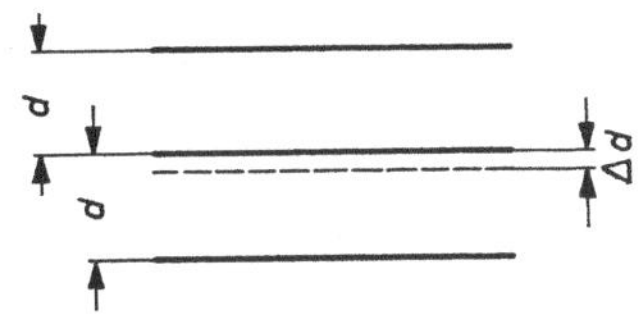

Abb. 8-12 Prinzip des Differentialkondensators

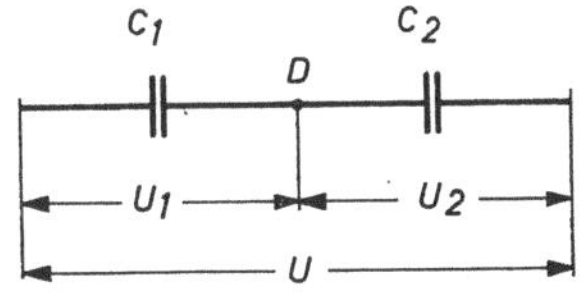

Abb. 8-13 Ersatzbild des Differentialkondensators

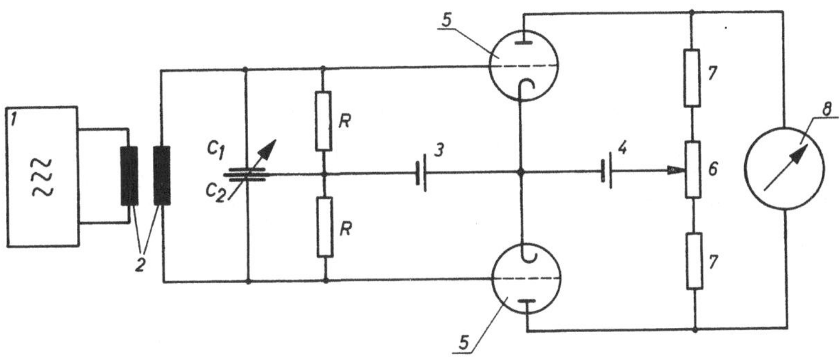

1 Hochfrequenzgenerator
2 Übertrager
3 Gitterbatterie
4 Anodenbatterie
5 Verstärkerröhre
6 elektrische Nullstellung
7 Brückenwiderstände
8 Anzeigeinstrument
R Gitterwiderstände
C_1, C_2 Teilkapazitäten d. Differtialkondensators

Abb. 8-14 Schaltung eines Differentialkondensators als kapazitiver Spannungsteiler

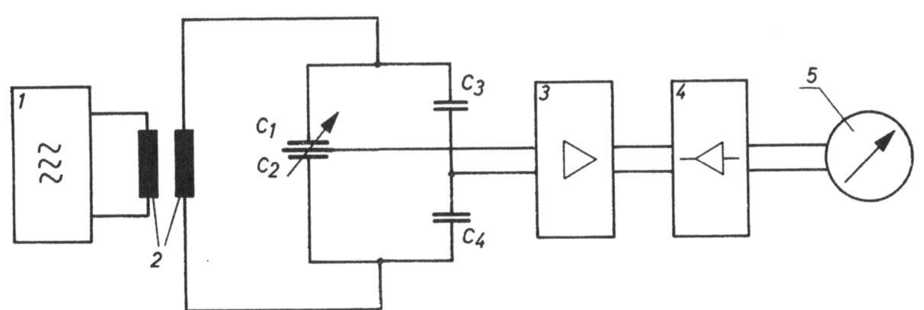

1 Hochfrequenzgenerator
2 Übertrager
3 Verstärker
4 Gleichrichter
5 Anzeigegerät
C_1, C_2 Differentialkondensator
C_3, C_4 feste Kapazitäten.

Abb. 8-15 Schaltung eines Differentialkondensators in einer Brücke

In Abb. 8–14 ist eine Schaltung des Differentialkondensators als Spannungsteiler gezeigt. Ein Hochfrequenzgenerator *1* speist über einen Übertrager *2* die Kapazitäten C_1 und C_2 des Meßgrößenaufnehmers mit einer Wechselspannung. Die Teilspannungen des Differentialkondensators liegen an den Gittern zweier Verstärkerröhren *5*, das Drehspulinstrument *8* mißt die Differenz der Anodenströme. Das Anzeigeinstrument *8* wird mit dem Widerstand *6* auf Null gestellt. Um eine gute Linearität zu erhalten, muß die Verschiebung der Platte klein gegen den Plattenabstand, die Gitterableitwiderstände groß gegen die Scheinwiderstände der Kapazitäten C_1 und C_2, sowie der Strom des Anzeigeinstrumentes *8* klein gegen den Anodenstrom sein.

Bei der Schaltung Abb. 8–15 liegt der Differentialkondensator in einer aus Kapazitäten gebildeten Brücke. Die Brücke wird durch eine im Frequenzgenerator *1* erzeugte Wechselspannung gespeist. Abweichungen der Plattenstellung von der Sollstellung rufen eine Verstimmung der Brücke hervor. Der Verstärker *3* verstärkt die Brückendiagonalspannung, die verstärkte Spannung wird im Gleichrichter *4* gleichgerichtet und vom Anzeigegerät *5* gemessen.

8.1.2 Verstärker

8.1.2.1 Gleichspannungsverstärker

Gleichspannungsverstärker sind im Aufbau sehr einfach, weisen aber bei größerer Verstärkung eine unzureichende Nullpunktkonstanz auf und können somit nicht als Meßverstärker verwendet werden. Um dennoch Gleichspannungs-Meßsignale verstärken zu können, wird die Gleichspannung zerhackt und in einem Wechselspannungsverstärker verstärkt (Abb. 8–16). Um eine hohe Eingangsempfindlichkeit zu erreichen ($<$ 0,1 V), werden mechanische Zerhacker verwendet. Vorgänge im Bereich der Zerhackerfrequenz (max. 400 Hz) und darüber würden aber nicht mehr wiedergegeben werden.

Es werden daher die höherfrequenten Anteile der Meßsignale über eine Frequenzweiche direkt einem Wechselspannungsverstärker zugeführt. Beide Anteile werden dann wieder zusammengefaßt und nochmals in einem Gleichspannungs-Breitbandverstärker schwach verstärkt.

Die Gleichspannungsverstärker finden hauptsächlich Anwendung für aktive Meßgrößenaufnehmer, werden aber auch z. B. in der Dehnmeßstreifentechnik eingesetzt. Es können sowohl Gleich- als auch Wechselspannungen verstärkt werden.

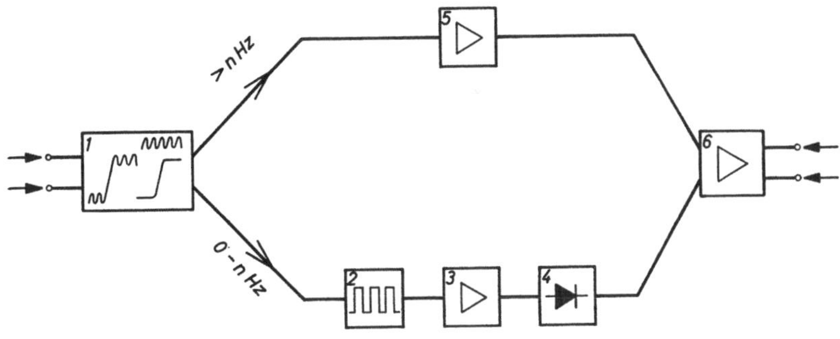

1 Frequenzweiche
2 Zerhacker
3+5 Wechselspannungsverstärker
4 Demodulator
6 Breitbandverstärker

Abb. 8-16 Schematischer Aufbau eines Gleichspannungsmeßverstärkers

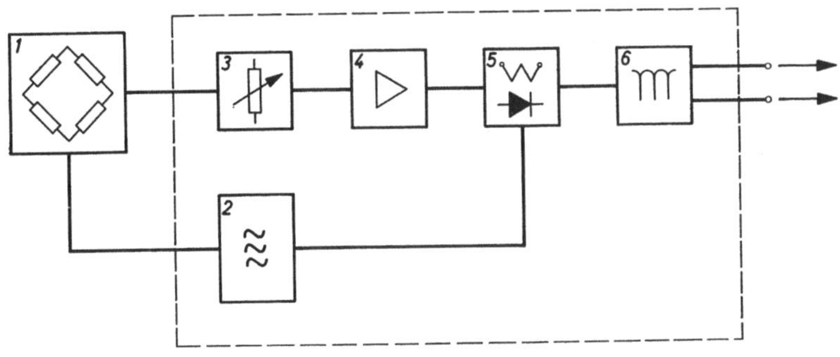

1 Aufnehmer
2 Hochfrequenzgenerator
3 Brückenabgleich
4 Wechselspannungsverstärker
5 Demodulator
6 Tiefpaß

Abb. 8-17 Schematischer Aufbau eines Wechselspannungs-(Trägerfrequenz-)Meßverstärkers

Beim Arbeiten mit Gleichspannung entfällt der Abgleich auf Phase, allerdings können Fehler durch Thermospannungen an Lötstellen entstehen.

8.1.2.2 Trägerfrequenz-Meßverstärker

Der grundsätzliche Aufbau eines Trägerfrequenz-Meßverstärkers ist in Abb. 8–17 dargestellt. Der Meßgrößenaufnehmer 1, der in Brücken- oder Differenzschaltung nach Abschnitt 8.1.1 geschaltet sein kann, wird durch eine im Hochfrequenzgenerator erzeugte Wechselspannung, die Trägerfrequenz, gespeist. Durch die Abgleicheinheit *3* wird der Aufnehmer vor der Messung abgeglichen. Da mit einer Wechselspannung gearbeitet wird, muß auch auf Phase abgeglichen werden. Außerdem ist es notwendig, daß der Aufnehmer mit einem abgeschirmten Kabel angeschlossen wird. Durch Verstimmen der Brücke, d. h. durch Aufbringen der Meßgröße auf den Aufnehmer, wird die Trägerfrequenz amplitudenmoduliert. Die modulierte Trägerfrequenz wird dann im eigentlichen Verstärker *4* verstärkt. Da man zur Anzeige nicht die modulierte und verstärkte Trägerfrequenz verwenden kann, muß ein Demodulator *5* dem Verstärker nachgeschaltet werden. Im Demodulator wird die modulierte Trägerfrequenz phasengesteuert gleichgerichtet. Damit das Meßsignal frei von Resten der Trägerfrequenz und von Oberschwingungen ist, wird dem Demodulator noch ein Tiefpaß *6* nachgeschaltet, der die störenden Frequenzen aussiebt.

Trägerfrequenz-Meßverstärker werden verwendet für ohmsche, induktive und kapazitive Meßgrößenaufnehmer, also passive Aufnehmer. Wird zwischen Aufnehmer und Verstärker ein Modulator geschaltet, dann können auch Trägerfrequenz-Meßverstärker in Verbindung mit aktiven Aufnehmern verwendet werden.

Die Meßgrößenaufnehmer stellen nicht immer Vollbrückenschaltungen dar. Deshalb enthalten die Meßverstärker oft Halbbrücken ohmscher und kapazitiver Widerstände.

Die Meßverstärker arbeiten überwiegend mit Trägerfrequenzen zwischen 5 und 60 kHz (6, 14, 37, 69, 94).

8.1.3 Kompensatoren

Mit dem Kompensationsverfahren wird die Größe einer Spannung ermittelt, ohne der Spannungsquelle Strom zu entnehmen. Man schaltet deshalb einer unbekannten Spannung eine bekannte Spannung entgegen, welche so lange verändert wird, bis zwischen beiden kein Ausgleichsstrom mehr fließt. Die Stromlosigkeit wird durch einen empfindlichen Stromindikator angezeigt. Das Verfahren ist also ein Nullverfahren. Seine Meßunsicherheit ist abhängig von der Empfindlichkeit des Nullanzeigegeräts, die jedoch größer ist als die eines nach dem Ausschlagverfahren arbeitenden Meßgerätes.

Kompensatoren sind nur zur Messung nahezu konstanter Größen geeignet. Geräte mit manueller Kompensation sind reine Meß- und Eichgeräte. Mit ihnen können in der Dehnmeßstreifentechnik Auflösungen von 2 bis $5 \cdot 10^{-2}$ µm/m bzw. 2 bis $5 \cdot 10^{-8}$ Dehnung erzielt werden.

Bei selbstabgleichenden Kompensatoren steuert die Differenz zwischen der Kompensationsspannung und der unbekannten Spannung über einen Verstärker einen Servormotor. Dieser verstellt den Abgriff am Kompensationswiderstand so lange, bis die Differenz zwischen den Spannungen nahezu Null ist und betätigt gleichzeitig eine Anzeige- oder Schreibvorrichtung, die die Größe der unbekannten Spannung anzeigt.

Kompensatoren arbeiten mit Gleichspannung (bei wechselspannungsgespeisten Kompensatoren müßte auch die Phase abgeglichen werden) (14, 37).

8.1.4 Darsteller

Für die Meßwertdarstellung werden anzeigende oder registrierende Geräte verwendet. Die Anwendung ist abhängig von der gestellten Meßaufgabe und der weiteren Verarbeitung der Meßwerte.

In den ,,Regeln für elektrische Meßgeräte VDE 0410" sind die allgemeinen Bedingungen, Begriffserklärungen, Genauigkeitsanforderungen und Aufschriften enthalten. Sie gelten nicht für elektronische Meßgeräte, d. h. für Meßgeräte, bei denen die Messung durch Elektronenleitung im Vakuum oder im gasgefüllten Raum beeinflußt wird. Die VDE 0410 unterscheidet mehrere Genauigkeitsklassen. Für das Messen nichtelektrischer Größen werden vorwiegend die Klassen 0,5, 1 und 1,5 verwendet. Dabei entsprechen die Klassenzahlen dem Anzeigefehler (Unterschied zwischen angezeigtem und wahrem Wert des Meßwertes) bezogen auf die Skalenlänge in Prozent bei einem definierten Zustand des Gerätes. Zuzüglich zu dem Anzeigefehler können noch Fehler durch Lage-, Temperatur-, Anwärm-, Fremdfeld-, Frequenz- und Spannungseinfluß kommen, deren zulässige Größe ebenfalls in den Regeln festgelegt ist.

Anzeigende Geräte eignen sich nur zum Erfassen stationärer oder quasistationärer Meßsignale. Sollen Meßsignale schnell veränderlicher

Vorgänge erfaßt werden, müssen Registriergeräte (Schnellschreiber, Lichtstrahloszillographen) oder Elektronenstrahloszillographen eingesetzt werden. Die folgende Aufstellung gibt einen Überblick über die Frequenzbereiche, in denen die Registriergeräte eingesetzt werden können, sowie die Art der Registrierung.

Gerät	Obere Grenzfrequenz [Hz]	Aufzeichnungsart
Schnellschreiber	10^2	Körperlicher Zeiger auf Wachs oder Metallpapier
Lichtstrahloszillograph	$0{,}8 \cdot 10^4$	Lichtstrahl auf Photopapier
Elektronenstrahloszillograph	10^7	Elektronenstrahl auf Leuchtschirm, Registrierung auf Photopapier

8.1.4.1 Zeigergeräte

Bei Zeigergeräten wird meist ein Drehspulmeßwerk verwendet. Eine Spule ist in einem homogenen Feld eines Dauermagneten drehbar gelagert (Abb. 8–18). Wird durch die Spule ein Strom geschickt, so entsteht ein der Stromstärke proportionales Drehmoment. Die Drehspule mit dem an ihr befestigten Zeiger bewegt sich so weit, bis die Gegenkraft zweier Spiralfedern dem Drehmoment der Spule das Gleichgewicht hält. Über die Spiralfedern erfolgt auch die Stromzuführung. Die Spule ist auf ein Aluminiumrähmchen gewickelt, in dem beim Drehen der Spule im Magnetfeld Wirbelströme entstehen, die eine Dämpfung und somit ein schwingungsfreies Einstellen des Zeigers bewirken. Das Drehspulmeßwerk ist ein Gleichstrommesser. Zur Messung einer Spannung schaltet man dem Meßwerk einen Widerstand vor; der Meßbereich ist dann $U = I \cdot R_{\text{ges}}$. Hochempfindliche Drehspulmeßwerke werden auch als Galvanometer bezeichnet.

Die Skala eines Drehspulinstruments ist linear. Bei ausgesprochenen Längenmeßgeräten können direkt Millimeter oder Mikrometer abgelesen werden.

8.1.4.2 Elektronenstrahloszillograph

Elektronenstrahloszillographen waren ursprünglich reine Demonstrationsgeräte, wurden aber immer mehr zu Meßgeräten entwickelt. In der Längenmeßtechnik spielen sie eine Rolle bei der Erfassung sehr schnell ablaufender Längenänderungen und Verlagerungen, die durch Dehnmeßstreifen oder durch induktive und kapazitive Geber erfaßt werden können.

Der Hauptteil des Elektronenstrahloszillographen ist die Elektronenstrahlröhre, vielfach auch als Braunsche Röhre bezeichnet (Abb. 8–19). Im Hochvakuum des Glasgefäßes emittiert die geheizte Kathode

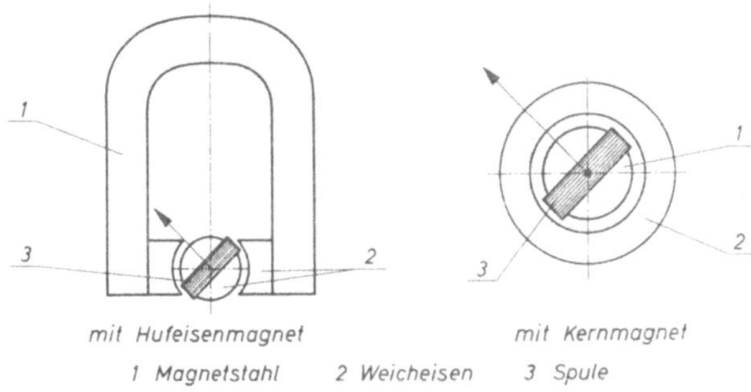

1 Magnetstahl 2 Weicheisen 3 Spule

Abb. 8-18 Drehspulmeßwerke

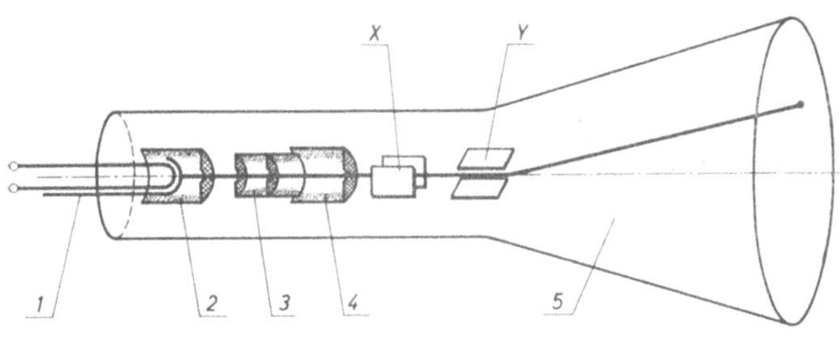

1 Kathode
2 Wehneltzylinder
3 Linsenelektrode
4 Anode
5 Bildschirm
X,Y Ablenkplatten

Abb. 8-19 Aufbau einer Braunschen Röhre

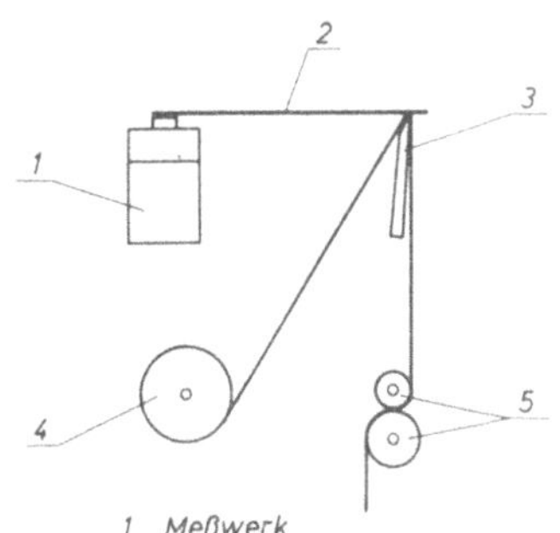

1 Meßwerk
2 Schreibzeiger
3 Schreibkante
4 Papiervorrat
5 Papiertransport

Abb. 8-20 Prinzip des Schreibverfahrens beim HELCOSCRIPTOR

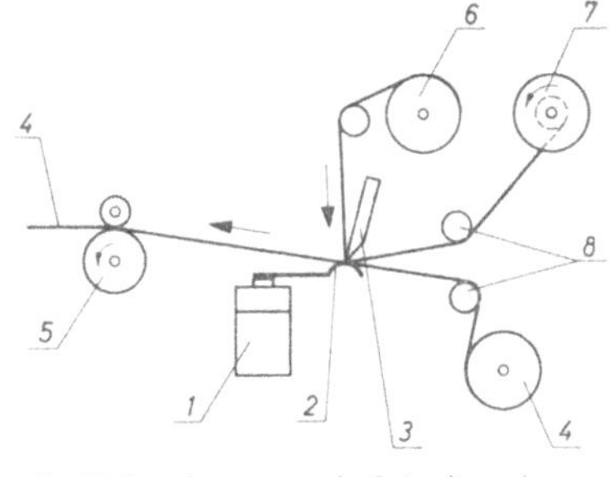

1 Meßwerk
2 Schreibzeiger
3 Schreibkante
4 Schreibpapier
5 Papiertransport
6 Kohlepapier
7 Aufspulrolle f. Kohlepapier
8 Führungsrollen

Abb. 8-21 Prinzip des Schreibverfahrens beim OSCILLOSCRIPT

1 Elektronen, welche durch eine hohe, an der Anode *4* liegende Spannung beschleunigt werden. Durch die Elektronenoptik *3* (Linsenelektrode) werden die Elektronen zu einem feinen Strahl gebündelt. Die Intensität des Strahls wird durch die Aufladung des Wehnelt-Zylinders *2* gesteuert. Der Elektronenstrahl gelangt am anderen Ende des Glasgefäßes auf den Leuchtschirm *5*, der aus einem fluoreszierenden Material besteht. Die senkrecht zueinander stehenden Plattenpaare X, Y dienen zur Ablenkung des Elektronenstrahls. An das Plattenpaar Y wird die zu messende Spannung, an das Plattenpaaar X eine sägezahnförmige Spannung als Zeitbasis oder Zeitablenkung gelegt.

Die Ablenksysteme benötigen eine hohe Steuerspannung. Daher arbeiten Elektronenstrahloszillographen meist mit Verstärker. Der Verstärker muß eine hohe Wiedergabetreue (Linearität der Aussteuerung) haben.

Um die Meßwertanzeige zeitlich aufzulösen, wird an die X-Platten eine sägezahnförmige Spannung (Kippspannung) angelegt. Diese Spannung wird von einem Kippgenerator erzeugt und durch einen X-Verstärker auf die notwendige Größe der Aussteuerspannung gebracht. Stehende Anzeige ist bei bestimmten Zahlenverhältnissen der Frequenz eines periodischen Meßsignals und der Frequenz des Kippgenerators zu erzielen (Synchronisation).

Wird die Ablenkspannung durch das Meßsignal oder einem dem Meßsignal vorausgehenden Impuls ausgelöst, so wird auch bei einmaligen Vorgängen eine Anzeige erreicht (getriggerter Betrieb), und zwar bei jedem beliebigen Zeitmaßstab.

Sollen mehrere Vorgänge gleichzeitig auf einem Schirm sichtbar gemacht werden, so können Mehrstrahlröhren verwendet werden, oder es wird einer Einstrahlröhre ein elektronischer Schalter vorgeschaltet, der die Meßsignale in raschem Wechsel umschaltet.

Um das Schirmbild stehender Kurvenzüge festhalten zu können, wird ein Photovorsatz benutzt. Polaroid-Kameras liefern nach wenigen Sekunden ein fertiges Bild. Für fortlaufende Vorgänge kann eine Registrierung auf Film (Kleinbildfilm, Papierfilm von 35 mm oder 100 mm Breite) vorgenommen werden. Die zeitliche Auflösung des Meßsignals erfolgt durch die Bewegung des Filmstreifens, die Zeitablenkung am Oszillographen muß also abgeschaltet werden. Es sind Oszillographen mit Registrierautomaten auf dem Markt, die die fertige Aufzeichnung liefern. Mit Registrieransätzen lassen sich Papiergeschwindigkeiten bis etwa 15 m/sec erzielen, wobei noch Frequenzen von 15000 Hz aufgelöst werden können (2, 14, 69, 82).

8.1.4.3 Registriergeräte

Registriergeräte zeichnen selbsttätig Meßwerte in Diagrammform auf. Die Aufzeichnung erfolgt meist in Abhängigkeit von der Zeit. Durch Registrierung wird ein lückenloses Zeitdiagramm geliefert. Dadurch werden Beobachtungsfehler ausgeschlossen und auch schnell ablaufende und plötzlich auftretende Vorgänge erfaßt.

Bei der Auswahl eines Registriergerätes sind maßgebend:

a) die zur Verfügung stehende Leistung am Ausgang des Meßkreises,

b) die erforderliche Genauigkeit,

c) die Anzahl der gleichzeitig zu registrierenden Größen,

d) die höchste auftretende Frequenz der Meßgröße.

Die Frequenz ist von entscheidender Bedeutung, da eine Meßgröße nur dann richtig wiedergegeben wird, wenn ein Gerät verwendet wird, dessen obere Grenzfrequenz mindestens so groß ist, wie die höchste Frequenz der Meßgröße.

Betrachtet man die Registriergeräte nach den oberen Grenzfrequenzen so können drei Gruppen unterschieden werden:

1. Geräte mit einer oberen Grenzfrequenz von 1 Hz (10 Hz). Das sind Geräte, die als Punktschreiber, Kompensationsschreiber, Linienschreiber bekannt sind. Sie dienen vornehmlich Überwachungszwecken langsam verlaufender verfahrenstechnischer Prozesse.

2. Schnellschreiber, die eine obere Grenzfrequenz zwischen 100 und 1000 Hz haben. Diese Geräte eignen sich insbesondere für die kurzzeitige Aufnahme schneller verlaufender Vorgänge.

3. Oszillographen (Lichtstrahl- und Elektronenstrahloszillographen) haben eine obere Grenzfrequenz zwischen 2500 Hz und 10 MHz. Die Grenzfrequenzen liegen damit wesentlich höher, als es im Bereich der Längenmeßtechnik erforderlich ist.

Für das Messen schneller Längenänderungen kommen nur die Gerätegruppen 2 und 3 in Frage, die nachfolgendend beschrieben werden.

8.1.4.3.1 Schnellschreiber. Größere Bedeutung für die Längenmeßtechnik haben die Schnellschreiber, die eine obere Grenzfrequenz von 100 bis 300 Hz haben. Die Schnellschreiber arbeiten mit Verstärker. Als Meßsignalübertrager dienen massearme mechanische Systeme.

Der Schnellschreiber „*Helcoscriptor*“ (31) ist mit einem Vierpol-Drehmagnet-Meßwerk ausgerüstet, welches in Verbindung mit dem vorgeschalteten Verstärker einen waagerechten Amplitudenfrequenzgang bis 120 Hz gewährleistet. Dabei liegt die lineare Verzerrung bei einer Schreibbreite von $\pm$ 15 mm unter 2%. Der Schreibarm des Meßwerkes wird indirekt beheizt und beeinflußt das thermosensitive Registrierpapier. Der Schreibzeiger berührt die Schreibkante (Abb. 8–20), über die das Registrierpapier gezogen wird. Dabei werden die Ausschläge des Zeigers von Bogenkoordinaten auf rechtwinklige Koordinaten überführt. Um die Nullpunktunsicherheit des Schreibzeigers durch mechanische Reibung an der Schreibkante und durch Hysteresefehler im Meßwerk klein zu halten, wird über die Verstärkereingangsstufe eine Frequenz von 500 Hz auf das Meßwerk gegeben, die vom Schreibzeiger nur noch mit so geringer Amplitude wiedergegeben wird, daß keine störende Verbreiterung der Nullinie eintritt. Der Schreiber wird mit maximal 8 Schreibspuren geliefert.

Der Schreiber „*Oscilloscript*“ (14) enthält ein elektromagnetisches Meßwerk mit vorgeschaltetem Gleichstromverstärker. Das Schreibpapier wird über eine Schneide gezogen (Abb. 8–21). In entgegengesetzter Richtung läuft ein Kohlepapier über die gleiche Schneide. Die Aufzeichnung erfolgt durch Druck des Meßwertübertragers auf die Schneide. Das Meßwerk wird als Breitschreibsystem mit $\pm$ 20 mm Schreibbreite und Grenzfrequenz 160 Hz oder mit einer Schreibbreite von $\pm$10 mm und Grenzfrequenz 300 Hz geliefert. Das Gerät wird als 4-, 8- oder 12-fach-Schreiber ausgeführt.

Der Flüssigkeitsstrahl-Oszillograph „*Oscillomink*“ (82) hat als Meßwertübertrager keinen Schreibarm, sondern einen Flüssigkeitsstrahl, der keinen Anteil am Trägheitsmoment des Systems hat. Es wird dadurch eine Eigenfrequenz des schwingenden Organs von 650 Hz erreicht. Durch eine Schaltung zur Anhebung der oberen Frequenzen können aber noch Aufzeichnungen bis etwa 1000 Hz erfolgen.

Das Schreibwerk ähnelt im Aufbau dem Schleifenschwinger eines Lichtstrahloszillographen (s. Abb. 8–22 und 8–24). An Stelle des Spiegels ist zwischen den Galvanometersaiten die Spritzdüse angekittet. Die Düse ist das Ende einer Glaskapillare, die entlang der Drehachse der Schleife geführt und am unteren Ende fest eingespannt ist. Ihre Torsion ergibt zusammen mit der Spannung der Galvanometersaiten die mechanische Rückstellkraft. Eine Vibratorpumpe drückt Schreibflüssigkeit durch die Glaskapillare. Der Druck der Schreibflüssigkeit ist stetig variierbar, damit die austretende Flüssigkeitsmenge der Schreibgeschwindigkeit angepaßt werden kann. Der Papiertransport wird durch einen Synchronmotor angetrieben und kann durch ein Getriebe auf verschiedene Geschwindigkeitsstufen umgeschaltet werden.

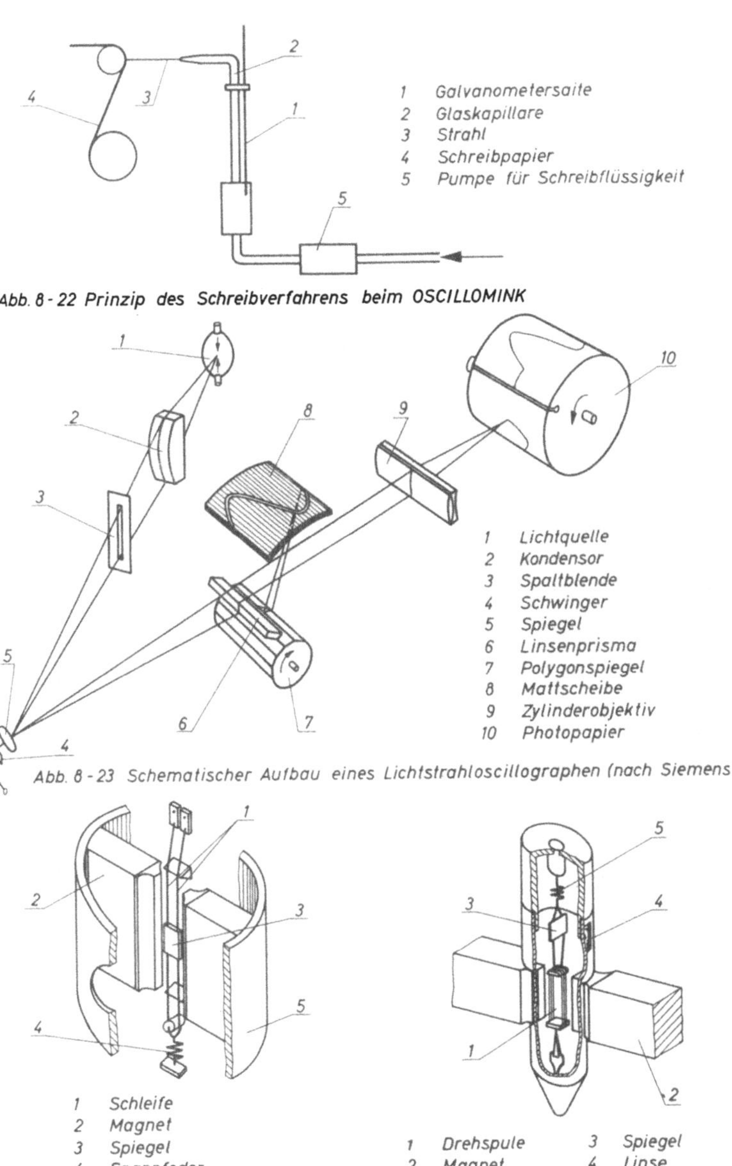

Abb. 8-22 Prinzip des Schreibverfahrens beim OSCILLOMINK

Abb. 8-23 Schematischer Aufbau eines Lichtstrahloscillographen (nach Siemens)

Abb. 8-24 Aufbau eines Schleifenschwingers

Abb. 8-25 Aufbau eines Spulenschwingers

Die Schreibbreite kann durch die Änderung des Abstandes des Registrierpapieres von der Düse geändert werden. Die erreichbare Schreibbreite ist abhängig von der Frequenz:

Schreibbreite [mm]	max. aufzeichenbare Frequenz [Hz]
± 37.5	50
± 25	150
± 12,5	500
± 9	1000

Die Normalausführung des Schreibers enthält zwei Meßkanäle und zwei Galvanometer ohne Verstärker, mit denen Zeitmarken geschrieben werden können. Weiterhin gibt es Ausführungen als Vier-, Acht- und Zwölfkanal-Schreiber.

8.1.4.3.2 Lichtstrahloszillographen. Auch Lichtstrahloszillographen enthalten ein Meßwerk, sie sind also gleichfalls trägheitsbehaftet. Als Zeiger wird ein Lichtstrahl verwendet. Dadurch können sinusförmige Frequenzen bis äußerstenfalls 10 kHz unverzerrt wiedergegeben werden. Der schematische Aufbau eines Lichtstrahloszillographen ist in Abb. 8–23 dargestellt. Das von einer Lichtquelle *1* ausgehende Licht wird in einem Kondensor *2* parallel ausgerichtet. Der durch die Spaltblende *3* begrenzte Strahl wird von dem am beweglichen Meßorgan *4* (Schwinger) befestigten Spiegel *5* reflektiert. Aus dem reflektierten Strahl wird durch ein Prisma *6* ein Teilstrahl abgezweigt und durch die mit dem Prisma verbundene Zylinderlinse so zusammengezogen, daß nach der Reflektion am Polygonspiegel *7* auf einer Mattscheibe *8* ein Punkt abgebildet wird. Der Polygonspiegel dient der zeitlichen Auflösung des Lichtpunktes. Die Drehzahl des Polygonspiegels ist stetig einstellbar, so daß bei periodischen Vorgängen stehende Kurvenzüge auf der Mattscheibe erzeugt werden können. Der größere Teil des vom Schwingerspiegel reflektierten Lichts wird durch ein Zylinderobjektiv *9* gebündelt und als Punkt auf dem Registrierpapier *10* abgebildet. Die zeitliche Auflösung erfolgt durch den Papiertransport.

Als Meßwerk für Lichtstrahloszillographen werden Schleifenschwinger und Spulenschwinger verwendet. Der Aufbau eines Schleifenschwingers ist in Abb. 8–24 dargestellt. Das bewegliche Organ ist eine gespannte Drahtschleife, durch die der Meßstrom fließt und an der der Spiegel befestigt ist. Die Richtung des Magnetfeldes liegt in der Spiegelebene. Das Magnetsystem ist im Schwingergehäuse eingebaut. Durch die Größe des Magnetsystems wird der Durchmesser des Schleifenschwingers und die Anzahl der im Oszillographen nebeneinander unterzubringenden Schleifenschwinger bestimmt. Schleifenschwinger können bis zu einer Eigenfrequenz in Luft von etwa 17 kHz hergestellt werden.

Das bewegliche Organ des Spulenschwingers besteht aus einer feinen Spule, die in Drähten gespannt ist (Abb. 8–25). Der Spiegel ist oberhalb der Spule befestigt. Das Magnetsystem liegt außerhalb des eigentlichen Schwingers. Das Magnetfeld verläuft senkrecht zur Spiegelebene. Der Schwinger kann klein ausgeführt werden (Länge etwa 100 mm, Durchmesser 6 mm). Außerdem kann ein Magnetsystem für zwei Schwinger benutzt werden. Es lassen sich daher bedeutend mehr Spulenschwinger als Schleifenschwinger in einem Oszillographen unterbringen. Spulenschwinger sind empfindlicher als Schleifenschwinger, da ihre Windungszahl größer ist. Deshalb haben sie auch einen höheren inneren Widerstand und eignen sich besser zu Spannungsmessungen als Schleifenschwinger. Spulenschwinger haben eine niedrigere obere Grenzfrequenz als Schleifenschwinger. Die höchste Eigenfrequenz von Spulenschwingern in Luft liegt bei 8 kHz, die meisten Normalausführungen haben Eigenfrequenzen von 120 bis 500 Hz.

Die dynamischen Eigenschaften von Schwingern werden von der Eigenfrequenz und von der Dämpfung bestimmt. Um entstellende Eigenbewegungen der schwingenden Organe zu unterdrücken, ist eine Dämpfung erforderlich. Immer wirksam ist die elektromagnetische Dämpfung, die von der Windungszahl abhängt. Bei Schleifenschwingern ist sie praktisch nicht wirksam. Die Schwinger werden meist durch eine in das Schwingergehäuse eingefüllte Flüssigkeit gedämpft. Die ausnutzbare Eigenfrequenz beträgt dann nur 70 bis 45% der für in Luft angegebenen Eigenfrequenz. Die Dämpfungsflüssigkeit ist so abgestimmt, daß der Dämpfungsgrad bei 20 °C etwa 0,7, d. h. 70% der kritischen Dämpfung, beträgt. Hierbei sind die Wiedergabefehler am kleinsten.

Bei den Lichtstrahloszillographen kommen verschiedene Registrierverfahren zur Anwendung. Bei der Aufzeichnung auf Photopapier kann eine selbsttätige Naßentwicklung erfolgen. Es sind Schnellentwicklungen geschaffen worden, die bei kurzen Entwicklungszeiten meist den üblichen Schwarz-Weiß-Kontrast zeigen. Daneben kommt die Direktschrift mit ultraviolettem Licht zur Anwendung. Um derartige Oszillogramme dokumentenfest zu machen, ist ebenfalls eine chemische Naßbehandlung notwendig.

Je nach Registrierverfahren liegen die Zeiten bis ein auswertbares Oszillogramm vorliegt zwischen einigen Sekunden und einer Minute.

Bei den Entwicklungsverfahren sind Schreibgeschwindigkeiten bis 50 km/sec, bei UV-Direktschrift bis etwa 2,5 km/sec erreichbar.

Für den Papierablauf werden meist Ablaufkassetten verwendet, mit denen Papiergeschwindigkeiten von 4 m/sec erreicht werden. Bei dieser Papiergeschwindigkeit sind noch Frequenzen des Meßsignals von 4000 Hz auflösbar. Für Aufzeichnung höherfrequenter Signale wird ein Papierablauf mit Vorgabe aus einer Vorratswanne verwendet. Dabei wird eine Papiergeschwindigkeit von 15 m/sec (noch auflösbare Frequenz 15000 Hz) erreicht.

Bei neueren Lichtstrahloszillographen lassen sich die einzelnen Geschwindigkeitsstufen des Papiertransportes während des Laufes einstellen. Oszillogrammlängen von einigen Zentimetern bis zu einigen Metern sind oft vorwählbar. Um das Auswerten der Oszillogramme zu erleichtern, werden auf das Registrierpapier Zeitmarken aufgeblitzt, Gitterlinien mitgeschrieben und durch Kurvenunterbrechungen die einzelnen Meßkanäle markiert.

Die Ausführung der Lichtstrahloszillographen ist sehr unterschiedlich. Übliche Kanalzahlen sind 5 bis 25, es gibt aber auch Oszillographen mit 50 Kanälen. In manchen Oszillographen können wahlweise Spulen oder Schleifenschwinger oder Schwinger verschiedener Empfindlichkeit verwendet werden (25, 29, 36, 82).

8.2 Elektrische Taster

Elektrische Taster tasten den Prüfling mechanisch ab. Die mechanische Meßgröße (Länge) wird in eine elektrische Größe umgewandelt, die gegebenenfalls nach Verstärkung angezeigt wird oder als Eingangsgröße einer Steuerung wirkt, oder aber ein Kontakt schließt in Abhängigkeit von der Meßgröße einen Stromkreis, in dem eine Lampe zur Anzeige dient oder weitere Schaltungen (Sortieren) erfolgen. Elektrische Taster werden vielfach in Abschaltkreisen von Rundschleifmaschinen benutzt. In Abhängigkeit vom Schleifvorgang werden die Funktionen der Schleifmaschine geschaltet, z. B. beim Einstechschleifen Umschalten von Schruppen auf Schlichten, Abschalten der Vorschubbewegung und Rückführen der Schleifscheibe (23, 27, 53).

Der Tastbolzen, der die Längenänderung auf das elektrische Organ des Aufnehmers überträgt, wird für kleinere Meßwege bis 1 mm in Membranen oder Blattfedern, bei größeren Wegen in Gleitführungen gelagert. Die Lagerung in Federn hat den Vorteil, daß nur Reibung im Stoff und somit praktisch keine Umkehrspanne auftritt.

8.2.1 Kontaktgebende Taster

Mit kontaktgebenden Tastern werden vielfach Toleranzprüfungen nach Untermaß, Gut und Übermaß durchgeführt, die durch Lichtsignale (maßhaltig—grün, Ausschuß—rot, Nacharbeit—weiß) angezeigt werden. Die Taster werden aber auch eingesetzt, um in halb- oder vollautomatischen Sortieranlagen Werkstücke in Klassen zu sortieren oder auch um Maschinen zu steuern (z. B. beim Einstechschleifen).

Das Einstellen der Toleranzgrenzen erfolgt nach Parallelendmaßen oder Einstellehren an verstellbaren Kontakten durch Stellschrauben. Der Gegenkontakt ist mit dem Tastbolzen fest oder durch Übertragungsglieder verbunden (Abb. 8–26). Für die obere und die untere Toleranzgrenze ist jeweils ein Einstellmaß notwendig. Bei den Feinzeigern mit Grenzkontakten (s. a. 5.5) ist zum Einstellen meist nur das Nennmaß des Prüflings notwendig, mit dem die Nullstellung erfolgt. Die Einstellung der Toleranzgrenzen wird dann nach der Skala des mechanischen Feinzeigers vorgenommen. Die Taster eignen sich besonders für Mehrstellenprüfgeräte. Es werden mehrere Taster derart angeordnet, daß alle Meßstellen in einem Prüfgang erfaßt werden. Durch geeignete elektrische Relaisschaltungen können die einzelnen Meßstellen zusammengefaßt werden, so daß sofort zu sehen ist, ob das Teil gut oder fehlerhaft ist. Bei fehlerhaften Teilen können dann oft die einzelnen Meßstellen abgefragt werden, bzw. sie kommen von vornherein mit zur Anzeige, so daß sofort die Fehlerstelle zu erkennen ist und ob Ausschuß oder Nacharbeit vorliegt.

Die Meßunsicherheit dieser Taster ist im wesentlichen abhängig von der Schaltungenauigkeit der Kontakte. Dabei spielen Kontakthub, Kontaktdruck, Kontaktstrom und die Beschaffenheit der Kontakte eine große Rolle. Die Signallampen werden meist über Feinrelais geschaltet (Abb. 8–27), um einen möglichst geringen Kontaktstrom zu erhalten. Bei automatisch arbeitenden Geräten wird der Strom oft erst eingeschaltet, wenn der Prüfling die Meßposition eingenommen hat und die Tasthebel wieder in Ruhe sind. Dadurch wird ein Schalten der Kontakte unter Strom und somit Verschleiß vermieden.

Die kontaktgebenden Taster haben meist zwei Kontakte, es gibt aber auch Ausführungen mit bis zu 8 Kontakten. Der einstellbare Toleranzbereich beträgt bei diesen Tastern $\pm$ 50 µm bis $\pm$ 0,5 mm. Die Meßunsicherheit liegt in der Größenordnung von $\pm$ 2 µm bis $\pm$ 0,5 µm.

Kontaktgebende Taster (10, 40, 52, 55, 83); Feinzeiger mit Grenzkontakten (12, 17, 25, 27, 39, 40, 52, 55).

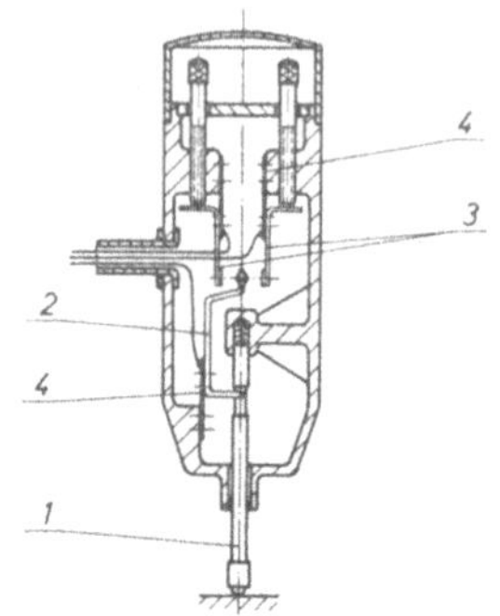

1 Tastbolzen 3 einstellb. Kontakte
2 Übertragungshebel 4 Federgelenk

Abb. 8-26 Kontaktgebender Taster

1 kontaktgebender Taster 2 Relais
3 Signallampen
4 Schalter, schließt beim Einlegen d. Prüflings

Abb. 8-27 Schaltung eines kontaktgebenden Tasters mit Relais

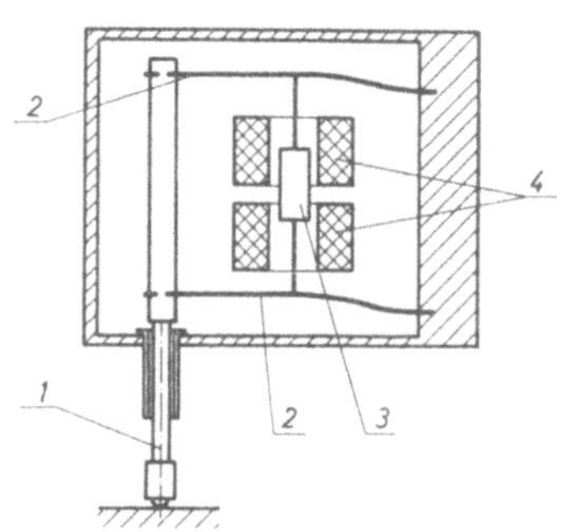

1 Tastbolzen 3 Eisenkern
2 Blattfeder 4 feststehende Spulen

Abb. 8-28 Induktiver Taster, Lagerung des Meßbolzens in Blattfedern

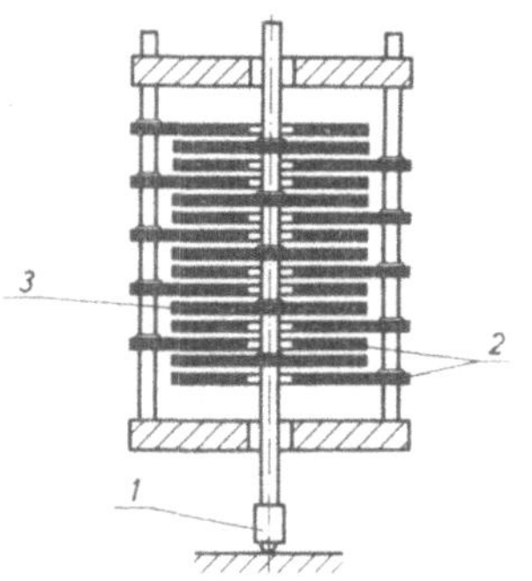

1 Tastbolzen 2 feste Platten
3 bewegliche Platte

Abb. 8-29 Kapazitiver Taster mit Differentialkondensator

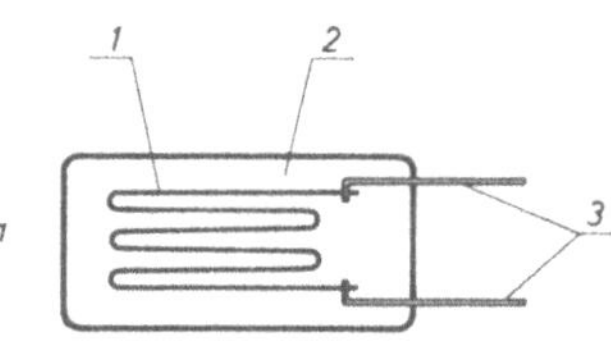

1 Widerstandsdraht 2 Papierträger
3 Anschlußdrähte

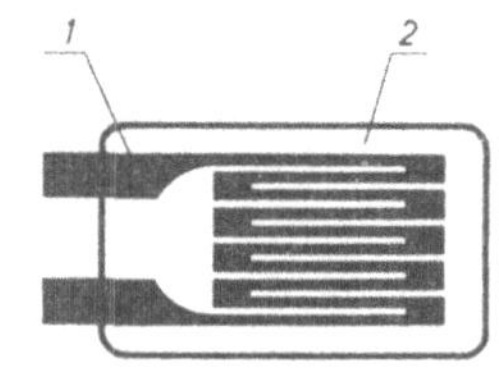

1 Widerstandsfolie
2 Papierträger

Abb. 8-30 Schematische Darstellung eines Dehnungsmeßstreifens aus Widerstandsdraht (a) und aus Widerstandfolie (b)

8.2.2 Induktive Taster

Induktive Taster (Abb. 8–28) werden für die verschiedensten Anwendungsfälle hergestellt. Sie werden entsprechend den mechanischen und optischen Feinzeigern oder als Aufnehmer für veränderliche Verlagerungen angewendet. Sie werden mit einem Trägerfrequenz-Meßverstärker betrieben. Verwendet werden Trägerfrequenzen von 1 bis 20 (50) kHz. Der Meßbereich beträgt meist ± 0,5 mm. Die Anzeigebereiche sind vielfach umschaltbar zwischen 0—10 μm und 0—1 mm. Die Meßunsicherheit der Geräte liegt bei 1% des Anzeigebereiches, teilweise auch 0,5% und darunter. Bei kleinem Anzeigebereich kann die hohe Empfindlichkeit nur in vollklimatisierten Meßräumen in Verbindung mit geeigneten, genügend starren Meßvorrichtungen ausgenutzt werden. Im normalen Betrieb muß auch hier mit Meßunsicherheiten von mindestens ±1 μm gerechnet werden.

Die Geräte sind meist so stabilisiert, daß Netzschwankungen von ±10% keinen Einfluß auf die Meßunsicherheit haben. Die Meßkraft ist bei den einzelnen Typen sehr unterschiedlich, sie liegt zwischen 20 und 250 p. Es gibt auch Meßtaster mit einstellbarer Meßkraft. Die Taster haben meist Aufnahmeschäfte mit den genormten Durchmessern 8 und 28 mm. Die Meßhütchen sind auswechselbar. Die bewegten Teile der Taster sind vielfach sehr leicht gehalten, um schnell verlaufende Änderungen aufnehmen zu können. Es können meist Verlagerungen mit einer Frequenz von 50 bis 70 Hz aufgenommen werden, teilweise auch bis 1000 Hz, wobei dann aber die Amplitude nur einige Mikrometer betragen darf.

Die Taster werden teilweise komplett mit Verstärker und Anzeigegerät als Einheit geliefert (25, 35, 70, 74, 75, 90).

Sonst können die benötigten Taster und entsprechenden Verstärker und Darsteller nach Bedarf zusammengestellt werden (14, 19, 37, 70).

8.2.3 Kapazitive Taster

Kapazitive Taster werden weniger verwendet als induktive Taster. Um eine gute Empfindlichkeit zu erhalten, muß bei kapazitiven Aufnehmern mit einer um eine Größenordnung höheren Trägerfrequenz gearbeitet werden. Durch die hohen Trägerfrequenzen treten unerwünschte Nebenerscheinungen, wie Änderung der Kapazität der Zuleitung, auf, deren Beseitigung aufwendig wird, oder die schwer zu kontrollieren sind.

Ein Gerät (13) verwendet einen von einem Tastbolzen gesteuerten Differentialkondensator (Abb. 8–29). Die Normalausführung hat die

Meßbereiche ± 5 μm, ± 10 μm und ± 20 μm, die Meßkraft beträgt 800 p, die Meßunsicherheit etwa ±1 μm. Außerdem wird eine empfindlichere Ausführung mit den Meßbereichen ±1 μm, ± 5 μm und ±10 μm hergestellt. Diese Taster haben eine von 0 bis 200 p einstellbare Meßkraft, die Meßunsicherheit beträgt etwa ± 0,2 μm. Diese Taster werden in verschiedenen Meßeinrichtungen sowie in Schleifmeß- und Steuereinrichtungen verwendet. Für die gleichen Meßaufgaben mit ungefähr gleichen Daten werden auch von einem anderen Hersteller (53) kapazitive Meßtaster hergestellt. Auch kapazitive Verlagerungsaufnehmer (19) sind auf dem Markt.

8.3 Wegmessung

Unter elektrischer Wegmessung wird allgemein das Messen von Längenänderungen größer als 1 mm verstanden. Es finden hierzu neben induktiven Aufnehmern, deren Wirkungsweise schon unter 8.1.1.2 beschrieben wurde, ohmsche Widerstände mit Abgriff (Potentiometer) Anwendung. Potentiometer sind meist aus feinem Widerstandsdraht (0,1 mm) gewickelt. Dadurch ist keine stetige Widerstandsänderung zu erzielen. Die Linearität derartiger Potentiometer beträgt meist ± 0,5% bezogen auf den ganzen Hub. Für hochgenaue Potentiometer wird teilweise auch Draht aus Goldlegierungen verwendet. Die Aufnehmer haben teilweise auch mechanische Unter- oder Übersetzungen (93). Der Anschlußwiderstand dieser Wegaufnehmer liegt in der Größenordnung von 300 bis 1500 Ω, die Belastbarkeit 1 bis 3 W. Zur Darstellung ist daher meist kein Verstärker notwendig. Es werden Aufnehmer normalerweise für Hübe bis 120 mm hergestellt. Die Aufnehmer können meist bis zu Frequenzen von 10 Hz bei Hüben von ± 25 mm verwendet werden (64).

Weiterhin gibt es Ringpotentiometer (Stellwinkel 360°) und Wendelpotentiometer (Stellwinkel bis 3600°). Diese Potentiometer können für Winkelmessungen, bei geeigneter Übertragung aber auch für Wegmessungen verwendet werden (64).

Induktive Wegaufnehmer werden meist für Hübe bis ± 50 mm hergestellt. Sie werden oft mit Trägerfrequenz betrieben (6, 14, 37, 94).

8.4 Dehnungsmessung

8.4.1 Dehnmeßstreifen

Dehnmeßstreifen dienen, wie der Name schon sagt, zum Messen von Dehnungen, also kleiner Längenänderungen, die an der Oberfläche eines Prüflings entstehen.

Ein Dehnmeßstreifen besteht aus einem Widerstandsdraht, der zickzack- oder schleifenförmig auf einen Träger (Papierstreifen) gekittet ist (Abb. 8–30). An Stelle eines Drahtes wird auch eine Folie eines Widerstandsmaterials benutzt. Dieser Träger wird auf das Prüfobjekt aufgeklebt. Der Streifen, und somit der Drahtbelag, folgen der Längenänderung der Prüflingsoberfläche, die dadurch in eine Widerstandsänderung umgesetzt wird (s. 8.1.1.1). Zu beachten ist, daß die zur Dehnung des Streifens erforderliche Kraft klein sein muß gegenüber der, die die Dehnung des Meßobjekts hervorruft. Die Übertragung der Längenänderung von der Prüflingsoberfläche auf den Widerstandsdraht muß getreu erfolgen. Es dürfen keinerlei Rückwirkungen des Trägers sowie des Klebstoffes auftreten. Es sind daher die Angaben der Hersteller betreffs der Handhabung der Dehnmeßstreifen zu beachten. Insbesondere ist der aufgeklebte Dehnmeßstreifen vor Feuchtigkeit zu schützen, da diese ein unkontrollierbares Quellen des Trägers sowie eine Minderung des Isolationswiderstandes hervorruft, die beide zu erheblichen Fehlern beim Messen führen können.

Übliche Widerstände von Dehnmeßstreifen sind 120, 300 und 600 Ω, der Meßstrom beträgt etwa 10 mA. Die Dicke eines Dehnmeßstreifens beträgt je nach Größe des Streifens 0,05 bis 0,2 mm, das Gewicht eines Streifens liegt in der Größenordnung von 0,1 bis 0,2 p. Die Meßlänge eines Dehnmeßstreifens ist verschieden, es gibt Streifen zwischen 0,8 und 500 mm Meßlänge, üblich sind Meßlängen zwischen 4 und 20 mm. Mit Dehnmeßstreifen können Dehnungen von $\pm 3^0/_{00}$ bis $\pm 5^0/_{00}$, teilweise auch $\pm 10^0/_{00}$ erfaßt werden. Bei einem Dehnmeßstreifen von 30 mm Meßlänge entsprechen $5^0/_{00}$ Dehnung einer Längenänderung des Streifens von 0,15 mm. Dehnmeßstreifen sind normalerweise bis 70° einsatzfähig. Es gibt auch Hochtemperaturmeßstreifen, die bis 600° verwendet werden können (14, 25, 37, 38, 57).

Mit Dehnmeßstreifen wird abhängig von der Art des Meßproblems nach verschiedenen Methoden gemessen. Es kann zwischen statischen, quasistatischen und dynamischen Messungen unterschieden werden, wenn man von der Meßgröße ausgeht.

Statische Meßgrößen sind gekennzeichnet durch die Unveränderlichkeit der Meßgröße während des Meßvorganges. Meist werden aber quasistatische Messungen durchzuführen sein, die Meßgröße verändert sich langsam. Bei diesen Messungen treten meist nur kleine relative Widerstandsänderungen auf. Man benutzt daher Brückenschaltungen. Diese können nach der Null- und nach der Ausschlagsmethode verwendet werden (s. 8.1.1.1). Dabei wird mit mehreren Meßstreifen in den

Brückenzweigen gearbeitet. Durch entsprechende Anordnung der Dehnmeßstreifen kann eine Empfindlichkeitssteigerung und eine Kompensation von eventuellen Temperatureinflüssen erreicht werden. Außerdem ist es durch Anbringen unbelasteter Dehnmeßstreifen (Kompensationsmeßstreifen) in der Nähe der Meßstelle möglich, die Einflüsse der Temperatur auszuschalten. Es kommt dann nur die Widerstandsdifferenz zwischen dem unbelasteten Dehnmeßstreifen und dem belasteten Dehnmeßstreifen zur Anzeige, die der durch die Meßgröße verursachten Widerstandsänderung entspricht.

Dynamische Messungen erfassen schnellere sowie periodische Schwankungen der Meßgröße. Als Anzeigegerät dient ein Elektronenstrahl-, Lichtstrahloszillograph oder ein Schnellschreiber. Die Gleichspannungskomponente z. B. Thermospannung wird von ihnen durch einen Kondensator ferngehalten. Zur Anzeige gelangt nur die der Meßgrößenänderung entsprechende Wechselspannung. Die Spannungsänderungen sind in bestimmten Grenzen den Änderungen der Dehnung proportional. Für dynamische Messungen werden Brückenschaltungen benutzt, wenn eine Temperaturkompensation notwendig ist. Dabei kann auch zur Erhöhung der Empfindlichkeit zusätzlich ein Verstärker zwischen Meßkreis (Brücke) und Darsteller geschaltet werden. Vielfach werden Brücken mit einer Trägerfrequenz gespeist. Bei dynamischer Belastung tritt ein amplitudenmoduliertes Signal auf, welches nach der Verstärkung demoduliert und als Niederfrequenzspannung einem Darsteller zugeführt wird.

Bei statischen Belastungen wird die gleichgerichtete Spannung von einem Zeigerinstrument angezeigt. Mit dem Trägerfrequenzverfahren kann auch die Nullmethode durchgeführt werden. Der Verstärker wird nur zur Anzeige der von Null abweichenden Brückenspannung benutzt. Der Meßwert ergibt sich dann aus den Brückeneinstellungen für den belasteten und unbelasteten Zustand.

Für die Dehnmeßstreifentechnik wurden spezielle Geräte entwickelt, die vielfach unter dem Namen Meßbrücken laufen. Sie enthalten meist Viertel- oder Halbbrücken, um bei Verwendung von 2 oder 3 Dehnmeßstreifen diese zu einer Vollbrücke schalten zu können. Die Meßbrücken arbeiten mit einer Trägerfrequenz meist in der Größenordnung von 5 kHz. Sie können sowohl für statische als auch für dynamische Messungen verwendet werden. Der k-Faktor der verwendeten Dehnmeßstreifen kann am Gerät eingestellt werden, so daß die Proportionalität des Meßsignals zur Dehnung bei allen Dehnmeßstreifen gleich groß ist. Für statische Messungen enthalten die Geräte Anzeigeinstrumente, für dynamische Messungen besitzen sie Ausgänge zum Anschluß von Schreibern, Lichtstrahl- und Elektronenstrahloszillographen (6, 14, 25, 37).

Für aufeinanderfolgende Messungen an mehreren Stellen werden Meßstellenumschalter verwendet. Sie schalten meist automatisch die Meßstellen nacheinander auf das Dehnungsmeßgerät. Diese Meßstellenumschalter enthalten Abgleichelemente, um jeden Aufnehmer einzeln vor der Messung abgleichen zu können (14, 37).

Für statische Messungen werden Kompensatoren (14, 37) oder Geräte die mit einer niederen Trägerfrequenz arbeiten (500 Hz) verwendet (38).

8.4.2 Halbleiterdehnmeßstreifen

Seit einiger Zeit sind auch Halbleiterdehnmeßstreifen auf dem Markt, die die Erscheinung ausnutzen, daß die Leitfähigkeit eines Germanium- oder Siliziumkristalls unter Zug oder Druck richtungsabhängig ist. Die Halbleiterdehnmeßstreifen bestehen aus feinen Stäbchen, die in der Richtung der größten Leitfähigkeit aus einem Kristall herausgeschnitten und auf einen Träger gekittet wurden. Während bei einem gewöhnlichen Dehnmeßstreifen nur 25% der Widerstandsänderung auf Änderung der Leitfähigkeit zurückzuführen sind (75% werden durch Änderung der Abmessungen hervorgerufen), werden bei Halbleiterdehnmeßstreifen etwa 98% durch Änderung der Leitfähigkeit bewirkt [*43*]. Halbleiterdehnmeßstreifen haben einen hohen k-Faktor (120 bis 200). Sie können normal mit 100 bis 150 mW belastet werden. Bei einer Speisespannung von 20 V und einer Dehnung von 2% wird eine Ausgangsspannung von 5 V erreicht. Sie arbeiten hysteresefrei, kriechen nicht und können bisher bis zu Temperaturen von 260° verwendet werden. Es gibt Halbleiterdehnmeßstreifen mit positiven und negativem k-Faktor, was zu einer Vereinfachung der Anwendung in Vollbrücken führen kann.

Nachteilig ist, daß die Streifen sehr temperaturabhängig sind, die Widerstandsänderung nicht linear zur Dehnung ist und der k-Faktor von der Dehnung abhängt. Durch verschiedene Maßnahmen bei der Herstellung als auch bei der Schaltung der Halbleiterdehnmeßstreifen (Dotieren der Kristalle, Kompensationsanordnungen von Streifen mit positiven und negativem k-Faktor) versucht man diese nachteiligen Eigenschaften zu beeinflussen. Die Anwendung dieser Streifen wird sich z. Z. noch auf Sonderfälle beschränken, da sie auch sehr teuer sind.

Die Meßlänge dieser Halbleiterdehnmeßstreifen beträgt 0,5 bis 11 mm (94).

8.4.3 Induktive Dehnungsmesser

Die induktiven Dehnungsaufnehmer arbeiten vorwiegend mit festen Spulen und einem verstellbaren Eisenkern (s. s. 8.1.1.2). Sie werden mit Schneiden oder Spitzen auf den Prüfling aufgesetzt oder auf aufgelötete Meßbäckchen aufgeschraubt. Die Induktivitätsänderungen werden meist mit Trägerfrequenzmeßbrücken und Oszillographen gemessen. Die Aufnehmer können für Frequenzen bis etwa 200 Hz verwendet werden. Ihre Empfindlichkeit beträgt etwa 0,25 mV/μm, die Meßunsicherheit 2% des Meßbereichs. Die Aufnehmer werden mit Basislängen von 10 bis 50 mm hergestellt. Induktive Dehnungsaufnehmer werden vielfach dort eingesetzt, wo sich Dehnungsmeßstreifen nicht mehr verwenden lassen, z. B. zum Messen über Einschnitten und Kerben, an sehr rauhen Oberflächen und an Drahtseilen. Sie sind schnell einsatzbereit, da sie nicht eine so große Vorbereitungszeit wie die Dehnmeßstreifen haben (14, 37, 94).

9 Winkelprüfgeräte

9.1 Feste Winkel

Feste Winkel dienen zum Prüfen der Lage von Flächen oder Achsen zueinander, zum Ausrichten und Anreißen von Werkstücken und Maschinenteilen. Die häufigste Ausführungsform ist der *rechte Winkel* mit ungleich langen Schenkeln, als Stahlwinkel in DIN 875 genormt. Nach dieser Norm werden unterschieden: Haarwinkel, Normalwinkel, Werkstattwinkel I, II. DIN 875 enthält weiterhin Vorschriften über die Querschnittsform der Schenkel (Abschrägung bei Haarwinkeln, Querschnitt rechteckig, *T*- oder *I*-förmig bei Normal- und Werkstattwinkeln), über die zulässigen Abweichungen der Anlageflächen vom rechten Winkel, von der Parallelität und der Ebenheit der Anlageflächen. Normal- und Werkstattwinkel werden mit oder ohne Anschlagleiste am kurzen Schenkel ausgeführt (1, 16, 20, 24, 26, 28, 35, 52, 55, 65, 72, 87, 92).

Bei der Handhabung der Stahlwinkel ist zu beachten, daß die Flächen, an denen die Winkelenden angelegt werden, eben sind. Unebene Flächen verfälschen das Prüfergebnis ebenso wie Beschädigungen der Meßflächen des Winkels.

Zentrierwinkel (Abb. 9–1) werden zum Anreißen der Mitte eines kreisförmigen Querschnittes verwendet. Da der mittlere Schenkel des

Zentrierwinkels als Winkelhalbierende stets eine Gerade durch den Kreismittelpunkt bildet, genügt ein zweimaliges Anlegen des Winkels am Kreisumfang, um den Kreismittelpunkt zu finden (1, 16, 20, 28, 55, 79).

Beliebige Winkel können durch Kombination von Einzelwinkeln zusammengestellt werden. Hierzu dienen *Winkelendmaße*, körperliche Normale eines bestimmten Winkels, die ebenso wie Parallelendmaße zu Sätzen zusammengestellt werden. Winkelendmaße in Keilform können additiv und subtraktiv angewendet werden (Abb. 9–2), so daß eine kleine Zahl von Einzelmaßen ausreicht (1, 24, 35, 40).

9.2 Sinuslineal

Das Sinuslineal (Abb. 9–3) dient zum genauen Einstellen und Prüfen von Winkeln mit Hilfe von Parallelendmaßen. Es stellt somit die Verbindung der Winkelmessung mit der Längenmessung her. Ein abnehmbarer Anschlag an der Stirnseite des Sinuslineals ermöglicht sowohl eine Anlage als auch ein Ausrichten des Prüflings zur Längsachse des Sinuslineals. Das für einen bestimmten Winkel α erforderliche Endmaß E wird aus der Formel

$$E = L \cdot \sin \alpha$$

errechnet. Sinuslineale werden mit Basislängen L von 100 und 200 mm hergestellt. Für häufig gebrauchte Winkel werden oft passende Endmaße geliefert (20, 24, 28, 52, 72).

Die *Sinusplatte* arbeitet nach dem gleichen Prinzip wie das Sinuslineal. An eine Grundplatte ist eine zweite Platte angelenkt, deren Winkelstellung mit Endmaßen eingestellt wird. Das Halten der Platte in der Winkelstellung erfolgt über besondere Haltevorrichtungen. Auf der angelenkten Platte können Vorrichtungen (z. B. Spitzen) angebracht werden. Die Sinusplatte wird meist zur Aufnahme eines auf Werkzeugmaschinen zu bearbeitenden Werkstückes verwendet (1, 20, 58).

9.3 Winkelmesser

Bei dem einfachen *Gradmesser* ist an einer halbkreisförmigen Winkelskala ein Schenkel drehbar angebracht, der auch verschiebbar sein kann. Der Schenkel ist feststellbar, seine Länge beträgt 120 bis 300 mm.

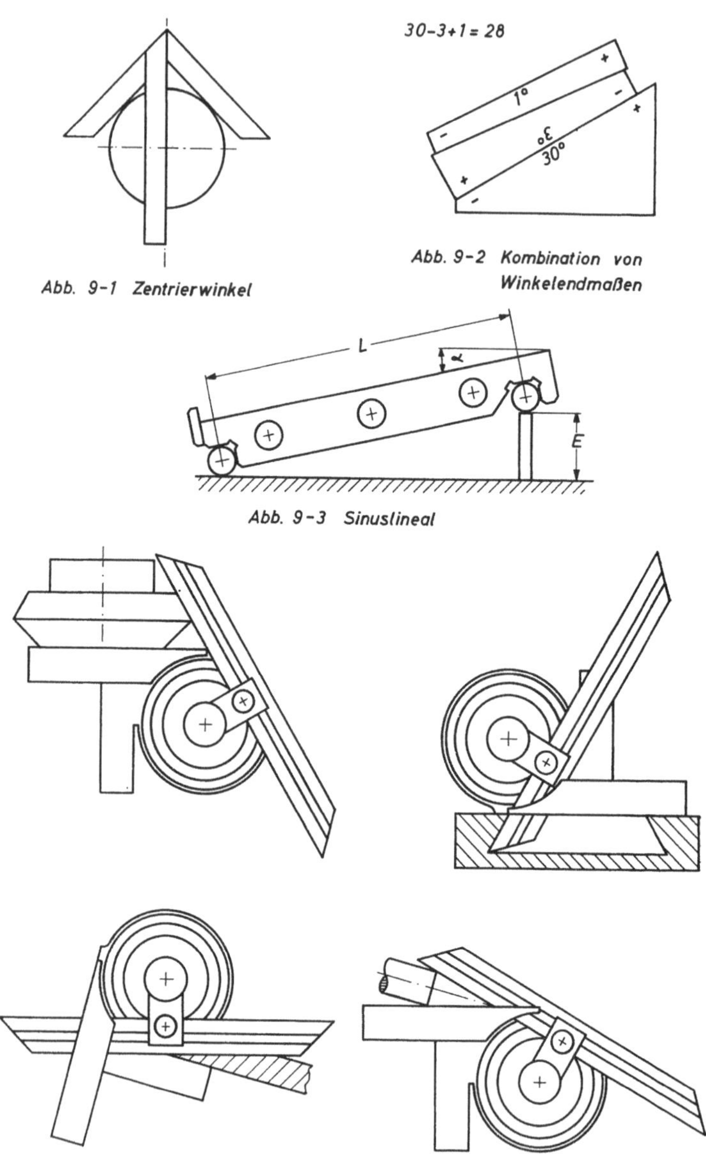

Abb. 9-1 Zentrierwinkel

Abb. 9-2 Kombination von Winkelendmaßen

Abb. 9-3 Sinuslineal

Abb. 9-4 Anwendungsmöglichkeiten des Universalwinkelmessers

Der Skalenwert beträgt 1°. Gradmesser werden nur für einfache Winkelmessungen angewendet, bei denen keine hohe Genauigkeit verlangt wird (1, 16, 20, 24, 28, 52, 55, 79, 87, 92).

Die *Universalwinkelmesser* sind als Anschlag-, Kreuz- oder Gehrungswinkel verwendbar (Abb. 9–4). Die verschiebbare und auswechselbare Schiene (150 bis 300 mm lang) ist an den Stirnseiten unter 45° und 60° abgeschrägt. Der Meßbereich beträgt 0—360°. Mit Hilfe eines Nonius kann der Winkel auf 5′ abgelesen werden. Zum Messen kleinster Spitzwinkel ist ein rechter Winkel an der Meßkante des Winkelmessers aufgesetzt. Der Winkelmesser kann in einem Fuß gespannt und zu Arbeiten auf der Meßplatte verwendet werden (1, 16, 20, 24, 28, 52, 55, 79, 87, 92).

Der *optische Universalwinkelmesser* entspricht in der Ausführung und Anwendbarkeit den Universalwinkelmessern mit Noniusablesung. Er hat jedoch einen eingebauten Glasteilkreis, der über ein kleines Mikroskop oder über eine Lupe abgelesen wird. Abgelesen werden 5′, dabei ist 1′ noch schätzbar (32, 39, 52, 55, 79).

Der *kombinierte Winkelmesser* besteht aus einem Stahlmaßstab, einem Winkelmesser 0—180°, einem Winkelkopf für 90°- und 45°-Winkel mit Wasserwaage und einem Zentrierkopf. Dadurch wird nicht nur eine Verwendung als Winkelmesser, sondern auch als Wasserwaage, Neigungsmesser und Zentrierwinkel möglich (28, 55, 79).

9.4 Richtwaagen, Neigungsmesser

Richtwaagen (Wasserwaagen) dienen zum Prüfen und Messen von Neigungen an horizontalen und vertikalen Flächen, Wellen, Führungen u. dgl. mit Hilfe des Oberflächenstandes von Flüssigkeiten. Die Flüssigkeitsoberfläche strebt stets in die waagerechte Lage, die im Flüssigkeitsbehälter eingeschlossene Luftblase stets nach der höchsten Stelle. In der waagerechten Lage steht die Luftblase zwischen den beiden Nullstrichen. Die Neigung wird meist in mm/m (1 mm/m $\triangleq$ 3′) angegeben. Das Ausrichten mit Wasserwaagen ist auf Umschlag vorzunehmen, um Justierfehler auszuschalten (das Meßergebnis wird gemittelt). Jede Richtwaage besitzt eine Längs- und eine Querlibelle. Die Empfindlichkeit der Längslibelle ist am Gehäuse angegeben. Die Sohle der Richtwaage ist eben oder prismatisch. Die Länge des Waagenkörpers und damit die Auflagenfläche beträgt 160 bis 300 (500) mm.

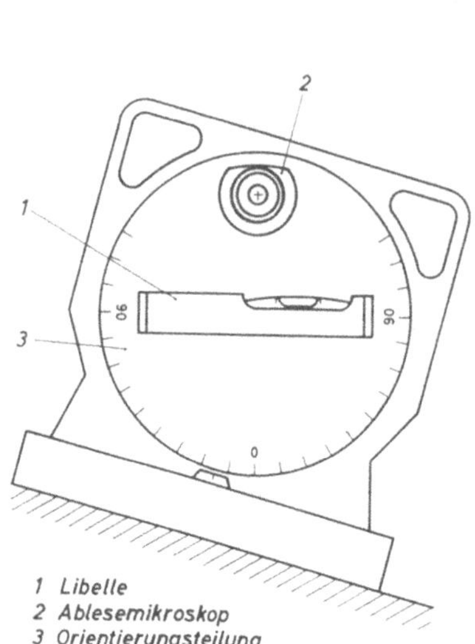

Abb. 9-5 Neigungsmesser

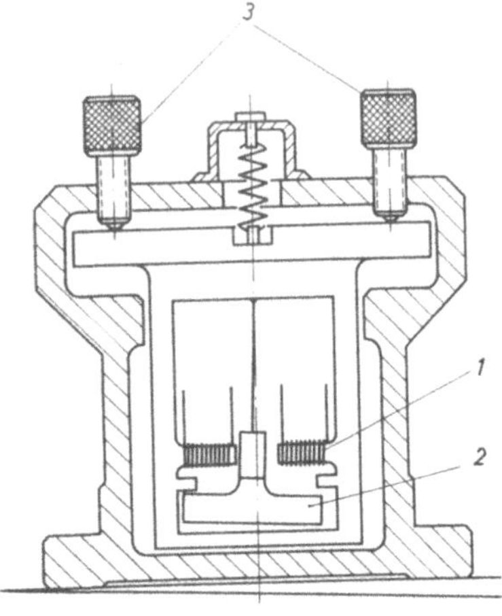

Abb. 9-6 Aufnehmer der elektronischen Libelle TALYVEL (Taylor & Hobson)

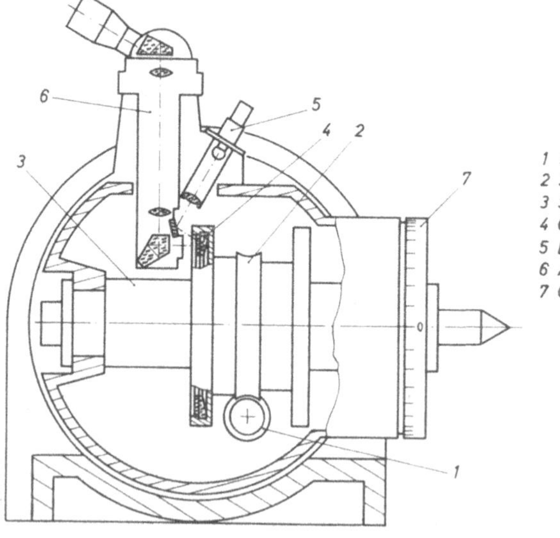

Abb. 9-7 Optischer Teilkopf (Jenoptik)

Rahmen-Richtwaagen besitzen einen quadratischen Rahmen, eine Auflagenseite ist eben, die anderen sind prismatisch ausgeführt. Die Kantenlänge beträgt 100 bis 300 mm.

Die Empfindlichkeit der Libellen der Richtwaagen beträgt 0,3 bis 0,02 mm/m (1′ bis 4″) (1, 4, 24, 28, 33, 52, 55, 87).

Richtwaage mit Koinzidenzlibelle. Bei dieser Richtwaage wird der Libellenkörper innerhalb des eigentlichen Gehäuses über eine Meßschraube und ein Hebelsystem in die waagerechte Lage gebracht. Die Ablesung erfolgt an der Meßschraube. Eine hohe Einstellgenauigkeit wird erreicht durch Einstellen der Libellenblase auf Koinzidenz. Durch ein Prismensystem werden die Enden der Blase zur Deckung gebracht, welches mit einer Lupe beobachtet wird. Der Meßbereich dieser Richtwaage beträgt ± 10 mm/m (± 34′). Die Ungenauigkeit des Geräts beträgt im Bereich 9 bis 11 mm/m höchstens ± 0,01 mm/m (± 2″), im übrigen Bereich höchstens ± 0,02 mm/m (± 4″). (39).

Bei *Neigungsmessern* (optische Winkellibelle) wird die Libelle immer auf Null gestellt, d. h.in die Horizontale gebracht (Abb. 9–5). Die Libelle ist zusammen mit einem Ablesemikroskop in einem Gehäuse drehbar gelagert. Im Gehäuse befindet sich ein fester Glasteilkreis. Teilweise ist die Anordnung auch umgekehrt, der Teilkreis ist mit der Libelle drehbar. Die Ablesung beträgt 1′ oder 30″. Am drehbaren Teil ist eine Hilfsteilung zum schnellen Voreinstellen angebracht. Eine Querlibelle gestattet eine Kontrolle der Auflage des Gerätes auf der Prüffläche, da ein verkantetes Auflegen zu Meßfehlern führt. Die Auflageflächen der Geräte sind meist prismatisch, sie können auch als Haftmagnete ausgebildet sein. Der Meßbereich beträgt ± 120°, die Meßungenauigkeit meist ± 1′ (28, 33, 39, 49, 50, 87, 96).

Bei *Pendelneigungsmessern* erfolgt eine selbsttätige Einstellung über ein Pendel. Das Pendel ist mit einer Trommel versehen, die eine Skala mit Gradteilung trägt. Die Ablesung erfolgt mit Hilfe eines Nonius auf 1′. Der Meßbereich beträgt ± 90° (33).

Ein als *elektronische Libelle* (Abb. 9–6) bezeichnetes Gerät ist ebenfalls ein Pendelneigungsmesser. Die Stellung des Pendels beeinflußt die Induktivitäten zweier Spulen. Das Gerät ist also ein induktiver Aufnehmer (s. a. 8.1.1.2). Aufnehmer und Anzeigegerät sind getrennt, es kann eine Entfernung von 100 m überbrückt werden. Die Skala ist in Winkeln und in Neigungen (mm/m) geteilt. Der Meßbereich ist umschaltbar und beträgt wahlweise ± 0,25 mm/m ≙ ± 50″, ± 0,50 mm/m ≙ ± 100″, ± 2,5 mm/m ≙ ± 8′. Im Aufnehmer ist der Spulenträger verstellbar, so daß das Gerät auf Null gestellt werden kann, auch wenn die Auflagefläche nicht waagerecht ist (74).

9.5 Teilköpfe und Rundtische

Für Meßzwecke werden *optische Teilköpfe* (Abb. 9–7) benutzt. Die Teilkopfspindel kann von der waagerechten bis zur vertikalen Stellung geschwenkt werden. Der Schwenkwinkel wird meist an einer am Gehäuse angebrachten Skala mit Nonius abgelesen. Gedreht wird die Spindel mit Schnecke und Schneckenrad. Durch besondere Klemmvorrichtungen, die ein Feststellen der Spindel ohne Verdrehen und radiales Verschieben der Spindel gestatten, kann diese in jeder Stellung fixiert werden. Mit Projektions- und Mikroskopablesung wird der fest mit der Spindel verbundene Glasteilkreis abgelesen. Ein Gerät (32) mit Projektionsablesung hat einen Metallteilkreis, der zusammen mit der Spindel aus einem Stück hergestellt wurde. Die Teilköpfe sind teilweise mit Vorwahl für die Minuten und Sekunden ausgestattet. Dadurch kann bei Messungen von einem geraden Wert ausgegangen und für den nächsten Meß- bzw. Bearbeitungspunkt ohne Spindelverstellung die Bruchteile von Graden vorgewählt werden. Der Meßbereich der Teilköpfe beträgt 0 bis 360°, der Skalenwert der Ablesung 2″ bis 30″, die Meßunsicherheit ± 2″ bis ± 30″ je nach Gerät.

Optische Teilköpfe werden zum Prüfen von Zahnrädern, Rastenscheiben u. ä. auf Teilungsfehler, zum Überprüfen von Winkelmeßgeräten, Libellen, Kurvenscheiben, Nocken u. a. verwendet. In der Werkstatt werden optische Teilköpfe auf Werkzeugmaschinen zum Herstellen von Werkstücken mit Teilungen oder Winkeln hoher Genauigkeitsanforderungen benutzt (28, 39, 49, 50, 87, 96).

Optische Rundtische haben eine vertikale Spindel mit Tisch. Der Tisch ist zur Aufnahme von Werkstücken oder Vorrichtungen mit Nuten versehen. Der optische Aufbau entspricht dem der Teilköpfe. Die Rundtische werden meist mit Projektionsablesung ausgestattet (s. 6.7.2). Rundtische dienen in erster Linie der Fertigung. Durch ihre Genauigkeit, die denen der optischen Teilköpfe entspricht, können sie auch zu Meßzwecken eingesetzt werden (66, 96).

Ein Rundtisch (66) wurde mit einer elektronischen Steuerung ausgestattet. Die Winkelwerte können von Hand durch Drehknöpfe vorgewählt werden oder sie werden auf einem Lochstreifen gespeichert und dieser wird eingegeben. Die Positionierungsgenauigkeit ist kleiner ± 3″, die Wiederholbarkeit der Einstellung besser als ± 1″.

10 Gewindeprüfgeräte

Ein Gewinde ist durch folgende Größen (Abb. 10–1) bestimmt (kleine Buchstaben bezeichnen Außengewinde, große Innengewinde): Flankendurchmesser d_2 (D_2); Steigung h (H), Teilflankenwinkel α_1 und α_2 (A_1 und A_2); Außendurchmesser d (D); Kerndurchmesser d_1 (D_1).

Die Größen sind im Achsenschnitt definiert. Das Schattenbild (senkrechte Aufsicht des Gewindes) ist nicht mit dem Achsenschnitt identisch, weil dieser teilweise durch überstehende Flankenteile verdeckt wird. Steigung, Teilflankenwinkel und Flankendurchmesser sind die wichtigsten Bestimmungsgrößen eines Gewindes. Sie sind geometrisch voneinander abhängig. Dies ist wichtig für das Tolerieren und das Prüfen von Gewinden, da sich Abweichungen des Flankendurchmessers als Maßabweichungen und Abweichungen der Steigung und der Teilflankenwinkel als überlagerte Formabweichungen auffassen lassen. Dadurch brauchen Steigung und Teilflankenwinkel im allgemeinen nicht gesondert toleriert und geprüft zu werden. Es werden die Beträge für die zulässigen Abweichungen der Steigung und des Flankenwinkels mit der eigentlichen Flankendurchmessertoleranz zur gesamten Flankendurchmessertoleranz T_f zusammengefaßt.

10.1 Gewindelehrung

Für die Gewindelehrung gilt ebenso wie für die Lehrung glatter Teile der Taylorsche Grundsatz (s. 4.2). Demnach muß die Gutseite der Lehre alle Bestimmungsgrößen gleichzeitig erfassen, um die Paarungsmöglichkeit (wirksamen Flankendurchmesser) zu prüfen. Die Gutlehre wird daher mit voller Flankenlänge ausgeführt. Die Ausschußseite soll nur den Ist-Flankendurchmesser prüfen. Die Ausschußlehre wird daher mit verkürzten Flanken und wenigen Gängen ausgeführt, wodurch der Einfluß von Flankenwinkel- und Steigungsabweichungen weitgehend ausgeschaltet wird. Die Lehrung des *Innengewindes* erfolgt mit Gewinde-Grenzlehrdornen. Die Lehrdorne werden durch Messen der einzelnen Bestimmungsgrößen (s. u. 10.2) überprüft.

Gewinde-Grenzlehrdorne (1, 16, 24, 28, 52, 55, 62, 79, 87, 92) werden bis 50 mm Durchmesser mit Gut- und Ausschußseite an einem Griff hergestellt. Zur schnelleren Gutprüfung werden Schnellprüfer hergestellt, bei denen der Gutzapfen auf einer waagerechten Welle sitzt, die über Seilzug von Hand (63) oder durch Motor über geeignete Kupplungen (28, 52) angetrieben wird. Diese Schnellprüfer sind für Gewinde M 2 bis M 20 einsetzbar. Nicht mehr dem Taylorschen Grundsatz entsprechen der Schnellmeßdorn (52) für Innengewindedurchmesser von 5 bis 120 mm, der nur Ausschnitte aus einem Gutlehrdorn enthält (s. a. 5.6.2, Innenmeßdorn), sowie anzeigende Geräte (47, 52) für Innengewindedurchmesser von 72 bis 550 mm mit Meßrollen (mit vollen oder verkürzten Flanken). Beide Geräte sind anzeigende Geräte. Sie brauchen nicht eingeschraubt zu werden, da eine Anlage zum Einführen einziehbar ist. Die Einstellung der Geräte erfolgt mit Lehrringen oder Musterstücken.

Für die Lehrung des *Außengewindes* müßten nach dem Taylorschen Grundsatz Gutlehrringe verwendet werden. Diese sind aber schlecht zu handhaben und zudem nicht immer anwendbar und werden daher nur für deformierbare Prüflinge und zum Einstellen von anzeigenden Meßgeräten verwendet (1, 24, 28, 52, 55, 62, 79, 87). In der Praxis werden daher Gut-Rachenlehren verwendet. Ihr Rachenmaß wird nach einer Gewinde-Guteinstellehre mit verkürzten Flanken geprüft bzw. eingestellt. Die Ausschuß-Rachenlehre mit verkürzten Flanken wird mit einer Lehre mit vollen Flanken geprüft.

Die Gewinde-Grenzrachenlehren werden als Rollenlehren hergestellt, d. h. das Meßstück mit dem Profil ist als Rolle ausgeführt. Dadurch wird ein geringerer Verschleiß und leichteres Einführen in die Gewindegänge erzielt. Die Rollen sind exzentrisch gelagert. Dadurch können sowohl Veränderungen durch Verschleiß nachgestellt als auch verschiedene Toleranzen eingestellt werden. Die Rollen für die Gut- und Ausschußlehrung sind in einem Rachen hintereinander angeordnet (1, 16, 24, 28, 52, 55, 62, 79, 87, 92).

Vielfach werden Rachenlehren mit verstellbarem Bügel ausgeführt. Es können dann Gewinde verschiedener Durchmesser einer Steigung mit einer Lehre geprüft werden (47, 52, 62).

Verstellbare Rachenlehren werden vielfach auch als anzeigende Gewindemeßbügel ausgeführt. Bei einem Gerät (47) sind die Gutrollen fest, die Ausschußrollen sind beweglich und wirken auf eine Meßuhr. Bei einer anderen Bauart (35) ist es umgekehrt.

10.2 Messen von Außengewinden

10.2.1 Messen der Steigung

Die Steigung eines Gewindes ist der achsenparallele Abstand zweier gleichgerichteter Flanken. Als Steigungsfehler wird der größte am Prüfling beobachtete Summenfehler bezeichnet, unabhängig vom Vorzeichen. Er setzt sich aus den fortschreitenden und örtlichen Fehlern von Gang zu Gang oder innerhalb eines Ganges zusammen. Zur Messung der Steigung werden entsprechend dem Verwendungszweck des Prüflings zwei Verfahren angewendet:

1. Messung der relativen Verschiebung von Bolzen und Mutter (Bewegungs-, Meßgewinde). Dabei wirken sich hauptsächlich die Fehler der Spindel aus. Die Verschiebung kann verhältnismäßig einfach und genau auf großen Komperatoren (39, 49) gemessen werden [*39*].

2. Messung der Steigung am Einzelstück (Befestigungsgewinde, Lehren).

Dabei kommen wiederum zwei Verfahren zur Anwendung. Bei dem einen wird ein Meßstück (meist Kugel) an beiden Flanken einer Lücke zur Anlage gebracht. Bei diesem Verfahren wird der Abstand der Profilmittellinien gemessen, dieser entspricht nicht der Definition der Steigung. Für viele Messungen genügt dieses Verfahren, nachdem die meisten der auf dem Markt befindlichen Steigungsprüfer arbeiten.

Bei dem anderen Verfahren wird eine Meßschneide an nur eine Flanke einer Gewindelücke angelegt, man erhält den achsenparallelen Abstand zweier Gewindeflanken, mißt also definitionsgemäß.

Steigungsmesser (52) können als Aufsatzgeräte verwendet werden und besitzen Kugeltasteinrichtungen mit Meßuhr oder Feinzeiger. Ein Taststift ist mit dem Gerät fest verbunden, während der andere in Richtung der Gewindeachse seitlich beweglich ist und auf eine Meßuhr wirkt. Die Einstellung des Tasterabstandes erfolgt mit Lehrdornen oder nach besonderen Einstellehren, die aus Endmaßen und Meßschnäbeln mit Kimme bestehen. Die Messung muß in einer Zylindermantellinie erfolgen, da sonst große Meßfehler entstehen. Die Ausrichtung erfolgt durch Anschlagleisten oder prismatische Reiter.

Ein Steigungsprüfgerät für Leitspindeln (39) arbeitet ebenfalls mit einer Meßkugel. Diese ist an einem Blattfederparallelogramm aufgehängt und ihre Stellung wird an einem Glasmaßstab von 560 mm Länge auf 1 μm abgelesen. Der Maßstab liegt parallel zum Prüfling, Führungsfehler werden durch das Eppensteinprinzip verhindert (s. 6.1.5). Zum Messen des periodischen Steigungsfehlers kann der Prüfling mit Hilfe eines Spiegelpolygons von 30° zu 30° gedreht werden, wobei eine Ungenauigkeit von 5″ durch Autokollimationseinstellung einhaltbar ist. Die Meßlänge ist durch Anschlußmessungen beliebig, wenn geeignete Aufnahmen für den Prüfling vorhanden sind. Auf dem Gerät sind Spindeldurchmesser von 20 bis 60 mm aufnehmbar.

Auf Universalmeßmikroskopen wird die Steigung mit Meßschneiden im Achsenschnitt (s. 6.5.5) gemessen. Eine Meßschneide wird nacheinander an Links- oder Rechtsflanken angeschoben, der Haarstrich der Meßschneide mit dem Mikroskop eingefangen (s. Abb. 6–35). Der Abstand des Haarstriches von der Meßkante braucht nicht bekannt zu sein, da er sich bei den Messungen heraushebt. Da die Gewindeachse und die Verbindungslinie der Zentrierbohrung praktisch nie zusammenfallen, muß die Steigung als Mittelwert der Messungen zwischen den Rechts- bzw. Linksflanken der einen und Links- bzw. Rechtsflanken auf der anderen Seite des Prüflings bestimmt werden. Bei dieser Messung wird die definitionsgemäße Steigung erhalten. Die Messung nach dem Schattenkantenverfahren ist möglich, aber zu ungenau (s. 6.1.10 und 6.5.5). Nach dem Verfahren kann auch bei Verwendung einer Profilstrichplatte die Steigung als Abstand der Profilmitten gemessen werden.

10.2.2 Messen der Teilflankenwinkel

Die Teilflankenwinkel werden fast ausschließlich optisch auf Meßmikroskopen nach dem Achsenschnittverfahren (6.5.5) gemessen. Bei Gewinden bis zu 7° Steigungswinkel wird die Meßschneide zum Eliminieren von Schneidenfehlern und zur Schonung der Schneide bis auf einen schmalen Lichtspalt der Flanke genähert und parallel zum Lichtspalt des Fadens des Winkelmeßokulars ausgerichtet. Bei Gewinden mit größerem Steigungswinkel wird die Schneide voll angeschoben, das Winkelmeßokular wird nach dem Haarstrich auf der Meßschneide eingestellt. Zum Ausgleich einer Unparallelität zwischen Gewinde- und Aufnahmeachse sind beide Teilflankenwinkel auf beiden Seiten des Prüflings zu messen und die Mittelwerte zu bilden. Bei diesem Verfahren ist einer Unsicherheit des Meßwertes von $\pm$ 3′ bis $\pm$ 5′ zu rechnen.

Bei Ausrichtung des Winkelmeßokulars parallel zum Schattenbild muß mit größeren Unsicherheiten gerechnet werden. Bei größeren Steigungen muß zudem umgerechnet werden, da das Flankenbild im Achsenschnitt nur bei Neigung des Mikroskopständers sichtbar ist.

10.2.3 Mechanisches Messen des Flankendurchmessers

Der Flankendurchmesser wird in der Werkstatt überwiegend mit der *Gewinde-Meßschraube* mit Kimme und Kegel (Abb. 10–2) gemessen. Mit Kimme und Kegel erhält man nur dann den Ist-Flankendurchmesser, wenn die Teilflankenwinkel der Meßstücke gleich denen des Prüflings sind. Da praktisch immer Teilflankenwinkelabweichungen vorhanden sind, werden mit Meßstücken mit voller Flankenlänge Fehlmessungen gemacht. Durch Verkürzen der Flanken der Meßstücke ist eine Annäherung an den Ist-Flankendurchmesser erzielbar. Der Meß-

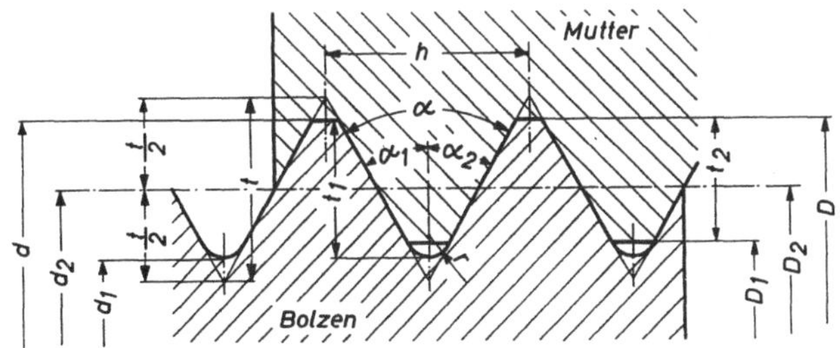

Abb. 10-1 Bestimmungsgrößen im Achsenschnitt des symmetrischen Gewindes

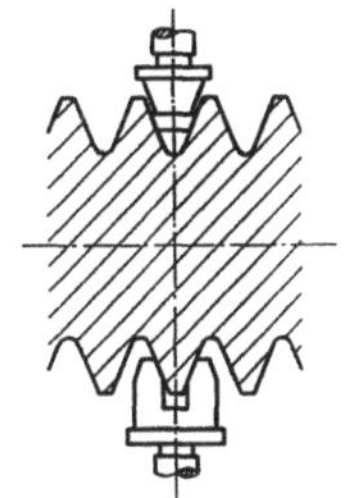

Abb. 10-2 Messen des Flankendurchmessers mittels Kegel und Kimme mit verkürzten Flanken

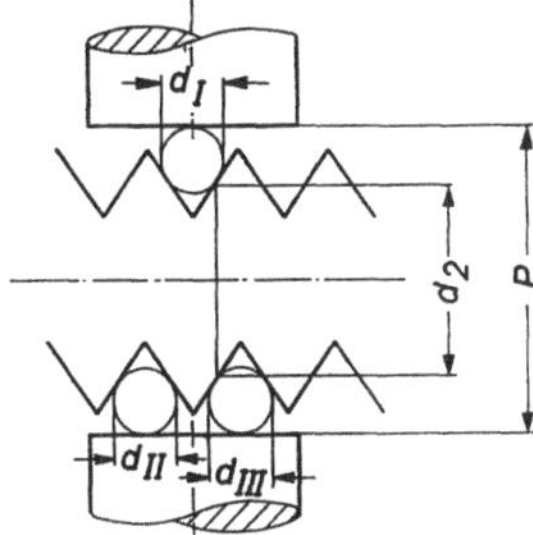

Abb. 10-3 Dreidrahtverfahren zum Messen des Flankendurchmessers

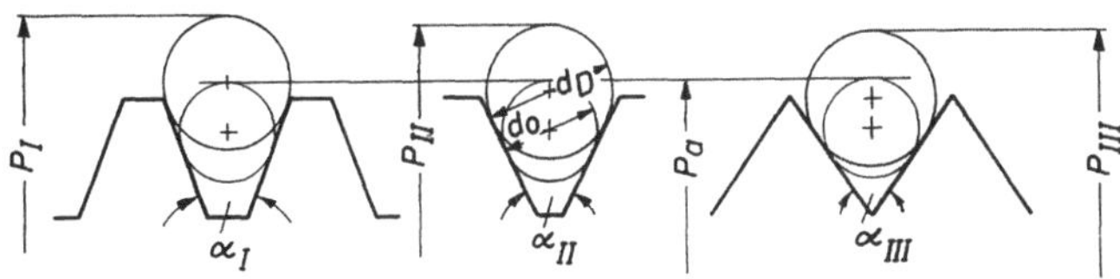

Abb. 10-4 Einfluß der Flankenwinkelfehler auf das Prüfmaß P bei günstigstem und größerem Drahtdurchmesser

fehler beläuft sich dann höchstens auf 30 μm (h = 1 mm) bis 21 μm (h = 10 mm) [*36*].

Zur Messung werden Bügelmeßschrauben benutzt (1, 16, 24, 28, 35, 52, 55, 71, 79, 86), deren Ambosse und Spindeln eine Bohrung zur Aufnahme der Meßstücke haben. Meßstücke mit vollen Flanken können jeweils für mehrere Steigungen verwendet werden, Meßstücke mit verkürzten Flanken nur für eine Steigung. Für diese Bügelmeßschrauben gibt es außerdem noch Einsätze zur Messung des Kerndurchmessers. Dabei ist für jede Steigung eine besondere Kimme notwendig, während die Spitze für mehrere Steigungen verwendbar ist.

Das genauere mechanische Meßverfahren ist das *Dreidrahtverfahren*. Dabei werden zwei Drähte in benachbarte Lücken auf der einen und ein Draht in die gegenüberliegende Lücke auf der anderen Seite des Prüflings eingelegt (Abb. 10–3). Gemessen wird das Prüfmaß P über die Drähte. Aus diesem Prüfmaß wird dann das Istmaß des Flankendurchmessers d_2 unter Berücksichtigung des Meßdrahtdurchmessers, der Schräglage im Gewindegang und der Abplattung infolge der Meßkraft errechnet. Werden bei der Messung Drähte benutzt, die sich in der Mitte der Flanken (im Flankendurchmesser) anlegen (Abb. 10–4), so ist bei symmetrischem Gewindeprofil der Einfluß der Abweichungen des Teilflankenwinkels klein. In der Praxis wäre es aber zu aufwendig, wenn man für jede Steigung und Flankenwinkel einen anderen Meßdraht benötigte. Es wurden daher Sätze von Meßdrähten (z. B. Zeiss, 20 Stück) zusammengestellt, von denen jeder Meßdraht für mehrere Steigungen verwendet werden kann und nur innerhalb eines bestimmten Bereiches (etwa 1/8 Flankenlänge) beiderseits der Flankenmitte anliegt. Für genormte Gewinde gibt es Prüfmaßtabellen, aus denen der Meßdrahtdurchmesser für das zu prüfende Gewinde und das zugehörige Prüfmaß zu ersehen sind.

Die Berechnung der Prüfmaße P erfolgte mit den Soll-Flankenwinkeln und den Soll-Steigungen. Bei genauen Messungen müssen daher Abweichungen des Flankenwinkels und der Steigung berücksichtigt werden. Prüfmaßtabellen werden von den Gewindemeßdrahtherstellern mitgeliefert. In ihnen sind die Prüfmaße für alle genormten Gewinde sowie die Berechnungsunterlagen für andere Gewinde angegeben.

Zum Messen des Prüfmaßes P werden in der Werkstatt zumeist Meßschrauben verwendet. Dafür werden Meßdrähte in Haltern (24, 39, 52, 55, 86, 96), die auf Amboß und Spindel der Meßschraube aufgesetzt werden, geliefert. Diese Meßdrähte werden vielfach auch in Verbindung mit Bügelfeinzeigern und Meßschrauben mit Feinzeigern verwendet.

Auf Meßgeräten mit waagerechter Anordnung der Meßbolzen (Meßmaschinen, Abbe-Längenmesser) werden zumeist Meßdrähte mit Ösen (39, 96), verwendet. Diese werden in Meßdrahthaltern aufgehängt und können sich zwangsfrei in das Gewindeprofil einlegen.

Die Unsicherheit des Dreidrahtverfahrens kann für Gewinde mit symmetrischem Profil zu $\pm$ 2 bis $\pm$ 5 μm angesetzt werden.

10.2.4 Optisches Messen des Flankendurchmessers

Der Flankendurchmesser kann optisch auf großen Werkzeugmikroskopen und Universalmeßmikroskopen nach dem Achsenschnitt- und dem Schattenbildverfahren gemessen werden (s. 6.5.5). Dabei werden nacheinander zwei achsensenkrecht gegenüberliegende Flanken mit einer Marke auf der Okularstrichplatte zur Deckung gebracht. Das Gewinde wird zwischen Spitzen aufgenommen. Um auch wirklich im Achsenschnitt zu messen, muß die größte Abweichung des Rundlaufes des Prüflings in einer Ebene senkrecht zur optischen Achse des Mikroskops liegen. Die Meßschneiden werden an die Flanken angeschoben, die Kontrolle der Anlage erfolgt durch Neigen des Mikroskopständers um den Steigungswinkel $\tan \varphi = \frac{h}{d_2 \cdot \pi}$, da der Achsenschnitt nicht sichtbar ist. Um Meßfehler 1. Ordnung durch eine evtl. Schieflage der Gewindeachse zur Aufnahmeachse zu eliminieren, muß der Mittelwert aus Messungen zwischen Rechts- und Linksflanken gebildet werden (Abb. 10–5).

Bei der Flankendurchmesserbestimmung ist es notwendig, die Meßschneiden zu vermessen, da der Abstand a des Striches von der Schneidenkante in der Durchmesserrichtung mit $a/\sin \alpha/2$ in die Messung eingeht. Die Messung des Abstands a der Strichmarke von der Schneidenkante erfolgt mit Hilfe eines Dornes, der in verschiedenen Breiten einen bekannten Durchmesser hat. Die jeweils zu benutzende Zylinderfläche des Dornes soll wegen der ungleichmäßigen Abnützung der Schneiden ungefähr gleich breit der tatsächlichen Flankenanlage am Prüfling sein.

Bei Messungen unter labormäßigen Bedingungen an geschliffenen Gewinden kann mit einer Meßunsicherheit von $\pm$ 2 bis $\pm$ 4 μm gerechnet werden.

10.3 Messen von Innengewinden

Das Messen der Bestimmungsgrößen am Innengewinde ist, wie jede Innenmessung, schwieriger als am Außengewinde. Werkstücke mit Innengewinde werden daher in der Werkstatt fast nie gemessen, sondern

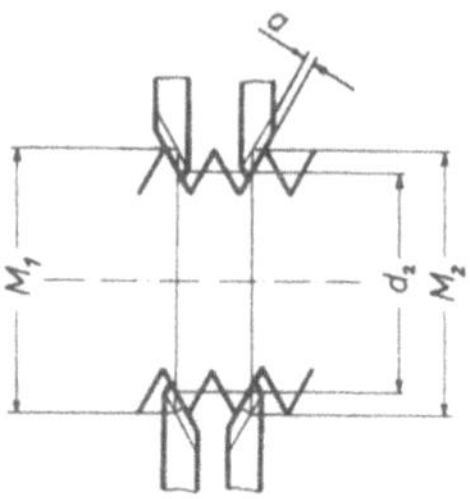

Abb. 10-5 Optische Flankendurchmesserbestimmung mittels Schneiden

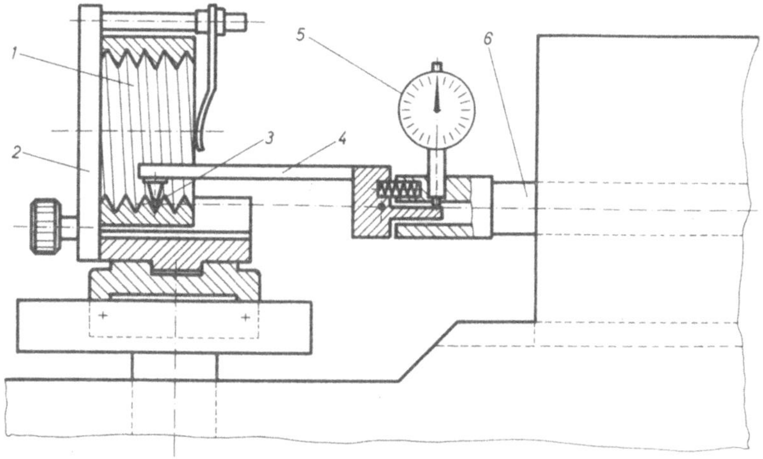

Abb. 10-6 Schema der Steigungsmessung auf dem Abbe-Längenmesser
1 Prüfling 2 Halterung 3 Meßkugel 4 Tasthebel 5 Meßuhr 6 Meßpinole

1 Prüfling
2 Meßkugel
3 Meßbügel
4 Pinole

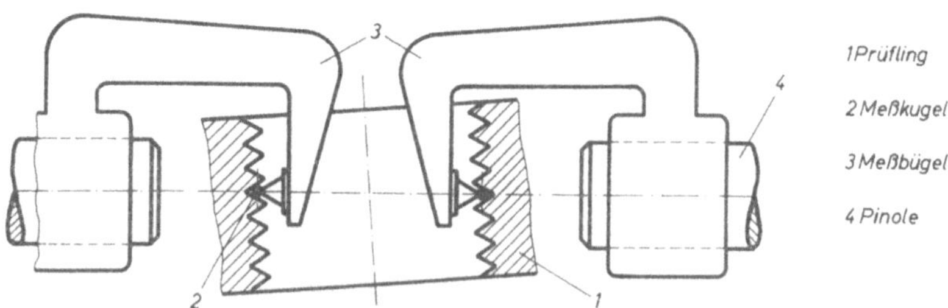

Abb. 10-7 Schema der Zweikugelmessung des Flankendurchmessers am Innengewinde

mit Lehren geprüft. Die im Meßraum angewandten Verfahren sind alle mechanische Meßverfahren, die aber zumeist nur für größere Durchmesser anwendbar sind. Unter 6 mm Durchmesser muß das Werkstück zerstört und die Bestimmungsgrößen dann im Achsenschnitt optisch gemessen werden.

10.3.1 Messen der Steigung

Für große Innengewinde (etwa 200 mm ⌀) können auch die Aufsetz-Steigungsmeßgeräte mit Meßuhr (s. 10.2.1) verwendet werden. Für den Abbe-Längenmesser waagerecht (96) gibt es eine Steigungsmeßrichtung (Abb. 10–6), auf der Prüflinge bis 150 mm Außendurchmesser aufgenommen werden können und Innengewinde bis hinunter zu M 15×1 prüfbar sind. Mit der Meßvorrichtung können natürlich auch Außengewinde gemessen werden.

Die Steigungsmeßeinrichtung besteht aus einer auf den Meßtisch aufsetzbaren Vorrichtung zur Halterung und Ausrichtung des Prüflings. Mit Hilfe der mit dem Meßhebel in Verbindung stehenden Meßuhr wird die Prüflingsachse parallel zur Meßachse des Gerätes ausgerichtet. In den Gewindegang wird die am Meßhebel befindliche Meßkugel eingelegt. Die Messung erfolgt also nicht definitionsgemäß. Die erreichbare Meßunsicherheit liegt bei $\pm$ 2 µm. Eine ähnlich arbeitende Steigungsmeßeinrichtung wird für die Längenmeßmaschine MUL-1000 (84) geliefert.

10.3.2 Messen der Teilflankenwinkel

Die Teilflankenwinkel können am Innengewinde nicht direkt bestimmt werden. Es wird daher vom Gewindeprofil ein Abdruck gemacht. Als Abdruckmasse wird dabei überwiegend Kupferamalgan verwendet. Zum Abdrücken ist eine Vorrichtung notwendig, die aus drei miteinander verschraubten und verstifteten Teilen besteht. Das Mittelstück ist schwach keilförmig und wird nach Fertigstellung des Abdrukkes herausgezogen. Die äußeren Teile haben Nuten zur Aufnahme des Abdruckmittels. Es wird somit ein Abdruck zweier gegenüberliegender Segmente des Innengewindes gewonnen. Die Vorrichtung wird nach Herausnahme aus dem Prüfling wieder zusammengesetzt und dann wie unter 10.2.2 beschrieben vermessen.

10.3.3 Messen des Flankendurchmessers

Flankendurchmesser können auch mit Innenmeßschrauben mit Kimme und Kegel als Meßeinsätze gemessen werden. Das Verfahren ist recht ungenau, da zu der Beeinflussung des Meßwertes durch Flankenwinkel- und Steigungsabweichungen noch hinzukommt, daß die Anlage der Meßstücke nicht beobachtet werden kann. Innenmeßschrauben (52, 86, 87, 92) können ab 50 mm∅, Innenmeßschrauben mit Schenkeln (24, 28, 52, 86, 87) ab 20 mm∅ verwendet werden. Die Einstellung der Meßschraube erfolgt nach Gewindelehrringen oder nach Gewinderachenlehren.

Bedeutend genauer ist ein Verfahren, bei dem Kugeln als Meßstücke verwendet und die Abweichung des Flankendurchmessers des Prüflings gegenüber einer Einstellehre ermittelt wird (Abb. 10–7). Gemessen wird mit dem Abbe-Längenmesser waagerecht (s. 6.4.3). Dazu wird ein Spezialtisch verwendet, der sowohl drehbar als auch in zwei zueinander senkrechten horizontalen Richtungen schwimmend gelagert ist. Meßkugeltaster verschiedenen Durchmessers werden je nach der Steigung des zu messenden Gewindes in den Innenmeßbügeln befestigt. Die Einstellung des Gerätes erfolgt nach einem Normal, welches aus einem Kimmenpaar und dazwischenliegenden Endmaßen in einem Endmaßhalter besteht. Dabei kann auf zwei Arten vorgegangen werden. Bei der einen Art wird die Lehre auf eine Weite in der Größenordnung des Flankendurchmessers des Prüflings eingestellt. Sie dient dann nur als Einstellmaß für die Meßbügel. Der Flankendurchmesser wird errechnet, wobei die Schiefstellung des Gewindes (s. Abb. 10–7) berücksichtigt werden muß. Bei der anderen Art wird die Einstellehre als Gewindenormal zusammengesetzt. Dazu ist nicht nur ein definierter Abstand der Kimmen notwendig, sondern es muß auch die eine Kimme gegenüber der anderen um die Hälfte der Steigung verschoben werden. Der Flankendurchmesser läßt sich aus dem Meßwert nach einer Formel (ähnlich der des Dreidrahtverfahrens) errechnen, bzw. aus Tabellen ablesen. Die Meßunsicherheit des Verfahrens beträgt etwa $\pm$ 5 μm.

11 Kegelprüfgeräte

Ein Kegel ist durch drei voneinander unabhängige Größen bestimmt, eine vierte kann errechnet werden:

$$V = \frac{D - d}{L} = \frac{1}{k} = 2 \tan \frac{\alpha}{2},$$

wobei D großer Kegeldurchmesser, d kleiner Kegeldurchmesser, L Kegellänge und V Verjüngung, $1 : k$ Kegelverhältnis oder α Kegelwinkel.

11.1 Kegellehren

Für die Lehrung von Kegeln werden zumeist Normallehren verwendet. Die Lehrung von Kegeldornen erfolgt mit *Kegelhülsen* (1, 16, 24. 28, 35, 52, 55, 62, 65, 87, 92).

Toleranzgrenzen für den Durchmesser können durch Stufen an der Hülse markiert sein.

Kegelanfang oder -ende muß innerhalb der Stufung liegen. Das Verfahren entspricht auf der Gutseite dem Taylorschen Grundsatz (s. 4.2). Die Prüfung des Kegelwinkels α sowie der Kleinstmaße von D, d und L erfolgt nicht einwandfrei. In einer Längsschnittebene des Kegels prüft die *Kegelflachlehre* (24, 35, 77). Sie besteht aus zwei im Kegelwinkel zueinander auf einem Lehrenkörper angeordneten Linealen. Der Lehrenkörper ist durchbrochen, um einen evtl. Lichtspalt zwischen Lehre und Prüfling beobachten zu können. Der Kegelwinkel und die Geradheit der Mantellinie des Prüflings können qualitativ beurteilt werden. Der Prüfling muß in mehreren Querschnittsebenen angelegt werden.

Für die Lehrung von Kegelhülsen werden *Kegellehrdorne* (1, 16, 24, 28, 35, 52, 55, 62, 65, 77, 87, 92) verwendet, welche auf dem Kegelkörper Striche als Toleranzmarken haben. Die Kegellehren werden für die genormten Morsekegel und für metrische Kegel hergestellt.

11.2 Kegelmeßgeräte

Ein Kegel ist durch zwei Durchmesser und deren Abstand voneinander bestimmt. Diese Bestimmung haben verschiedene Kegelmeßgeräte als Meßprinzip.

Außenkegel können mit Aufsatzgeräten geprüft werden. Die Aufsatzgeräte bestehen aus zwei miteinander verbundenen Aufsetzprismen (Reitern) mit in der Winkelhalbierenden (35) oder einer Auflage gegenüber (75) angeordneten Meßuhren oder Feinzeigern. Neben der Erfassung des Kegelwinkels ist durch die Anlage eines Anschlages an einer definierten Fläche senkrecht zur Kegelachse des Prüflings eine Erfassung des Kegeldurchmesser möglich. Die Meßuhren des Gerätes werden nach Aufsetzen auf ein Normal auf Null gestellt. Nach Aufsetzen des Gerätes auf den Prüfling müssen beide Meßuhren wiederum Null zeigen. Werden zwei verschiedene Werte angezeigt, stimmt der Kegelwinkel nicht, werden gleiche von Null verschiedene Werte angezeigt, stimmt der Kegeldurchmesser nicht.

Nach dem gleichen Prinzip arbeitet ein Innenkegel-Meßgerät (28). Zwei Meßscheiben bekannten Durchmessers werden an die Mantelfläche des Kegels angelegt. Aus ihrem Abstand ergibt sich die Verjüngung des Kegels. Zur Prüfung der Geradheit der Mantellinie dient eine dritte Meßscheibe, deren Abstand von einer der beiden anderen Meßscheiben angezeigt wird. Über den wirklichen Kegeldurchmesser

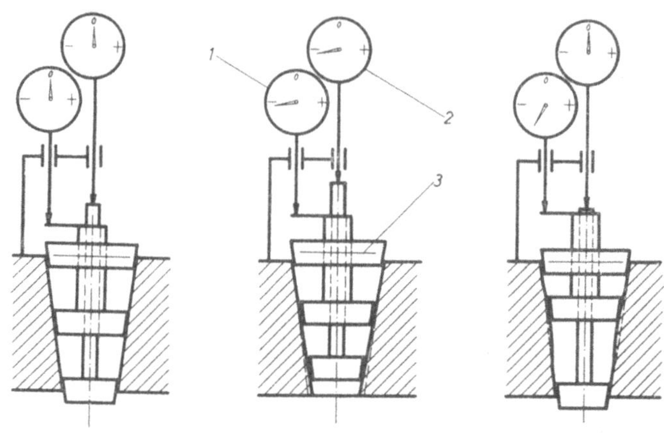

1, 2 Meßuhr 3 Meßmarke

Abb. 11-1 Prinzip des "Hirt" Innenkegelmeßgerätes

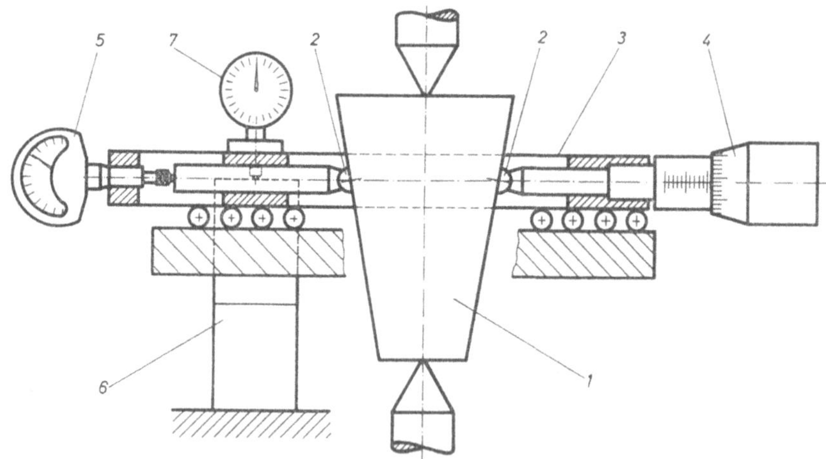

1 Prüfling 2 Meßstück 3 Meßbügel 4 Meßschraube 5 Feinzeiger 6 Endmaße 7 Meßuhr

Abb. 11-2 Schema des "Knauthe"-Kegelmeßgerätes

lassen sich Aussagen machen aus der Eindringtiefe einer Meßscheibe mit Meßmarke an der Kegelstirnseite (Abb. 11–1). Die Meßuhren zeigen direkt die Abweichungen der Durchmesser an. Das Gerät wird serienmäßig für Morsekegel 1 bis 6 geliefert.

Ein weiteres Außenkegelmeßgerät (46) arbeitet ebenfalls nach dem Prinzip der Durchmessermessung, erfaßt aber jeweils nur einen Durchmesser. An einem Ständer ist ein Meßbügel *3* (Abb. 11–2) nach Endmaßen *6* in der Höhe einstellbar, eine Meßuhr *7* dient zur Nullanzeige. Als Meßstücke *2* werden Halbzylinder benutzt, die am Meßbolzen drehbar sind und sich daher nach dem Prüfling einstellen. Der Drehpunkt der Halbzylinder liegt in der planen Fläche der Halbzylinder. Deshalb kann die Einstellung der Meßbolzen mit Endmaßen vorgenommen werden. Ein Meßbolzen wird mit der Meßschraube *4* (Ablesung 0,01 mm) bewegt, der andere wirkt auf einen Feinzeiger *5* (Ablesung 1 μm). Der Meßbügel ist schwimmend gelagert. Der Prüfling wird zwischen Spitzen aufgenommen. Die untere Spitze ist verstellbar, so daß der Prüfling zu der Auflagefläche der Endmaße für die Höheneinstellung der Endmaße ausgerichtet werden kann. Dadurch kann in definierten Ebenen des Kegels der Durchmesser gemessen und aus zwei Durchmessermessungen der Kegelwinkel bestimmt werden. Das Gerät kann außerdem zum Messen von zylindrischen Teilen, Gewinden, kegligen Gewinden, flachen Teilen verwendet werden. Um den Rundlauf von Prüflingen festzustellen, kann der schwimmende Meßbügel festgelegt werden.

Kegelwinkel und Verlauf der Mantellinie können auf Geräten geprüft werden, bei denen der Kegelwinkel nach einem Sinus- oder Tangenslineal eingestellt und eine Mantellinie des Prüflings mit einem Feinzeiger abgetastet wird. Die einzelnen Geräte unterscheiden sich in der Aufnahme und dem Abtasten des Prüflings.

Bei einem Gerät (23) ist auf einem Schlitten mit Gleitführung ein Sinuslineal angeordnet, auf dessen ebene Oberseite der Prüfling aufgelegt und durch einstellbare Anschläge fixiert wird. An einer Säule ist ein in der Höhe verstellbarer Feinzeiger angebracht, unter dem der Schlitten verschoben wird. Das Gerät eignet sich für Kegel bis 100 mm Durchmesser und 28° Kegelwinkel.

Bei einem anderen Gerät (52) ist der Schlitten auf Kugeln gelagert. Eine Sinusplatte trägt ein 90°-Prisma zur Prüflingsaufnahme. Gemessen werden können Kegel bis 120 mm Durchmesser, 250 mm Länge und 30°-Kegelwinkel. Auf die Sinusplatte kann ein Spitzenbock mit 50 mm Spitzenhöhe und 50 bis 250 mm Spitzenentfernung aufgesetzt werden. Zur Prüfung von Innenkegeln wird auf der Sinusplatte ein Zwischen-

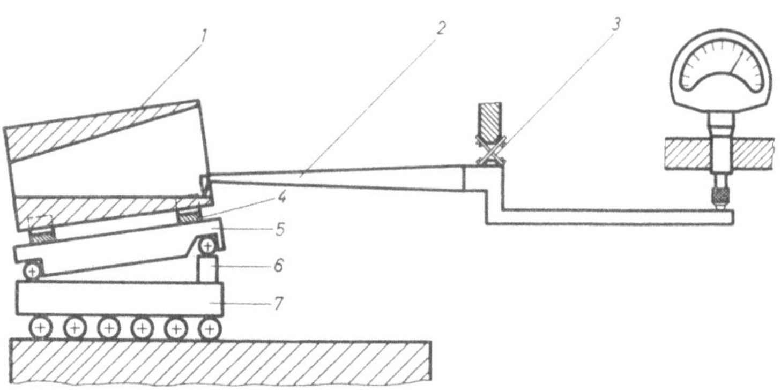

1 Prüfling 2 Meßhebel 3 Kreuzbandgelenk 4 Spannprisma 5 Sinuslineal 6 Endmaß 7 Meßschlitten

Abb. 11-3 Kegel-Prüfgerät, Einrichtung für Innenmessung (Mahr)

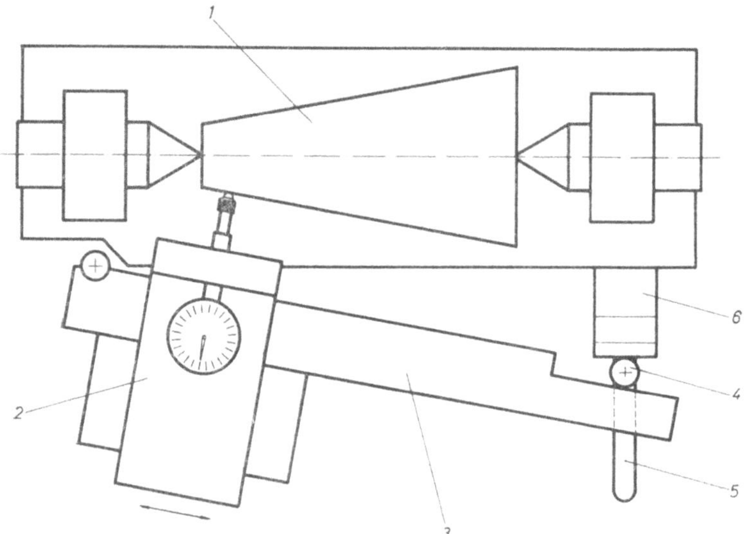

1 Prüfling 2 Führungsstück mit Meßuhr 3 Tangenslineal
4 Auflagebolzen 5 Führung für Auflagebolzen 6 Endmaße

Abb. 11-4 Kegel-Prüfgerät, Außenmessung (Hirt)

tisch zum Ausrichten des Prüflings und an dem Ständer eine Innenmeßeinrichtung angebracht. Diese Innenmeßeinrichtung (Abb. 11–3) besteht aus einem in einem Federbandgelenk gelagerten Meßarm, dessen Tastrichtung umschaltbar ist. Die Ausrichtung des Innenkegels erfolgt nach einer oberen Mantellinie, dann wird die Sinusplatte um den Sollkegelwinkel geschwenkt und die untere Mantellinie des Prüflings abgetastet. Der Skalenwert des Feinzeigers beträgt 1 μm. Es können Kegel bis 100 mm Durchmesser, 200 mm Länge und 20°-Kegelwinkel gemessen werden.

Ein weiteres Gerät (88) hat als Prüflingsaufnahme zwei Spitzenböcke mit einer Spitzenhöhe von 75 mm und einem größten Spitzenabstand von 400 mm. Der größte einstellbare Kegelwinkel beträgt 25°, der Feinzeiger hat einen Skalenwert von 1 μm.

Bei einem weiteren Gerät (28) wird nicht der Prüfling auf einem Schlitten unter dem Feinzeiger hinwegbewegt, sondern es wird der Feinzeiger mit einem Führungsständer seitlich am zwischen Spitzen aufgenommenen Prüfling entlang einem Tangenslineal geführt (Abb. 11–4). Auf dem Gerät können Prüflinge bis 180 mm Durchmesser und 400 mm Länge aufgenommen und Kegelwinkel bis 30° und Kegellängen bis 350 mm gemessen werden. Für größere Kegelwinkel bis 90° wird ein Meßteil nach dem Sinusprinzip verwendet. Innenmessungen an Kegeln können unter Verwendung eines Reitstockes, dessen Spitze einen Schlitz aufweist, durchgeführt werden. Durch diesen Schlitz wird ein Meßhebel eingeführt. Der Hebel kann zur Justrierung in seiner Lagerung geschwenkt werden. Innenmessungen können an Kegeldurchmessern von 60—80 mm bei Kegellängen bis 120 mm durchgeführt werden.

12 Rundheitsprüfgeräte

In der Vornorm DIN 7182 Bl. 4 wird als zulässige Unrundheit (zulässige Abweichung vom Kreis) das Maß T_k (Abb. 12–1) angegeben, welches der Durchmesserunterschied zweier konzentrischer Kreise, zwischen denen das Formprofil liegen muß, ist.

Dieser Definition entsprechende Messungen können nur auf Geräten mit umlaufender Spindel (Abb. 12–2) durchgeführt werden. Dabei muß die Drehachse des Meßzeuges im Schnittpunkt zweier zueinander senkrechter Durchmesser des Prüflings und rechtwinklig zur Schnittebene des Prüflings liegen.

Für den Aufbau dieser Geräte gibt es grundsätzlich zwei Möglichkeiten: Bei der einen steht der Prüfling fest und der Meßgrößenaufneh-

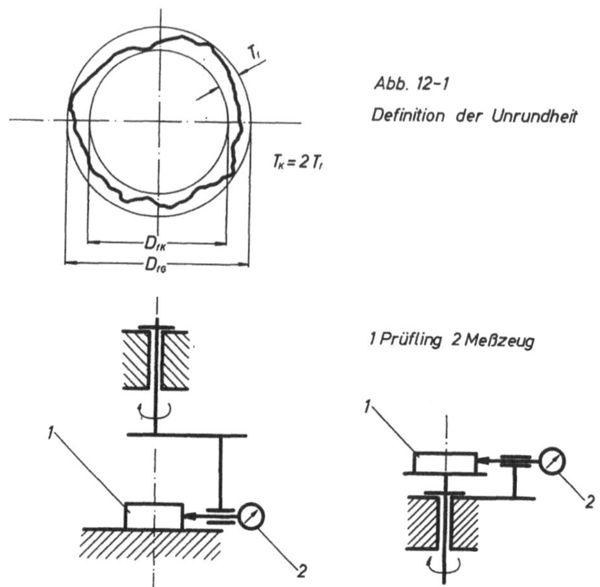

Abb. 12-1 Definition der Unrundheit

Abb. 12-2 Schemata von Rundheitsmeßgeräten

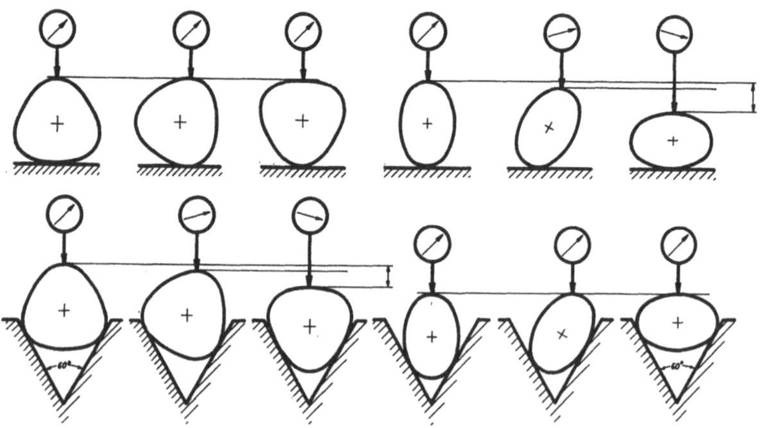

Abb. 12-3 Zweipunkt- und Dreipunktmeßverfahren beim Erfassen von Ellipse und Gleichdick

mer läuft an einer Spindel um, bei der anderen ist der Meßgrößenaufnehmer fest und der Prüfling dreht sich.

Nach der ersten Art ist das *Talyrond* aufgebaut (74). Die Spindel hat Abweichungen vom Rundlauf kleiner als 0,025 µm. Die Antastung des Prüflings erfolgt mechanisch mit verschiedenen auswechselbaren Tastern. Die Tasterauslenkungen werden durch ein induktives System in elektrische Signale umgeformt, welche nach elektronischer Verstärkung (50- bis 10000fach, auch abhängig von der Tasterlänge) auf einem Kreisblatt aufgezeichnet werden. Die Zentrierung des Prüflings erfolgt auf einem Kreuztisch. Von dem Gerät gibt es zwei Modelle. Beide haben den gleichen Spindelkopf, der Meßbereich beträgt 1,6 bis 350 mm Durchmesser für Innen- und Außenmessungen. Bei dem kleineren Modell können Prüflinge bis zu 68 kp und 254 mm Höhe, bei dem größeren Modell bis 450 kp und 1270 mm Höhe aufgenommen werden. Bei dem größeren Gerät ist es außerdem möglich, die Mantellinie eines Prüflings in Abschnitten von 100 mm zu prüfen. Zum Registrieren wird dann das Schreibgerät des Oberflächenmeßgerätes Talysurf (s. a. 14.2.2) an das Talyrond angeschlossen.

Die Auswertung der Diagramme hinsichtlich der Istform des Prüflings wird oft durch Überlagerung örtlicher Abweichungen der Form gestört. Diese können durch geeignete Filter ausgeschaltet werden.

Für beide Modelle ist ein Referenzlinien-Computer verwendbar. Durch den Computer wird während der Aufzeichnung des Diagrammes das Profil analysiert und ein Referenzkreis berechnet. Nach erfolgter Aufzeichnung des Profils wird dieser Kreis bei der nächsten Umdrehung des Kreisblattschreibers automatisch geschrieben. Als Referenzlinie kann auch eine Ellipse geschrieben werden. Außer der Aufzeichnung dieser Referenzlinien macht der Computer über vier Anzeigegeräte noch folgende Angaben:

1. die höchste Erhebung zur Referenzlinie;
2. den tiefsten Einschnitt von der Referenzlinie;
3. die Summe von 1. und 2.;
4. die mittlere Abweichung von der Referenzlinie.

Ein weiteres Rundheitsmeßgerät (66) arbeitet nach dem gleichen Prinzip wie das Talyrond, nur werden die Tasterauslenkungen pneumatisch verstärkt und 1000- oder 5000fach vergrößert auf einem Kreisblattschreiber registriert. Auf dem Gerät können Innenmessungen von

3 bis 150 mm Durchmesser und Außenmessungen von 1,5 bis 150 mm Durchmesser vorgenommen werden.

Das Rundheitsprüfgerät *Formtester* (35) ist nach der zweiten Art aufgebaut. Auf dem sich drehenden Tisch können Werkstücke bis 150 mm gespannt werden. Innenmessungen können ab 1 mm Durchmesser, Außenmessungen bis 300 mm Durchmesser an Teilen bis zu 220 mm Höhe durchgeführt werden. Der Prüfling wird mechanisch angetastet und die Tasterauslenkungen durch ein induktives System in elektrische Signale umgeformt. Registriert wird auf Kreisblatt- oder Streifenschreiber in 50- bis 10000facher Vergrößerung. Eine automatische Zentrierung erfolgt auf elektrischem Wege, Einspannfehler werden also kompensiert und der Prüflingsquerschnitt wird auf dem Diagrammblatt zentrisch wiedergegeben. Die Mantellinie kann bis 220 mm Länge auf einem Streifenschreiber aufgezeichnet werden. Dabei kann die vertikale Bewegung des Tasters im Verhältnis 1 : 1, 1 : 2 oder 2 : 1 übertragen werden. Der angetastete Querschnitt des Prüflings kann außerdem auf einem Leuchtschirm sichtbar gemacht werden, wodurch vielfach eine Diagrammaufzeichnung entfallen kann.

Unrundheiten von Werkstücken können auch mit Zweipunkt- und Dreipunktmessungen erfaßt werden (Abb. 12–3). Bei der Zweipunktmessung werden Gleichdicke, die vielfach beim spitzenlosen Schleifen entstehen, nicht erkannt. Bei der Dreipunktmessung wird vielfach ein 60°-Prisma verwendet, welches aber keine Ellipsen erkennen läßt und Gleichdicke mit einer größeren Seitenzahl ebenfalls nur schwach anzeigt. Untersuchungen über den Anzeigewert am Meßgerät im Verhältnis zur Unrundheit in Abhängigkeit vom Prismenwinkel und der Seitenzahl des Gleichdicks zeigten, daß bei einem Prismenwinkel $2\alpha = 108°$ die meist auftretenden Unrundheiten gut angezeigt werden, und zwar werden die Ellipse, das drei- und das siebenseitige Gleichdick mit dem Faktor 1,4, das fünfseitige Gleichdick mit dem Faktor 2,2 angezeigt [*64*]. Diese theoretischen Werte gelten streng nur für regelmäßige Gleichdicke. In der Praxis kommen aber unregelmäßige Formabweichungen vor. Da die Methode aber einfach zu handhaben sowie auch in automatisierten Prüfprozessen verwendbar ist und für die Praxis ausreichend genaue Werte gibt [*10*], ist sie weit verbreitet. Bei der Dreipunkt-Innenmessung wird entsprechend ein Winkel von 72° verwendet, der auch für Reitermeßgeräte gilt. Bei Reitermeßgeräten ist ein Feinzeiger in der Winkelhalbierenden einer prismatischen Auflage angeordnet.

13 Zahnradprüfgeräte

13.1 Begriffe, Grundlagen, Toleranzen

Zahnradgetriebe dienen der Bewegungsübertragung von einer Welle zur anderen. Nach der Lage ihrer Drehachsen unterscheidet man Wälzgetriebe und Schraubgetriebe. Beim Wälzgetriebe (Stirn- oder Kegelradgetriebe) rollen die Wälzkörper mit gleicher Umfangsgeschwindigkeit aufeinander ab, die Drehachsen sind parallel oder schneiden sich. Beim Schraubgetriebe (Schnecken- und Schraubenradgetriebe) verschraubt sich der eine Wälzkörper gegenüber dem anderen.

Für die Übersetzung i gilt allgemein $i = \omega_1/\omega_2$, wobei ω_1 und ω_2 die Winkelgeschwindigkeiten der beiden Räder sind. Für konstante Übersetzung gilt $i = n_1/n_2 = z_2/z_1$ (n_1, n_2 Drehzahlen, z_1, z_2 Zähnezahlen der beiden Räder).

Im Maschinenbau wird fast ausschließlich die Evolventenverzahnung angewendet. Das Bezugsprofil für Stirnräder mit Evolventenverzahnung ist in DIN 867 angegeben.

In DIN 3960 sind die Grundbegriffe, Bestimmungsgrößen und Fehler an Stirnrädern (s. a. Abb. 13–1), und zwar nur für Stirnradverzahnungen mit evolventischer Flankenform nach DIN 867 und geraden und schrägen Zähnen angeführt. Die Bestimmungsgrößen und Fehler an Kegelrädern sind in DIN 3971, an Schneckengetrieben in DIN 3975 angegeben.

Das Messen an Zahnrädern kann sich auf *Einzelfehler* oder auf *Sammelfehler* der Verzahnung erstrecken oder auf beide. Die Einzelfehlermessung, d. h. die Messung der einzelnen Bestimmungsgrößen des Zahnrades ist aufwendig und wird hauptsächlich zur Einrichtung und Überwachung der Verzahnmaschinen angewendet. Bei der Messung des Sammelfehlers läßt sich die örtliche Auswirkung der Einzelfehler erkennen. Diese Messung wird vielfach bei der Abnahme durchgeführt, da sie in einem gewissen Grade einen Schluß auf das Laufverhalten des Rades zuläßt.

Zur Erzielung der Austauschbarkeit der Räder von Zahnradgetrieben sowie zur Gewährleistung ruhigen Laufes, winkelgetreuer Übertragung und geforderter Belastbarkeit müssen die Fehler aller Bestimmungsgrößen der Verzahnungen sowie die Einbaumaße im Getriebegehäuse innerhalb bestimmter Grenzen gehalten werden.

Die Toleranzen einzelner Bestimmungsgrößen der Verzahnungen sind in einem Toleranzsystem zusammengefaßt. Die Lage der Toleranz-

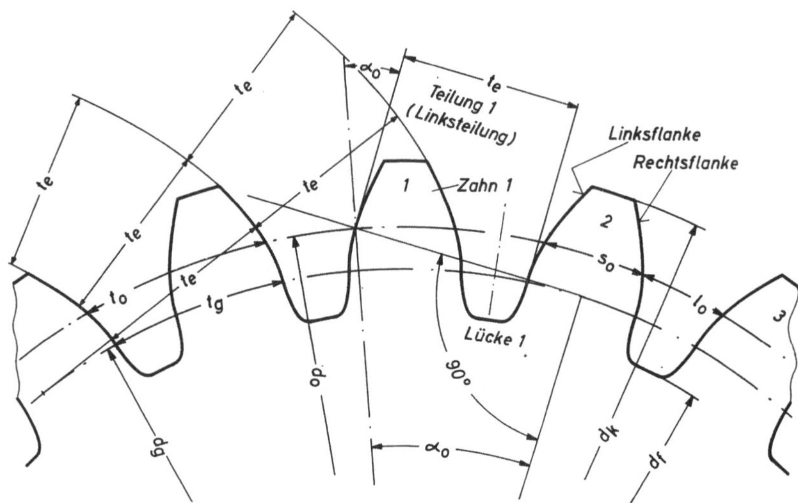

Abb. 13-1 Bestimmungsgrößen und Begriffe am Zahnrad nach DIN 3960

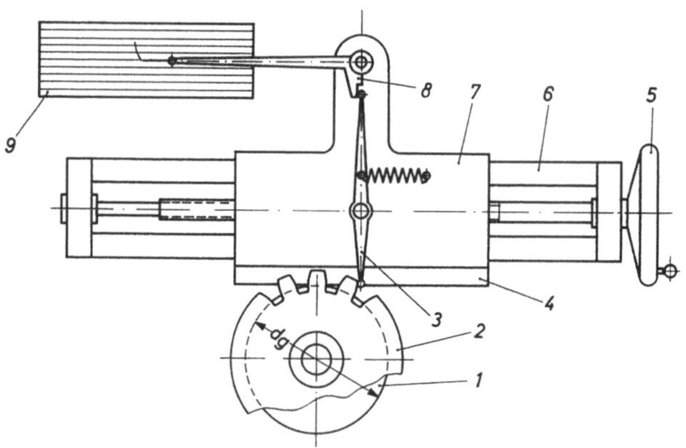

1 auswechselbare Grundkreisscheibe 2 Prüfling 3 Taster 4 Wälzlineal 5 Schlittenantrieb 6 Schlittenführung 7 Wälzschlitten 8 Schreibhebel 9 Schreibtisch

Abb. 13-2 Schematischer Aufbau eines Evolventenprüfgerätes mit festen Grundkreisscheiben

felder von Zahndicke und Achsenentfernung sind in einem Verzahnpaßsystem festgelegt.

Toleranzen und Abmaße für Stirnradverzahnungen nach DIN 867 und die der Getriebegehäuse sind in den Normen getrennt aufgeführt.

In DIN 3961 sind die Erläuterungen, in DIN 3962 Bl. 1—4 die zulässigen Einzelfehler, in DIN 3963 und DIN 3967 die zulässigen Flankenrichtungsfehler, die zulässigen Sammelfehler und die Zahndickenabmaße bzw. Zahnweitenabmaße und in DIN 3964 die Achsabstandsmaße angeführt.

13.2 Einzelfehlermessung am Stirnrad mit Evolventenverzahnung

Als praktische Meßgrößen kommen in Betracht: Grundkreisdurchmesser, Flankenform, Teilkreisteilung, Eingriffsteilung, Zahndicke, Zahnweite, Maß über Kugeln in gegenüberliegenden Zahnlücken, Radialverschiebung einer relativ zur Zahnradachse eingestellten Kugel (Zylinder), Rundlauf, Flankenrichtung bzw. Schrägungswinkel. Mit diesen Messungen können folgende unabhängige Bestimmungsgrößen ermittelt werden:

Eingriffswinkel $\alpha_{0(n)}$, Zahndickenabmaß A_s, Schrägungswinkel β_0 bzw. Zahnrichtungsfehler f_β, Außermittigkeit e von Verzahnungsachse und Radachse, Höhenballigkeit, Breitenballigkeit.

13.2.1 Flankenform

Die einfachste und für beliebige Zahnflankenform mögliche Messung kann durch *Projektion* des Prüflings auf eine auf dem Projektionsschirm im Vergrößerungsmaßstab aufgezeichnete Sollform (evtl. mit Toleranzfeld) erfolgen (s. a. 6.3.1).

Auf den *Evolventenprüfgeräten* erfolgt die Messung durch Abfahren der Zahnflanke.

Bei *Geräten mit festem Grundkreis* (45, 52, 59) wird der Prüfling gleichachsig mit einer auswechselbaren Grundkreisscheibe fest verbunden. Ein Schlitten, der einen Feinzeiger oder einen Taster mit Schreibwerk trägt, wird mit einer geraden Linealkante gegen die Grundkreisscheibe gedrückt (Abb. 13–2). Steht der Meßkugelmittelpunkt des Tasters genau über der Linealkante, so beschreibt dieser bei Drehung des Prüflings, d. h. bei Abwälzen des Lineals an der Grundkreisscheibe in bezug auf die Grundkreisscheibe deren Evolvente. Ist die mit dem Taster abgefahrene Flanke eine einwandfreie Evolvente und ist der zugehörige Grundkreisdurchmesser gleich dem Durchmesser der ver-

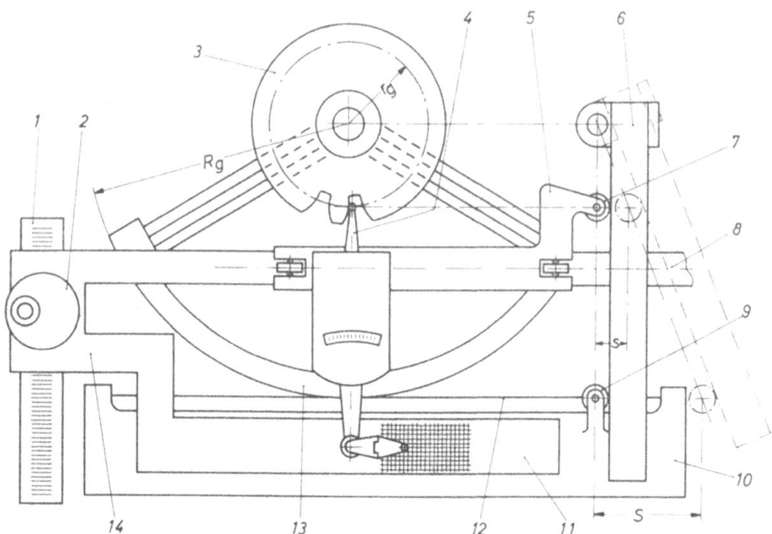

1 Glasmaßstab für Grundkreiseinstellung 2 Spiralmikroskop 3 Prüfling 4 Taster 5 Tangentialwagen 6 Steuerlineal 7 obere Steuerrolle 8 Führungsschiene 9 untere Steuerrolle 10 Wälzschlitten 11 Schreibtisch 12 Wälzbänder 13 Grundkreissegment 14 Radialwagen

***Abb. 13-3** Evolventenprüfgerät mit stufenlos einstellbarem Grundkreis (Jenoptik)*

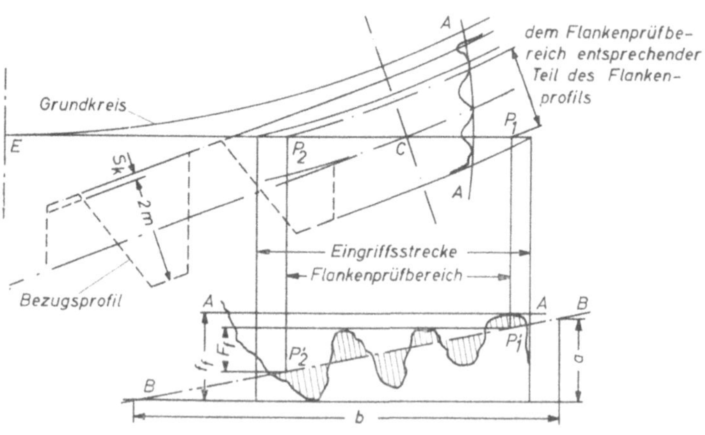

***Abb. 13-4** Flankenprüfbereich, Wälzweg und Fehlerbild bei Evolventenprüfung*

wendeten Grundkreisscheibe, so tritt beim Abfahren der Flanke keine Anzeigeänderung am Feinzeiger auf. Bei Abweichungen vom Grundkreis oder von der Evolventenform treten Anzeigeänderungen auf.

Geräte mit stufenlos veränderlicher Grundkreiseinstellung (39, 51, 52) haben eine feste Grundkreisscheibe bzw. ein Grundkreissegment und einen Wälzschlitten. Die Bewegungsübertragung vom Wälzschlitten auf das Grundkreissegment erfolgt über in einer Ebene liegende Stahlbänder praktisch spielfrei. Die Grundkreiseinstellung erfolgt über einen Radialwagen (s. Abb. 13–3), auf dem der Tangentialwagen mit der Meßeinheit läuft. Im Radialwagen ist ein Ablesemikroskop angeordnet, mit welchem der in Geräteunterteil angeordnete Glasmaßstab abgelesen wird. Die Bewegung des Tangentialwagens wird durch das Steuerlineal und zwei Steuerrollen in Abhängigkeit von der Stellung des Radialwagens, d. h. des eingestellten Grundkreises, bestimmt. Durch die Anordnung des Steuerlineals und der Steuerrollen ist gewährleistet, daß immer das Verhältnis des eingestellten Grundkreises zum Radius des Grundkreissegmentes gleich ist dem Verhältnis der Tangentialwagenverschiebung zur Wälzschlittenverschiebung.

Der auf dem Tangentialwagen angeordnete Taster führt in bezug auf das sich drehende Zahnrad (Prüfling) eine Evolvente aus. Die Abweichungen der Zahnflanke von der theoretischen Sollflanke werden angezeigt bzw. aufgeschrieben.

Der sich auf einem Dorn befindende Prüfling wird zwischen Spitzen aufgenommen und über einen Mitnehmer fest mit der Grundkreisscheibe verbunden. Der Taster ist in der Höhe verstellbar, so daß der Prüfling in verschiedenen Höhen angetastet werden kann. Die Meßkraft des Tasters ist zum Messen von Links- und Rechtsflanken umschaltbar. Zum Messen an innenverzahnten Rädern wird ein gekröpfter Taster verwendet. Schneidräder können mit Hilfe eines Zylinderstiftes an Stelle der üblichen Meßkugel gemessen werden.

Die Aufzeichnung der Fehlerkurve erfolgt mit 500- oder 1000facher Vergrößerung, die Diagrammlänge kann meist verändert werden, der Wälzweg läßt sich im Maßstab 1 :1, 1,5 : 1 oder noch größer reproduzieren.

Auswertung der Fehlerkurven. Am Evolventenprüfgerät wird der Sollgrundkreis des Prüflings eingestellt bzw. die entsprechende Grundkreisscheibe eingesetzt. Beim Abfahren der Prüflingsflanke entsteht eine mehr oder weniger gezackte Linie (Abb. 13–4), deren mittlere Ausgleichlinie BB meist nicht parallel zum Wälzweg bzw. der Sollevolvente AA liegt. Der Flankenformfehler f_f ist das Maß zwischen den zu AA

parallelen Geraden, die durch die äußersten Punkte der Fehlerkurve innerhalb des Flankenprüfbereichs gezogen sind. Als Flankenprüfbereich wird allgemein die Eingriffstrecke bei Paarung des Rades mit der Zahnstange festgelegt.

Der resultierende Flankenformfehler F_f ist die Abweichung der ausgleichenden Geraden BB der Fehlerkurve von ihrer Sollage innerhalb des Flankenprüfbereiches. F_f zeigt, daß der Grundkreis von seinem Sollwert abweicht.

Der Grundkreisfehler f_g kann aus dem Fehlerbild des Flankenprofils (Abb. 13–4) von Gerad- und Schrägstirnrädern in einem Stirnschnitt ermittelt werden:

$$f_g = d_{g\text{soll}} \frac{a}{b} \cdot \frac{V_b}{V_a} \cdot 1000 \text{ [µm]}.$$

Hierin sind:

b ein im Fehlerbild beliebig angenommener Wälzweg in mm;

a die zu b aus dem Fehlerbild zu entnehmende Abweichung der Ausgleichsgeraden von der die Sollevolvente darstellenden Geraden in mm;

V_b und V_a die Vergrößerungsmaßstäbe für den Wälzweg und die Fehleranzeige;

$d_{g\text{soll}}$ der Sollgrundkreisdurchmesser in mm.

13.2.2 Teilung

Der Teilkreis ist nach Definition der zur Radachse mittige Kreis, dessen Durchmesser gleich Zähnezahl mal Modul ist. Er hat somit eine rein rechnerische Bedeutung und ist immer fehlerfrei. Die auf ihm gemessenen Größen (Teilkreisteilung, Zahndicke) können Fehler haben und die Verzahnung kann außermittig zur Radachse und damit auch zum Teilkreis sein. Diese Lageabweichung geht in die Messung der Teilkreisteilung und der Zahndicke ein. Der Verlauf der Meßwerte längs des Radumfanges ist daher mehr oder weniger stark periodisch.

Der *Teilkreisteilungsfehler* wird entweder durch Messen des Teilungswinkels zwischen zwei aufeinanderfolgenden Rechts- oder Linksflanken oder durch Messen der zwischen ihnen liegenden Sehne eines in Teilkreisnähe liegenden Kreises bestimmt, wobei im letzteren Falle nur die Ungleichmäßigkeit der einzelnen Sehnen erfaßt wird. Der Teilungswinkel wird mit Theodolit und Kollimator ermittelt. Auf das drehbar aufgenommene Zahnrad wird ein Theodolit aufgesetzt, der nicht genau zentriert werden muß (Abb. 13–5). An die Zahnflanke wird ein herausschwenkbarer Winkelhebel angelegt, dessen Stellung durch einen Fein-

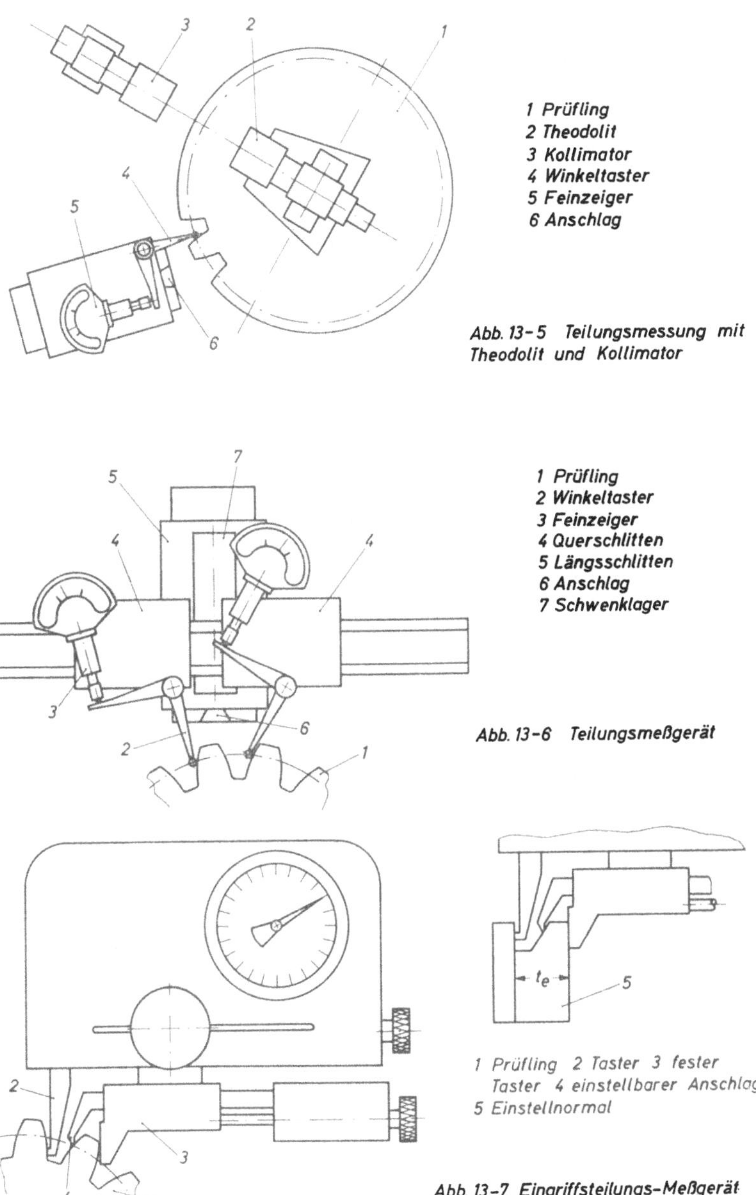

1 Prüfling
2 Theodolit
3 Kollimator
4 Winkeltaster
5 Feinzeiger
6 Anschlag

Abb. 13-5 Teilungsmessung mit Theodolit und Kollimator

1 Prüfling
2 Winkeltaster
3 Feinzeiger
4 Querschlitten
5 Längsschlitten
6 Anschlag
7 Schwenklager

Abb. 13-6 Teilungsmeßgerät

1 Prüfling 2 Taster 3 fester Taster 4 einstellbarer Anschlag 5 Einstellnormal

Abb. 13-7 Eingriffsteilungs-Meßgerät

zeiger gesichert wird. Das Zahnrad wird von Zahn zu Zahn (oder über mehrere Zähne) gedreht und in jeder Anschlagstellung wird das Fernrohr nach dem außerhalb des Zahnrades feststehenden Kollimator ausgerichtet und danach die Stellung des Fernrohrs am Teilkreis des Theodoliten abgelesen.

Der im Bogenmaß ausgedrückte Winkelunterschied zweier Stellungen wird mit dem Teilkreisradius multipliziert und man erhält die Teilkreiseinzelteilung (bzw. die Summenteilung). Die Abweichung gegen den Sollwert t_0 der Einzelteilung bzw. $n \cdot t_0$ der Summenteilung ergibt den Einzelteilungsfehler f_t bzw. den Summenteilungsfehler F_t. Der Teilungssprung f_u ist der Unterschied zweier aufeinanderfolgender Teilungen.

Handgeräte zur Teilungsmessung stützen sich auf dem Kopf- oder Fußkreis des Rades ab. Dadurch gehen Rundlaufabweichungen des Zahnkopfes bzw. Zahngrundes in die Messung ein. Ein fester und ein beweglicher Taster (Abb. 13–6) werden an die Flanken angelegt (45, 51).

Die durch die Abweichung des Stützkreises entstehenden Fehler der Teilkreismessung werden vermieden, wenn die Messung auf *Standgeräten* erfolgt. Diese Standgeräte sind zumeist Mehrfachmeßgeräte. Auf diesen wird die eigentliche Meßvorrichtung zum Messen der Eingriffsteilung auf einem Kreuzschlitten (39) oder mit einem Pendel (45) in die eingestellte Meßstellung gebracht. Die Meßvorrichtung besteht aus zwei Winkelhebeln, deren eine Seite als kugliger Meßtaster ausgebildet ist und deren andere Seite auf einen Feinzeiger wirkt. Der eine Feinzeiger dient lediglich zur Kontrolle der Anlage des Tasters an der Prüflingsflanke und zur Gewährleistung konstanter Meßkraft. Diese kann auch erreicht werden, wenn dieser Taster festgelegt wird und der Prüfling durch ein Gewicht und Seilzug mit konstanter Kraft an den Taster angelegt wird (39). Der vom beweglichen Taster beaufschlagte Feinzeiger zeigt die Ungleichmäßigkeit der Teilung an.

Ein weiteres Standgerät (34) arbeitet mit induktivem Aufnehmer. Das Prüfrad wird kontinuierlich gedreht, die Meßvorrichtung mit den Tastern und den induktiven Aufnehmern wird automatisch ein- und ausgefahren, und zwar so, daß die Taster nicht auf den Flanken des Prüflings schleifen. Die Meßsignale werden elektronisch ausgewertet und registriert. Es können der Einzelteilungsfehler f_t, der Teilungssprung f_u und der Summenteilungsfehler F_t vom Diagramm abgelesen werden.

Die *Auswertung* der mit Hand- oder Standgeräten ausgeführten Teilungsmessungen ist einfach. Der Teilungssprung f_u ist der Unterschied zur vorhergehenden Anzeige, d. h. von jeder Anzeige wird die vorhergehende Anzeige abgezogen. Da der Mittelwert aller einzelnen Teilkreisteilungen gleich dem fehlerfreien Wert $t_0 = m \cdot n$ sein muß, braucht man nur das arithmetische Mittel sämtlicher Anzeigen von jeder Anzeige abzuziehen, um die Einzelteilungsfehler f_t zu erhalten. Durch Addition der Einzelteilungsfehler von einer beliebigen Teilung aus erhält man den Summenteilungsfehler der jeweils eingeschlossenen Teilungen. Der Summenteilungsfehler sämtlicher Teilungen eines Rades muß gleich Null sein.

13.2.3 Eingriffsteilung

Die Eingriffsteilung t_e ist der Abstand paralleler Tangenten, die in einer Stirnschnittebene an zwei aufeinanderfolgende Rechts- oder Linksflanken im Bereich der Evolventen gelegt werden. Bei genauen Evolventenflanken des gleichen Grundkreises ist t_e über den ganzen Flankenbereich konstant und gleicht t_g (Grundkreisteilung). Infolgedessen gilt für das Sollmaß der Eingriffsteilung:

$$t_e = t_g = \frac{\pi\, d_g}{z} = m \cdot \pi \cdot \cos\alpha_0 = t_0 \cdot \cos\alpha_0\,.$$

Bei $\alpha_0 = 20°$ bzw. $15°$ ist $t_e = 2{,}95213 \cdot m$, bzw. $3{,}03455 \cdot m$.

Die Messung der Eingriffsteilung t_e ist bezugsfrei, also unabhängig von der Außermittigkeit der Verzahnung zur Führungsachse des Rades, so daß ihre wirksamen Fehler nicht erfaßt werden. Die Eingriffsteilung ist auch von der Profilverschiebung unabhängig.

Aus einer gleichmäßigen Eingriffsteilung längs des Radumfanges kann auf eine ebenso gleichmäßige Teilkreisteilung nur bei Rädern geschlossen werden, die mit Einflankenwerkzeugen im Teilverfahren hergestellt oder geschliffen wurden. Bei wälzgefrästen oder wälzgestoßenen Rädern gehen die vom Maschinengetriebe verursachten Teilfehler des Prüflings nicht meßbar in dessen Eingriffsteilung ein. Die an dem in der Verzahnmaschine eingespannten Zahnrad durchgeführte Messung von t_e als Unterschiedsmessung gegen ein geeignetes Normal ist bei der Maag-Maschine (Wälzschleifen) zum Einstellen der Schleifscheibenköpfe (Eingriffswinkel α_0), bei der Minerva-Maschine (Formschleifen) zum Einstellen der Abziehvorrichtung erforderlich.

Der Eingriffsteilungsfehler f_e, der der Unterschied zwischen Istmaß und Sollmaß der Eingriffsteilung t_e ist, kann von der Ungleichmäßigkeit der Teilkreisteilung (Folge der Teilungssprünge) von einem Grundkreisfehler und von Flankenformfehlern der beiden Zahnflanken herrühren, zwischen denen t_e gemessen wird.

Da bei evolventenförmigen Flanken die Eingriffsteilung t_e gleich der zugehörigen Grundkreisteilung t_g ist, kann aus dem gemessenen mittleren Eingriffsteilungsfehler f_{em} aller Rechtsflanken oder aller Linksflanken, der unabhängig von der Ungleichförmigkeit der Teilkreisteilung ist, bei evolventenförmigen Flanken der mittlere Grundkreisfehler f_{gm} errechnet werden zu

$$f_{gm} = \frac{z \cdot f_{em}}{\pi}.$$

Aus der gemessenen Eingriffsteilung t_{em} kann bei Geradstirnrädern der mittlere Isteingriffswinkel α_{om} errechnet werden aus

$$\cos \alpha_{om} = \frac{t_{em}}{\pi \cdot m}.$$

Bei Schrägstirnrädern kann nur die Normaleingriffsteilung t_{en} gemessen werden. Dementsprechend gilt für den Normaleingriffswinkel

$$\cos \alpha_{onm} = \frac{t_{enm}}{\pi \cdot m_n}.$$

Durch Differenzieren der Formel für den mittleren Isteingriffswinkel folgt für den mittleren Eingriffswinkelfehler $f_{\alpha m}$ des Geradstirnrades die Näherungsformel für $f_{\alpha m}$ im Bogenmaß

$$f_{\alpha m} = -\frac{f_{em}}{m \cdot \pi \cdot \sin \alpha_0}.$$

Für $f_{\alpha m}$ im Gradmaß ergibt sich

$$f_{\alpha m} = -1{,}1 \cdot \frac{f_{em}}{m \cdot \sin \alpha_0} \quad \text{in Winkelminuten},$$

für $\alpha_0 = 20°$ bzw. $15°$ also

$$f_{\alpha m} = -3{,}2 \frac{f_{em}}{m} \quad \text{bzw.} \quad = -4{,}2 \frac{f_{em}}{m},$$

wobei f_{em} in µm und m in mm einzusetzen sind.

Bei Schrägstirnrädern müssen die Größen des Normalschnittes α_{on} und m_n eingesetzt werden.

Der Größtfehler von f_e ist maßgebend für die Qualität der Verzahnung. Die entsprechende Qualität wird aus DIN 3962 ersehen.

Die Messung der Eingriffsteilung wird meist mit Handgeräten durchgeführt. Die Geräte werden nach einem Einstellnormal auf Null gestellt und dann auf den Prüfling zur Messung aufgesetzt (Abb. 13–7). Beim Aufsetzen stützt sich das Gerät an einem Zahn mit einer hartmetallbestückten Meßleiste und einem Stützfinger (51, 52) oder in einer Zahnlücke mit zwei Kugelstützen (39) ab. Der auf den Feinzeiger wirkende

Meßhebel tastet bei Schwenken des Gerätes über die Abstützung hinweg eine Zahnflanke des Prüflings ab, der Umkehrpunkt der Anzeige gibt den Eingriffsteilungsfehler an. Gemessen wird von Zahn zu Zahn, die Meßergebnisse werden zur besseren Auswertung in einem Diagramm als Fehlerkurve aufgetragen.

Die Eingriffsteilung kann als Ungleichmäßigkeitsmessung oder als absolute Messung auch auf dem Standgerät (39) durchgeführt werden.

13.2.4 Zahndicke, Zahnweite

Die Zahndicke s_0 eines Geradstirnrades ist die Länge des Teilkreisbogens zwischen der Links- und der Rechtsflanke eines Zahnes. Das Nennmaß der Zahndicke eines Zahnrades nach DIN 867 ist

$$s_0 = t_0/2 + 2xm \tan \alpha_0.$$

Die Normalzahndicke eines Schrägstirnrades ist das zwischen der Links- und der Rechtsflanke eines Zahnes liegende Stück einer Schraubenlinie, die auf dem Teilzylinder senkrecht zu den Flankenlinien verläuft.

Das Nennmaß von s_{n0} einer Schrägverzahnung nach DIN 867 ist

$$s_{n0} = t_{n0}/2 + 2xm_n \tan \alpha_{n0}.$$

Die Zahndicke $s_0 (s_{n0})$ und die Zahnlückenweite $l_0 (l_{n0})$ ergeben zusammen die Teilkreisteilung $t_0 (t_{n0})$.

Die Zahndicke und die Zahnlückenweite werden durch eine Abweichung der Verzahnungsachse von der Führungsachse periodisch beeinflußt. Außerdem treten durch die Ungleichmäßigkeit der Teilung verursachte unregelmäßige Abweichungen auf. Von der Zahndicke bzw. dem Zahndickenabmaß der einzelnen Zähne ist die mittlere Zahndicke bzw. das mittlere Zahndickenabmaß zu unterscheiden. Bezugsfreie Messungen der Zahndicke werden meist zur Einstellung der Verzahmaschine während der Fertigung verwendet. Bei achsenbezogenen Zahndickenmessungen wird der Einfluß einer Abweichung von Verzahnungsachse und Führungsachse mit erfaßt. Dabei wird die Zahndicke so gemessen, wie sie sich auf das Gegenrad auswirkt. Für die Abnahme von Zahnrädern kommen daher nur achsenbezogene Zahndickenmessungen in Frage, da geprüft werden muß, ob das vorgeschriebene Zahndickenabmaß von allen Zähnen eingehalten wird.

Achsenbezogene Messung. Diese kann auf Standgeräten (39) wie die Ungleichmäßigkeitsmessung der Teilkreisteilung t_0 durchgeführt werden, nur daß sich die beiden Taster an die Flanken desselben Zahnes

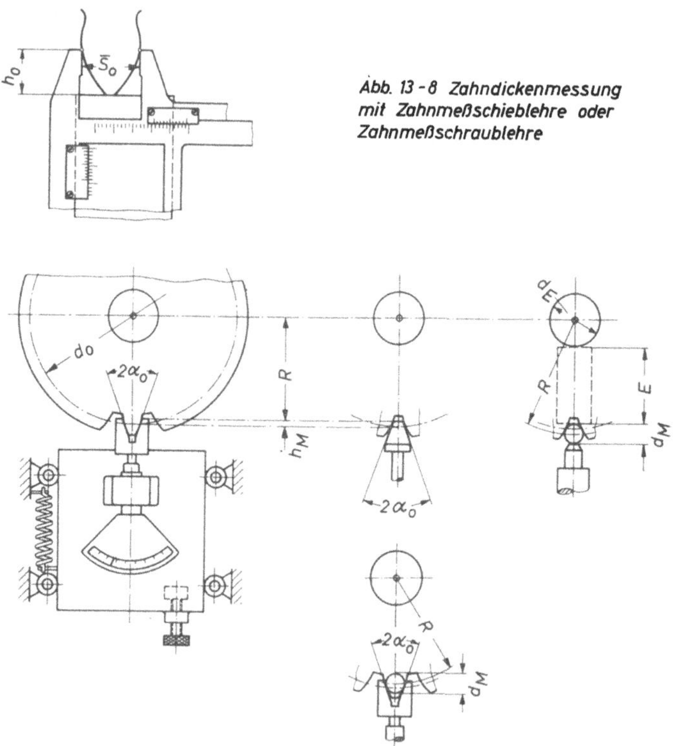

Abb. 13-8 Zahndickenmessung mit Zahnmeßschieblehre oder Zahnmeßschraublehre

Abb. 13-9 Achsbezogene mittelbare Zahndickenmessung mit Meßkörpern

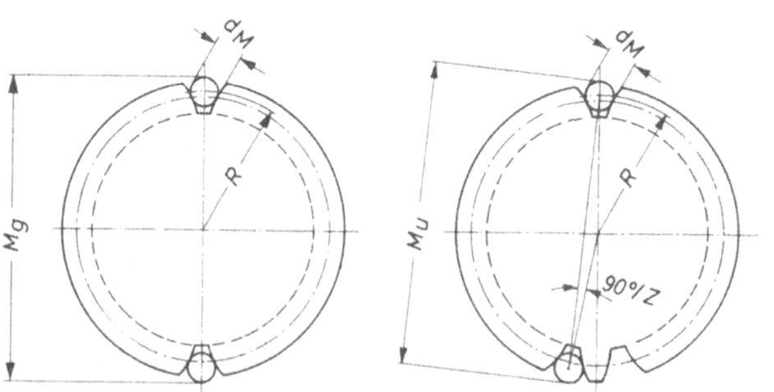

Abb. 13-10 Bezugsfreie mittelbare Zahndickenmessung mit Meßkörpern

anlegen. Eine Bestimmung des Istmaßes der Zahndicke kann durch Vergleich mit Endmaßen erfolgen.

Mit *Zahnmeßschieblehren* (1, 16, 22, 28, 52, 55, 79, 87, 92) wird die Zahndickensehne $\bar{s}_0$ gemessen, wobei sich das Gerät auf dem Kopfkreis abstützt (Abb. 13-8). Der Höhenschieber wird vor der Messung auf den Abstand h_0 von den Meßkantenenden eingestellt, so daß die parallelen Kanten der Meßschnäbel die Zahnflanken im Meßkreis berühren.

Bei Geradstirnrädern errechnet sich das Nennmaß der Zahndickensehne $\bar{s}_0$ und die zugehörige Einstellhöhe h_0 aus den Gleichungen

$$\bar{s}_0 = m\, z \sin\left(\frac{\pi + 4\, x \tan\alpha_0}{2\, z}\right),$$

$$h_0 = m\left\{1 + \frac{z}{2}\left[1 - \cos\left(\frac{\pi + 4\, x \tan\alpha_0}{2\, z}\right)\right] + x - k\right\}.$$

Darin sind m der Modul, z die Zähnezahl, α_0 der Eingriffswinkel, x der Profilverschiebungsfaktor und k der Faktor der Kopfkürzung.

Für $m = 1$, $x = 0$ und $k = 0$ sind die Werte für $\bar{s}_0$ und h_0 vielfach tabelliert. Für einen beliebigen Modul m müssen dann die Werte mit m multipliziert werden.

Die angeführten Gleichungen gelten auch für Schrägzahnräder, wenn alle Größen auf den Normalschnitt bezogen werden (m_n, α_{0n}) und für z die ideelle Zähnezahl $z_i = z/\cos^3\beta_0$ eingesetzt wird. Das Abmaß der Zahndicke $\bar{s}_0$ kann in praktischen Fällen dem von s_0 auf dem Teilkreisbogen gleichgesetzt werden.

Ein Zahndickenmeßgerät (39) arbeitet nach dem gleichen Prinzip wie die Zahnmeßschieblehre. Die Zahndickensehne $\bar{s}_0$ und das Einstellmaß h_0 werden mit einer Lupe an zwei senkrecht zueinander stehenden Glasmaßstäben mit dem Skalenwert 0,02 mm abgelesen. Die Maßstäbe sind mit dem Höhenschieber bzw. mit dem einstellbaren Meßschnabel fest verbunden und zeigen deren Verschiebung gegenüber einem feststehenden Fadenkreuz an. Die Meßkanten sind mit Hartmetall bestückt.

Bei einem Zahndickenfeinzeiger (96) werden der Höhenschieber und ein Meßschnabel mit einer Meßschraube (Skalenwert 0,01 mm) eingestellt. Der zweite Meßschnabel wirkt auf einen Feinzeiger und kann beim Ansetzen an einen Zahn um 1 mm zurückgezogen werden (Skalenwert 0,005 mm). Der Feinzeiger gewährleistet gleichbleibende Meßkraft. Die Meßkanten der Meßschnäbel sind mit Hartmetall bestückt.

Meßfehler, und zwar negative, treten insbesondere durch Kantenabrundung der Meßflächen ein. Diese betragen bei einem Abrundungsradius von 15 μm schon bis zu —12 μm. Weiterhin gehen in die Zahndickenmessung die Rundlaufabweichungen des Kopfkreises ein.

Das Zahndickenabmaß bzw. das Zahnlückenabmaß kann mittelbar durch in die Verzahnung eingelegte Meßkörper (Kimme, Kegel, Zylinder, Kugel) gemessen werden (Abb. 13–9). Unmittelbar gemessen wird dabei die radiale Verschiebung des Meßkörpers, der zunächst entsprechend einer Anlage am abmaßfreien Zahnrad eingestellt und dann zur Anlage an den Prüfling gebracht wird. Kimmenförmige Meßkörper werden an Feinzeigern angebracht. Sie werden zweckmäßig als Zahnlücke der Bezugzahnstange ausgebildet. Nach diesem Verfahren können Gerad- und Schrägverzahnungen mit und ohne Profilverschiebung gemessen werden.

In Verbindung mit den Rundlaufprüfgeräten (s. 13.2.5) kann auch die mittelbare Zahndickenmessung durchgeführt werden, indem in die Zahnlücken ein Meßzylinder oder eine Kugel (Schrägstirnräder) eingelegt wird. Für den Durchmesser D des Zylinders bzw. der Kugel wird zweckmäßig der günstigste Durchmesser gewählt, d. h. der Durchmesser, bei dem der Meßzylinder im Teilkreis die Zahnflanken berührt. Die Einstellung des Nennmaßes des radialen Abstandes R der Meßkörper wird mit Endmaßen und einem Einstelldorn (evtl. auch der Aufnahmedorn) vorgenommen. Die Formeln zur Berechnung des Einstellmaßes sind in der Literatur zu finden [*36*], [*68*].

Bezugsfreie Messung. Die bezugsfreie Messung der Zahndicke ist immer eine mittelbare Messung. Man unterscheidet die diametrale Messung, bei der die Meßgröße genau oder angenähert in die Richtung eines Stirnraddurchmessers fällt (diametrales Zweikugelmaß) und die tangentiale Messung, bei der die Meßgröße tangential zum Grundkreis des Prüflings liegt (Zahnweite). Diese Meßverfahren sind wichtig für die Werkstatt, da sie auch an in der Verzahnmaschine eingespannten Werkstücken durchgeführt werden können.

Bei der *diametralen Messung* werden, ähnlich wie bei den vorher beschriebenen achsbezogenen Verfahren, Meßstücke in die Zahnlücken eingelegt und über diese diametral der Abstand gemessen (Abb. 13–10). Als Meßstücke kommen zur Anwendung Zylinder bzw. Kugeln bei Schrägstirnrädern, Kegel oder Kimme und Kegel. Die Meßstücke werden bei geradzahligen Zähnezahlen in gegenüberliegende, bei ungeradzahligen Zähnezahlen in auf der größtmöglichen Sekante des Prüflings liegende Zahnlücken eingelegt. Das Verfahren kann sowohl für Außenals auch für Innenverzahnungen verwendet werden. Gemessen wird der Abstand der Meßstücke mit Bügelmeßschrauben oder Feinzeigermeßbügeln. Kleinere Prüflinge können auch auf dem Abbe-Längenmesser vermessen werden.

Bei *Zahnweitenmessung* nach WILDHABER (Abb. 13–11) ist das am meisten verbreitete Meßverfahren zur Bestimmung der Zahndicke bzw. des Zahndickenabmaßes von außenverzahnten Gerad- und Schrägstirnrädern. Die Zahnweite ist nach DIN 3960 definiert als der Abstand paralleler Meßebenen, die je eine Rechts- und eine Linksflanke verschiedener Zähne in Teilkreisnähe berühren. Bei Schrägstirnrädern wird die Normalzahnweite gemessen. Die Messung wird mit Bügelmeßschrauben, die mit flachen, ebenen Meßtellern versehen sind, durchgeführt (1, 16, 24, 28, 35, 52, 55, 76, 79, 86, 87, 90). Für genaue Messungen ist eine Feinzeigermeßschraube zu verwenden, da hier die Meßkraft bei allen Messungen gleich gehalten werden kann (39, 52, 76). Die Einstellung der Feinzeigermeßschrauben geschieht nach Endmaßen. Für das Zahnweitenmaß W gibt es Tabellen. In diesen ist außerdem die Meßzähnezahl z' angegeben. Für profilverschobene Räder sind in dem Tafeln Korrektionswerte aufgeführt. Diese werden mit dem Profilverschiebungsfaktor x multipliziert und zu W addiert. Die Tafeln können auch für schrägverzahnte Räder benutzt werden, wenn die Meßzähnezahl z' gesondert berechnet wird.

Bei der Zahnweitenmessung kann nicht eindeutig auf das Zahndickenabmaß geschlossen werden, da Fehler der Eingriffsteilung und somit des Eingriffswinkels und bei Schrägstirnrädern Fehler des Schrägungswinkels in die Messung eingehen.

In DIN 3967 sind die Zahnweitenabmaße für die einzelnen Qualitäten angegeben.

13.2.5 Rundlaufabweichung

Die Rundlaufabweichung f_r ist die größte radiale Lageabweichung eines nacheinander in allen Zahnlücken eingelegten Meßstücks, das die Zahnflanken in Teilkreisnähe berührt, während das zu prüfende Rad in seiner Führungsachse drehbar aufgenommen ist. Das Taumeln der Verzahnung (Kreuzen oder Schneiden von Verzahnungs- und Führungsachse) kann durch Messen der Lage und Größe von f_r nahe den Stirnebenen des Rades festgestellt werden.

Die Rundlaufabweichung setzt sich zusammen aus den Lageabweichungen der Verzahnung und dem Zahnlückenfehler, der bis zu seinem 1,4- bis 1,9fachen Wert (abhängig von der Zähnezahl) in die Rundlaufmessung eingeht [*68*].

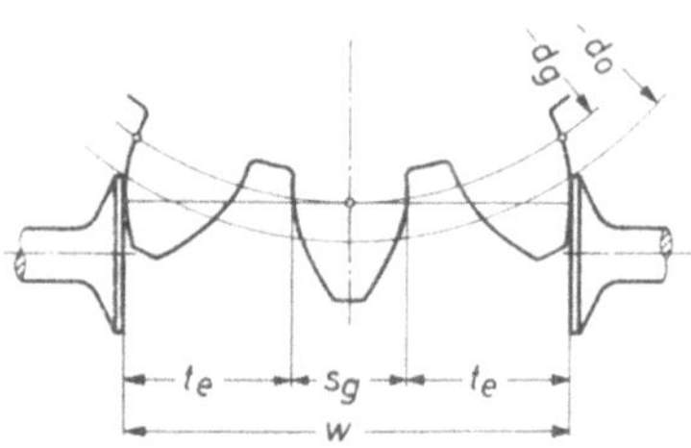

Abb. 13-11 Zahnweitenmessung eines Geradstirnrades
Anlage der Meßteller in Teilkreisnähe

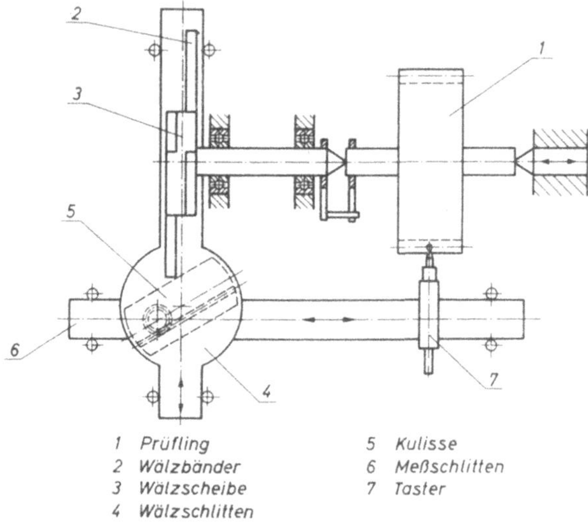

Abb. 13-12 Schema der Arbeitsweise des Steigungsprüfgerätes SPG 600 (Zeiss)

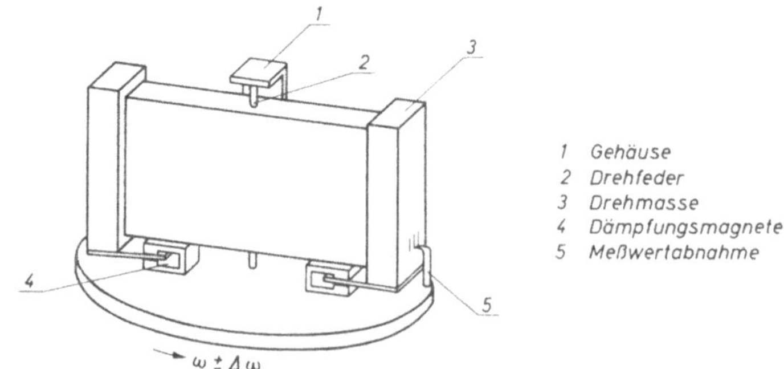

Abb. 13-13 Schema des Ungleichförmigkeitsmeßgerätes nach Prof. Opitz

Die Messung der Rundlaufabweichung erfolgt meist mit Feinzeigern, die einen großen Freihub haben und an denen als Meßkörper eine Meßkugel befestigt ist. Bei Zahnrädern mit größerem Modul muß die Feinzeigerhalterung ausfahr- oder schwenkbar sein. Einige Zahnradprüfgeräte (39, 45, 51, 52, 59) sind mit einer Zusatzeinrichtung zum Messen der Rundlaufabweichung versehen, andere Geräte sind speziell für die Rundlaufprüfung vorgesehen (34, 39).

Die Rundlaufabweichung kann auch auf dem Zweiflankenwälzprüfgerät (s. 13.3.2) ermittelt werden, wenn der Prüfling gegen einen Zylinder- oder Kugelkranz (bei Schrägstirnrädern) abgewälzt wird.

13.2.6 Flankenrichtungsfehler

Der Flankenrichtungsfehler f_β ist die Abweichung der Flankenlinie von ihrer Sollrichtung auf dem Teilkreis. Bei Geradstirnrädern ist die Sollrichtung der Flankenlinie durch die Mantellinie des Teilzylinders, bei Schrägstirnrädern die auf dem Teilzylinder mit dem Schrägungswinkel β_0 erzeugte Schraubenlinie gegeben. Gemessen wird meist nicht $\beta_{0\text{ist}} - \beta_{0\text{soll}}$ sondern $\tan f_\beta$ und in μm pro 100 mm Radbreite angegeben.

Hervorgerufen werden Flankenrichtungsfehler meist durch falsche Maschineneinstellung, wenn nämlich die Lage des Bezugsprofils zur Lage der Achse des Zahnrades nicht stimmt, oder der Maschinenschlitten nicht richtig ausgerichtet ist.

Die Messung des Flankenrichtungsfehlers erfolgt am einfachsten unmittelbar auf Steigungsprüfgeräten. Bei diesen Geräten wird die Flankenlinie mit einem Taster abgefahren, wobei Taster und Prüfling gegeneinander verschraubt werden. Stimmt die am Meßgerät eingestellte Schraubung (abhängig vom Schrägungswinkel β_0) mit der durch die Flankenlinie des Prüflings dargestellte Schraubung überein, treten beim Abfahren der Flanke nur durch Oberflächenrauheit hervorgerufene örtliche Auslenkungen auf, der Mittelwert des Kurvenzuges eines Aufschriebes zeigt keine Neigung.

Die Steigungsprüfung wird bei einzelnen Geräten (45, 51, 52) neben der Evolventenprüfung durchgeführt. Das *Steigungsprüfgerät* SPG 600 (96) ist ein Einzweckgerät. Die Arbeitsweise des Gerätes geht aus Abb. 13–12 hervor. Der auf einem Dorn aufgezogene und zwischen Spitzen aufgenommene Prüfling *1* erhält über die Bänder *2* und die Wälzscheibe *3* vom Durchmesser d_w eine zur Bewegung des Wälzschlittens *4* proportionale Drehung. Der Wälzschlitten *4* trägt eine nach einem Glasteilkreis einstellbare Kulisse *5*, die den Meßschlitten *6* mit dem

Taster *7* bewegt. Der Taster fährt die Zahnflanke des Prüflings ab und zeigt die Abweichung der Ist-Zahnsteigung von der Soll-Zahnsteigung an.

Aus der Zahnsteigung

$$S = \pi \frac{d_0}{\tan \beta_0} = \pi \frac{d_w}{\tan \beta_e}$$

errechnet sich der Einstellwinkel β_e der Kulisse zu

$$\tan \beta_e = \frac{d_w}{d_0} \tan \beta_0 ,$$

worin d_w der Wälzscheibendurchmesser (Gerätekonstante),
d_0 der Teilkreisdurchmesser des Prüflings,
β_0 der Schrägungswinkel im Teilkreis ist.

Bei einem anderen Gerät (52), mit dem auch die Evolventenprüfung durchgeführt werden kann, wird der Prüfling gleichzeitig gedreht und axial verschoben, der Taster ist fest.

Steht kein Steigungsprüfgerät zur Verfügung, so kann die Zahnrichtung mit anderen Geräten und Vorrichtungen ermittelt werden, mit denen aber meist größere Meßungenauigkeiten in Kauf genommen werden müssen.

Bei *Geradstirnrädern* kann die Parallelität der Zähne mit der Führungsachse durch Abfahren mit einem auf einen parallel zur Achse ausgerichteten Schlitten gesetzten Feinzeiger geprüft werden. Die Meßungenauigkeit ist abhängig von der Führungsqualität des Schlittens und dessen Ausrichtung.

Bei nicht zu breiten Rädern (je nach Gerät 60 bis 100 mm) kann die Zahnrichtungsprüfung auch auf Evolventenprüfgeräten durch Verschieben des Tasters erfolgen. Wenn die Unparallelität von der Spitzenachse der Prüflingsaufnahme zur Führung des Tasters bekannt ist, kann eine Meßungenauigkeit von $\pm$ 5″ erzielt werden [*23*].

Bei *Schrägstirnrädern* bis etwa 200 mm Kopfkreisdurchmesser kann die Verschraubung, wie sie auf dem beschriebenen Steigungsprüfgerät durchgeführt wird, auch auf einem Universal-Meßmikroskop (s. 6.5.6) mit optischem Teilkopf und Innenmeßeinrichtung ausgeführt werden. Die Prüflingsflanke wird ungefähr in Teilkreisnähe mit einem Kugeltaster angetastet, der Taster in seine Nullstellung gebracht, der Teilkopf abgelesen; dann wird der Prüfling weitergedreht und der Schlitten verfahren, bis wieder die Nullstellung des Tasters erreicht ist. Der Ist-Steigungswinkel β_0 ergibt sich dann aus

$$\tan \beta_0 = \frac{d_0}{2a} \operatorname{arc} \alpha ,$$

wobei d_0 der Teilkreisdurchmesser des Prüflings in mm,
a die Verschiebung des Prüflings in mm,
α die Verdrehung des Prüflings im Bogenmaß von einer Nullstellung des Tasters zur anderen ist.

Ebenfalls auf einem Meßmikroskop mit Spitzenbock und Innenmeßeinrichtung kann der Grundschrägungswinkel β_g aus einer Messung der rechtwinkligen Koordinaten zweier Punkte der Erzeugenden der Flanke eines Schrägstirnrades ermittelt werden. Vor der Messung muß die Meßkugel am Taster so eingestellt werden, daß ihr Mittelpunkt von der durch die Spitzenachse gehenden Horizontalebene einen Abstand gleich dem Grundkreisradius r_g des Prüflings hat. Der Grundkreisradius kann mit Hilfe eines Einstelldornes und einer Endmaßkombination eingestellt werden. Der Prüfling wird bei der Messung mit dem x- und y-Schlitten relativ zur Meßkugel verschoben, wodurch man eine Zahnflanke zuerst nahe der einen und dann nahe der anderen Stirnfläche des Rades zur Anlage bringt. Mit den Differenzen der Anzeigen kann der Grundschrägungswinkel aus

$$\tan \beta_g = \frac{y_2 - y_1}{x_2 - x_1}$$

ermittelt werden. Um eine kleine Meßunsicherheit zu erhalten, muß $x_2 - x_1$ möglichst groß sein. Als Unsicherheit gehen in die Messung die Unparallelität der Spitzenachse zum x-Schlittenablauf, die Abweichung des y-Schlittens vom rechten Winkel, die Unsicherheit des Grundkreisradius r_g und die Unsicherheit der Einstellung von r_g ein.

Mit dem *Schrägungswinkelmeßgerät* (39) kann sowohl β_0 als auch β_g gemessen werden. Das Gerät kann in der Verzahnmaschine oder in Verbindung mit dem Zahnradprüfgerät (39) verwendet werden. Es ist mit einem gläsernen Meßkeil (Keilwinkel 20°) ausgerüstet, dessen Schwenkachse die Drehachse eines Glasteilkreises ist, der optisch mit Koinzidenzeinstellung (Theodolitablesung) abgelesen wird. Der Meßkeil wird an die Zahnflanke angelegt. Durch den Meßkeil hindurch ist die Anlage zu beobachten, was durch Benetzen mit Öl verbessert werden kann. Wird die Keilfläche, die die Schwenkachse unter dem Normaleingriffswinkel von 20° schneidet, an die Flanke angelegt, kann der Schrägungswinkel β_0, bei Anlage der zur Schwenkachse parallelen Fläche der Grundschrägungswinkel β_g gemessen werden. Das Gerät muß auf eine plane, zur Führungsachse des Zahnrades senkrechten Platte aufgesetzt werden. Bei mehrmaligen Messen des Grundschrägungswinkels β_g und Bilden des Mittelwertes der Meßwerte kann eine Meßunsicherheit von $\pm$ 2,5′ eingehalten werden [*23*].

Um β_0 zu erhalten, kann man die Beziehung

$$\tan\beta_0 = \frac{d_0}{d_g}\tan\beta_g$$

benutzen, wobei für d_g der auf einem Evolventenprüfgerät gemessenen Istwert von d_g eingesetzt wird. Für einen angenäherten Wert kann auch die Beziehung

$$\sin\beta_0 = \frac{\sin\beta_g}{\cos\alpha_{n0}}$$

benutzt werden, wenn für den Normaleingriffswinkel α_{n0} der Sollwert eingesetzt wird.

13.3 Sammelfehlerprüfung

Als Sammelfehler einer Verzahnung wird die gemeinsame örtliche und gleichzeitige Auswirkung der verschiedenen Einzelfehler auf die Lage und Form der Zahnflanken bezeichnet. Die Sammelfehler werden durch Wälzen der Prüflinge mit Lehrzahnrädern gemessen, deren Wälzfehler bekannt sein und vom Meßwert abgezogen werden müssen. Je nachdem, ob sich bei dem Wälzvorgang die einen oder beide Flanken der Zähne berühren, bezeichnet man die Prüfung als Ein- oder Zweiflankenwälzprüfung und dementsprechend die Fehler als Ein- bzw. Zweiflankenwälzfehler bzw. -sprünge.

Bei der Einflankenwälzprüfung kämmen Prüfrad und Lehrzahnrad im Sollachsabstand, wobei sich entweder die Links- oder die Rechtsflanken berühren. Der Sammelfehler entsteht durch die von den Verzahnungsfehlern hervorgerufenen Winkelwegunterschiede gegenüber einer konstanten Drehbewegung.

Bei der Zweiflankenwälzprüfung kämmen Prüfrad und Lehrzahnrad unter gleichbleibender Kraft spielfrei miteinander. Der Sammelfehler wird durch die Schwankungen des Achsabstandes angezeigt. Die Aufzeichnung der Fehler erfolgt kreis- oder streifenförmig.

Der Wälzfehler F_i ist bei kreisförmigen Profilbildern der Unterschied zwischen dem größten und kleinsten Abstand der Fehlerlinie von der Drehachse des Prüfblattes, bei streifenförmigen Prüfbildern der Unterschied zwischen größter und kleinster Ordinate der Fehlerlinie. Der Wälzsprung f_i ist der Unterschied eines benachbarten höchsten und tiefsten Punktes der Fehlerlinie je Teilung. Die Wälzfehler bzw. -sprünge bei der Einflankenwälzprüfung werden mit F_i' bzw. f_i', bei der Zweiflankenwälzprüfung mit F_i'' bzw. f_i'' bezeichnet. Bei der Einflankenwälzprüfung muß noch zwischen Fehlern der rechten und der linken Flanken unterschieden werden.

13.3.1 Einflankenwälzprüfung

Die Einflankenwälzprüfung entspricht weitgehend der betriebsmäßigen Verwendung des Zahnrades im Getriebe, da das zu prüfende Rad mit einem Lehrzahnrad bei vorgeschriebenem Achsabstand abwälzt. Trotzdem hat dieses Verfahren keine weite Verbreitung gefunden, da die Prüfgeräte meist zu aufwendig sind.

Für die Einflankenwälzprüfung werden zumeist Geräte mit fester Wälzscheibe verwendet. Das Lehrzahnrad ist mit der Wälzscheibe starr gekoppelt. Auf einer parallelen Welle ist der Prüfling angeordnet, der bei fest eingestelltem Achsabstand mit dem Lehrzahnrad kämmt. Die zum Prüfling gehörige Wälzscheibe sitzt auf einer die Prüflingswelle umschließenden Hohlwelle. Die Verzahnungsfehler des Prüflings rufen beim Abwälzen kleine Verdrehungen der Prüflingswelle gegenüber der über die Wälzscheiben angetriebenen Hohlwelle hervor. Diese Verdrehungen werden über geeignete Getriebe vergrößert auf eine Schreibeinrichtung gegeben (45, 52).

Geräte nach dem seismischen Prinzip (80) gestatten es, Gleichlaufschwankungen von Drehbewegungen oberhalb einer Frequenz von 0,85 Hz und Amplituden von 0,1″ zu messen. Mit den Geräten können nicht nur Zahnradpaare, sondern auch fertige Getriebe sowie Verzahnungsmaschinen untersucht werden.

Der Aufbau des Ungleichförmigkeitsmeßgerätes ist folgender (Abb. 13–13):

In einem Gehäuse, welches mit dem zu untersuchenden Maschinenelement fest verbunden wird, ist über ein Kreuzfedergelenk eine Drehmasse gelagert. Diese führt auf Grund ihrer Trägheit eine gleichförmige Drehbewegung aus. Die Relativbewegung zwischen dem Gehäuse und der Drehmasse ist die zu messende Ungleichförmigkeit. Sie wird durch induktive Wegaufnehmer in eine elektrische Größe umgewandelt und nach Verstärkung in einem Trägerfrequenzmeßverstärker durch ein Registriergerät aufgezeichnet.

Mit dem Gerät können auch die Abweichungen der Gleichförmigkeit der Wälzbewegung zweier Elemente, z. B. zweier in einem Getriebe eingebauter Zahnräder, ermittelt werden. Dazu sind zwei Aufnehmer erforderlich, die in ihrer Eigenfrequenz und Dämpfung übereinstimmen müssen. Der Vorteil dieses Verfahrens ist, daß keine Wälzscheiben notwendig sind und das Ungleichförmigkeitsmeßgerät in jeder Lage, also auch zur Prüfung von Kegelradgetrieben, angewendet werden kann.

13.3.2 Zweiflankenwälzprüfung

Die einfach auszuführende Zweiflankenwälzprüfung ist das am meisten zur Abnahme von Zahnrädern angewendete Prüfverfahren. Bei den Zweiflankenwälzprüfgeräten werden Prüfling und Lehrzahnrad je auf einem Zapfen oder zwischen Spitzen aufgenommen. Die Lehrzahnradaufnahme ist auf einem möglichst reibungsfreien, schwimmenden Schlitten (Lagerung auf Kugeln oder Blattfedern) (28, 34, 51, 52, 59, 63, 80, 87) oder auf einem um eine senkrechte Achse leicht beweglichen Balken (45) angeordnet. Das Lehrzahnrad wird durch eine einstellbare Federkraft gegen den Prüfling gezogen, der entsprechend dem Achsabstand auf einem fest einstellbaren Schlitten angeordnet ist. Der Prüfling wird von Hand oder durch Motorantrieb gedreht, die Änderung des Achsabstandes wird vergrößert angezeigt oder aufgeschrieben. Der Papiertransport bei streifenförmigen Schrieb bzw. die Drehung bei kreisförmigen Schrieb wird von der Drehung des Prüflings abgenommen. Die Zweiflankenwälzprüfgeräte lassen sich nach Maßstäben oder mit Endmaßen auf das Nennmaß a des Achsabstandes einstellen. Aus dem bei der Prüfung ermittelten Unterschied $\Delta a = a_{\text{ist}} - a$ läßt sich das Zahndickenabmaß A_{s1} des Prüflings bei bekanntem Zahndickenabmaß A_{s2} des Lehrzahnrades errechnen. Bei Abwälzung des Prüflings mit seinem betriebsmäßigen Gegenrad kann das Eingriffsflankenspiel S_e, bei dem die Räder im Nennachsabstand laufen würden, errechnet werden.

Zweiflankenwälzprüfgeräte werden hergestellt für Achsabstände in Bereichen von 2—100 mm, 50—250 mm, 120—1000 mm Achsabstand und für zulässige Belastungen des Meßschlittens von einigen Pond bis zu einem Megapond. Meßeinheiten mit Schwimmschlitten (39, 80) können auch einzeln an andere Prüfgeräte, Verzahnmaschinen oder an Getriebegehäuse angebaut werden, was insbesondere bei großen Prüflingen vorteilhaft ist.

14 Oberflächenprüfgeräte

Die Entwicklung der Technik macht es heute erforderlich, daß nicht nur die Maße der Werkstücke innerhalb vorgeschriebener Toleranzen liegen, sonden auch die Oberflächenbeschaffenheit der Werkstücke muß bestimmten Vorschriften entsprechen. Eine Oberflächenprüfung durch Betrachten mit dem bloßen Auge und mit verschiedenen Hilfsmitteln (Lupe, Stereomikroskop) oder durch Betasten genügt heute nicht mehr den Ansprüchen, da keine Oberflächenkennwerte angegeben werden können. Bei Verwendung von Oberflächenmustern zum Vergleich mit der Werkstückoberfläche können schon bestimmtere Angaben gemacht werden. Das Werkstück wird hierbei mit einem der Bearbeitungsart entsprechenden Oberflächenmuster (11, 35, 40, 49) durch Abtasten mit dem Fingernagel verglichen. Das hierbei erreichbare Auflösungsvermögen ist erstaunlich hoch, Unterschiede von 0,5 μm R_a sind bei feinen Oberflächen noch feststellbar. Die Oberflächenmuster sind mit ihrem Nennrauhwert in μm R_a bezeichnet. Der Mittenrauhwert R_a entspricht dem natürlichen Gefühl für Rauheit. Die Oberflächenmuster werden für die verschiedenen Bearbeitungsverfahren in verschiedenen Stufungen zusammengestellt. Rubert-Oberflächennormale gibt es z. B. für 12 verschiedene Bearbeitungsverfahren in jeweils acht oder sechs Stufen.

Für die Oberflächenmessung werden neben optischen Geräten heute überwiegend mechanisch-elektrische Oberflächenmeßgeräte verwendet. Diese sind in ihren verschiedenen Ausführungsformen sowohl in der Werkstatt als auch im Prüfraum einsetzbar.

14.1 Grundlagen, Begriffe

In DIN 4760 werden die Begriffe für die Gestalt von Oberflächen definiert. Danach ist die Begrenzung eines festen Körpers, durch die dieser vom umgebenden Raum getrennt ist, die *wirkliche Oberfläche*. Ein angenähertes Abbild der wirklichen Oberfläche ist die meßtechnisch erfaßte Oberfläche, nämlich die *Istoberfläche*. Sie hängt im starken Maße vom Meßverfahren ab, d. h. verschiedene Meßverfahren ergeben verschiedene Istoberflächen. Unter *geometrisch-idealer Oberfläche* versteht man die Begrenzung des geometrisch vollkommen gedachten Körpers.

Die Gesamtheit aller Abweichungen der Istoberfläche von der geometrisch idealen Oberfläche ist die *Gestaltabweichung*. Man unterscheidet dabei grundsätzlich zwischen gröberen Abweichungen (Formabweichungen, Welligkeit) und feineren Abweichungen, welche als *Rauheit* bezeichnet werden. Die wirkliche Oberfläche besteht aus einer Überlagerung dieser Abweichungen. Die Erfassung der Gestaltabweichungen an Oberflächen erfolgt meist an Oberflächenausschnitten, durch die Schnitte gelegt werden. Je nach der Lage der Schnittfläche zur geometrisch-idealen Oberfläche unterscheidet man *Profilschnitte* (senkrecht oder schräg zur geometrisch idealen Oberfläche) und *Äquidistanzschnitte* bzw. *Tangentialschnitte* (Schnittfläche abstandsgleich zur geometrisch-idealen Oberfläche bzw. parallel zu einer sie tangierenden Fläche).

Die *Bezugsstrecke* (Abb. 14–1) ist der Teil der Prüflänge des Oberflächenausschnittes, der zur Auswertung benutzt wird. Innerhalb dieser

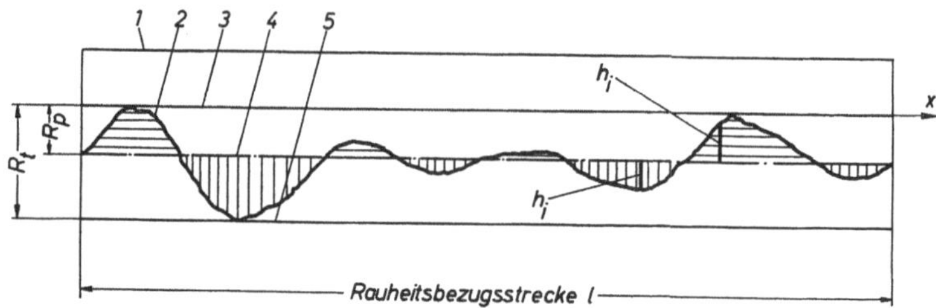

Abb. 14-1 Begriffe des Bezugssystems von Profilschnitten

1 geometrisch-ideales Profil 2 Istprofil 3 Bezugsprofil 4 mittleres Profil 5 Grundprofil

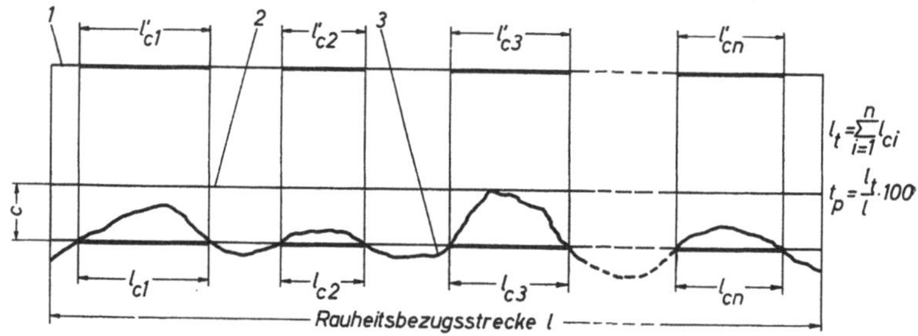

Abb. 14-2 Ermittlung des Profiltraganteils

1 geometrisch-ideales Profil 2 Bezugsprofil 3 Istprofil

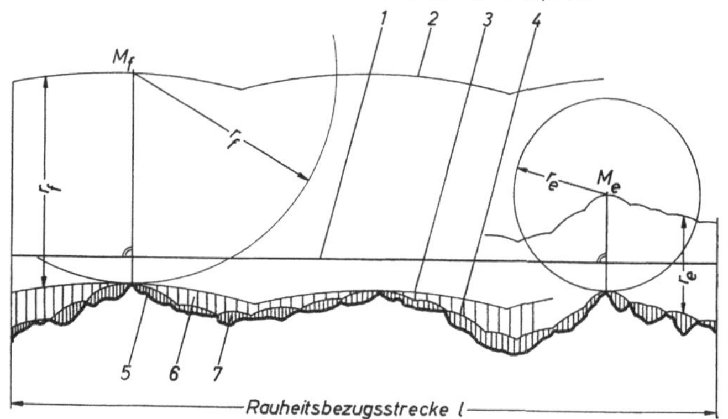

Abb. 14-3 Entstehung des Formprofils und des Hüllprofils

1 geometrisch-ideales Profil 2 Linie der Mittelpunkte M_f

3 Formprofil 4 Hüllprofil 5 Istprofil 6 Welligkeit 7 Rauheit

Strecke werden die Gestaltabweichungen auf das *Bezugsprofil* bezogen. Das Bezugsprofil kann sowohl eine dem geometrisch-idealen Profil ähnliche Linie als auch ein von Istprofil abhängiger Linienzug sein. Das *mittlere Profil* ist das senkrecht zum ideal-geometrischen Profil so verschobene Bezugsprofil, daß die vom Istprofil über und unter dem mittleren Profil eingeschlossenen Flächen gleich sind. Das *Grundprofil* ist das so weit verschobene Bezugsprofil, daß der tiefste Punkt des Istprofils durch es hindurchgeht.

Die Gestaltabweichungen werden durch verschiedene Senkrecht- und Waagerechtkenngrößen angegeben. Zwischen den einzelnen Kenngrößen gibt es keine Umrechnungsbeziehungen. Zur Charakterisierung einer Oberfläche sind mehrere Kenngrößen erforderlich. Bei der Angabe von Oberflächenkenngrößen muß das benutzte Meß- und Auswerteverfahren angegeben werden.

Die *Rauhtiefe* R_t ist der Abstand des Grundprofils vom Bezugsprofil. Sie ist somit der größte senkrechte Abstand des Istprofils vom Bezugsprofil.

Die *Glättungstiefe* R_p ist der mittlere Abstand des Bezugsprofils vom Istprofil (Abb. 14–1).

Der *Mittenrauhwert* R_a ist der arithmetische Mittelwert der absoluten Beträge der Abstände h_i des Istprofils vom mittleren Profil (Abb. 14–1). Der Mittenrauhwert ist die gebräuchlichste Oberflächenkennzahl. In den USA wird er mit AA (Arithmetical Average) und in England mit CLA (Center Line Average) bezeichnet.

R_t, R_p und R_a werden in Mikrometer (µm) angegeben.

Das wichtigste Waagerechtmaß ist der *Profiltraganteil* t_p, der das Verhältnis der tragenden Längen l_t zur Bezugsstrecke l ist und in Prozent angegeben wird,

$$t_p = \frac{l_t}{l} \cdot 100.$$

Er wird in einem bestimmten Abstand c [µm] vom Bezugsprofil ermittelt (Abb. 14–2). Die Größe von c wird als Index zu t_p angegeben, z. B. $t_{p0,5}$.

Für die Auswertung von Profilschnitten auf der Grundlage eines Bezugsprofils sind in der Norm DIN 4762 Bl. 2 bzw. 3 zwei Systeme angeführt, das M-System (M = Mittellinie) und das E-System (E = envelop, Einhüllende). Das Bezugsprofil beim M-System ist die Äquidistante zum geometrisch-idealen Profil durch den höchsten Punkt des Istprofils innerhalb der Bezugsstrecke. Einzelne herausfallende Punkte werden als Ausreißer angesehen und bleiben für die Wahl des höchsten

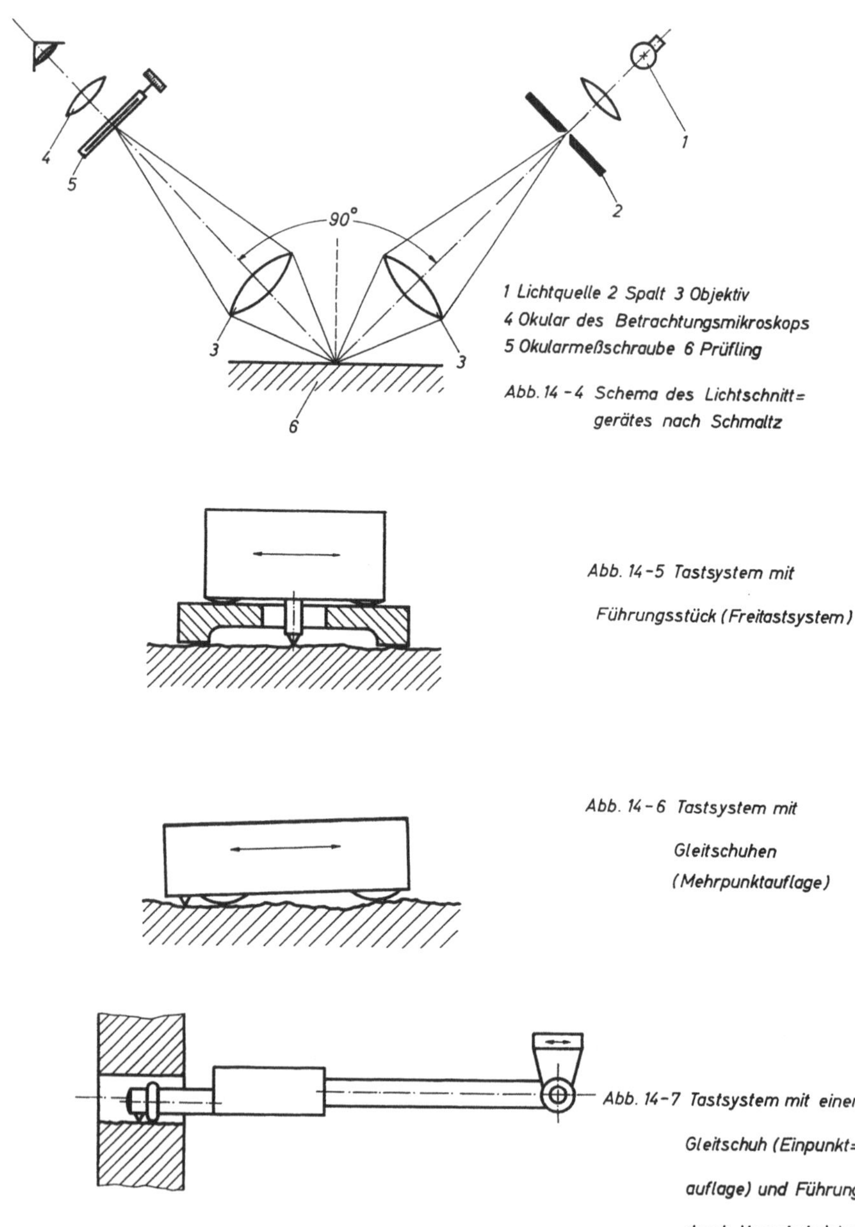

1 Lichtquelle 2 Spalt 3 Objektiv
4 Okular des Betrachtungsmikroskops
5 Okularmeßschraube 6 Prüfling

Abb. 14-4 Schema des Lichtschnitt=geräts nach Schmaltz

Abb. 14-5 Tastsystem mit Führungsstück (Freitastsystem)

Abb. 14-6 Tastsystem mit Gleitschuhen (Mehrpunktauflage)

Abb. 14-7 Tastsystem mit einem Gleitschuh (Einpunkt=auflage) und Führung durch Vorschubeinheit

Punktes unberücksichtigt. Für die Auswertung gelten die vorher angeführten Kenngrößen.

Bei dem E-System unterscheidet man als Bezugsprofil das *Formprofil* und das *Hüllprofil*. Durch Anlegen von Kreisen des Halbmessers r_f in jeder möglichen Lage an das unverzerrte Istprofil bilden die Mittelpunkte M_f dieser Kreise eine Linie, die senkrecht zum ideal-geometrischen Profil gegen das Istprofil um den Betrag r_f verschoben das Formprofil ergibt (Abb. 14–3). Der Halbmesser r_f beträgt 250 mm, bei Verwendung anderer Halbmesser müssen diese angegeben werden.

Das Hüllprofil entsteht durch entsprechendes Anlegen eines Kreises des Halbmessers $r_e = 25$ mm.

Die Abweichung des Hüllprofils vom Formprofil wird als Welligkeit bezeichnet. Die Rauheit ist die Abweichung des Istprofils vom Hüllprofil. Für die Ermittlung der weiter oben angeführten Kenngrößen wird als Bezugsprofil das Hüllprofil benutzt.

14.2 Profilschnittgeräte

Für die praktische Prüfung von Oberflächen haben nur solche Verfahren Bedeutung, die zerstörungsfreie Schnitte der zu untersuchenden Oberfläche liefern. Das klassische Verfahren dieser Art ist das *Lichtschnittverfahren* nach SCHMALTZ. Eine zweite Gruppe bilden die heute weit verbreiteten mechanischen Tastschnittverfahren.

14.2.1 Lichtschnittgeräte

Eine Lichtquelle erzeugt über eine Spaltblende einen feinen Lichtspalt, der auf die zu untersuchende Oberfläche unter einem bestimmten Winkel projiziert wird (Abb. 14–4). Dadurch entsteht ein Lichtschnitt des Profils, welcher durch ein Mikroskop beobachtet und mit einer Okularmeßschraube ausgemessen werden kann. Bei den deutschen Geräten (39, 96) wird der Lichtspalt unter 45° projiziert und unter 90° beobachtet. Mit verschiedenen Objektivvergrößerungen sind Rauhtiefen von 0,5 bis 50 µm auswertbar.

14.2.2 Tastschnittgeräte

Bei diesen Geräten wird die Oberfläche mit einer Nadel fortlaufend auf der Oberfläche gleitend oder sprungweise abgetastet. Bei dem Abtasten der Oberfläche führt die Tastnadel eine Bewegung relativ zu einer Bezugsfläche aus. Diese Bezugsfläche kann durch ein Führungsstück gebildet werden, an welchem das Tastsystem des Oberflächenmeßgerätes entlanggeführt wird (Abb. 14–5). Dieses Tastsystem wird auch als Freitastsystem bezeichnet. Eine andere Möglichkeit ist, daß die Bezugsfläche durch eine Wechselwirkung zwischen Tastsystem und Oberfläche entsteht. Hierbei gleitet das Tastsystem mit Gleitschuhen, d. h. einem oder mehreren Auflagepunkten, auf der Oberfläche des Prüflings entlang. Hat das System drei Auflagepunkte, so kann es sich völlig zwangsfrei der Oberfläche anpassen (Abb. 14–6). Liegt das System nur mit einem Punkt auf der Prüflingsoberfläche auf, so muß es noch geführt werden, was durch eine Vorschubeinheit geschieht (Abb. 14–7). Die Gleitschuhe haben zylindrische oder kuglige Form und führen dadurch in gewissem Grade eine Trennung der Formabweichungen und Welligkeit von der Rauheit herbei. Diese Trennung ist für jedes Tastsystem verschieden und undefiniert. Aufschriebe, die mit diesen beiden grundsätzlich möglichen Aufnahmeverfahren erhalten werden, entsprechen nicht der wirklichen Oberfläche oder die erhaltenen Meßwerte nicht den in der Norm festgelegten Werten, da die Auswerteverfahren verfälscht bzw. nicht realisierbar sind. Das Führungsstück des ersten Aufnahmeverfahrens wird praktisch nie das ideal-geometrische Profil an sich oder seine Lage verkörpern, einerlei ob das Führungsstück wie in Abb. 14–5 auf den Prüfling aufgesetzt ist oder unabhängig von ihm gehalten wird. Die Verkörperung des ideal-geometrischen Profils wäre aber Voraussetzung für eine richtige Auswertung nach dem M-System. Die durch die Gleitschuhe erzeugte Bezugsfläche entspricht auch nie dem Hüllprofil des genormten E-Systems, es werden die in der Norm gegebenen Abstände zwischen Hüllprofil und Istprofil ausgewertet, da die Nadel nicht senkrecht zum ideal-geometrischen Profil oder aber in Abtastrichtung versetzt zum Hüllprofil wirkt.

In der Physikalisch-Technischen Bundesanstalt, Braunschweig, wurde ein Tastsystem untersucht, das die Werte nach dem E-System aufnimmt. In diesem Tastsystem sind praktisch die zwei vorher beschriebenen Aufnahmeverfahren kombiniert (Abb. 14–8). Das Gehäuse des Systems wird an einem auf die zu prüfende Oberfläche aufgesetzten Gleitstück geführt. Im Gehäuse sind zwei Taster in derselben Vorschubebene angeordnet. Der eine Taster hat eine Diamantspitze von 4 µm Spitzenradius und folgt dem Profil, der andere hat eine sphärische Tastfläche von 4 mm Radius und folgt dem Hüllprofil der Oberfläche. Die beiden Taster verändern bei Auslenkung die Induktivitäten von je zwei Spulen. Diese sind so geschaltet, daß unter Berücksichtigung der Voreilung des einen Tasters die Differenz der Auslenkungen der beiden Taster ausgewertet wird [*21*].

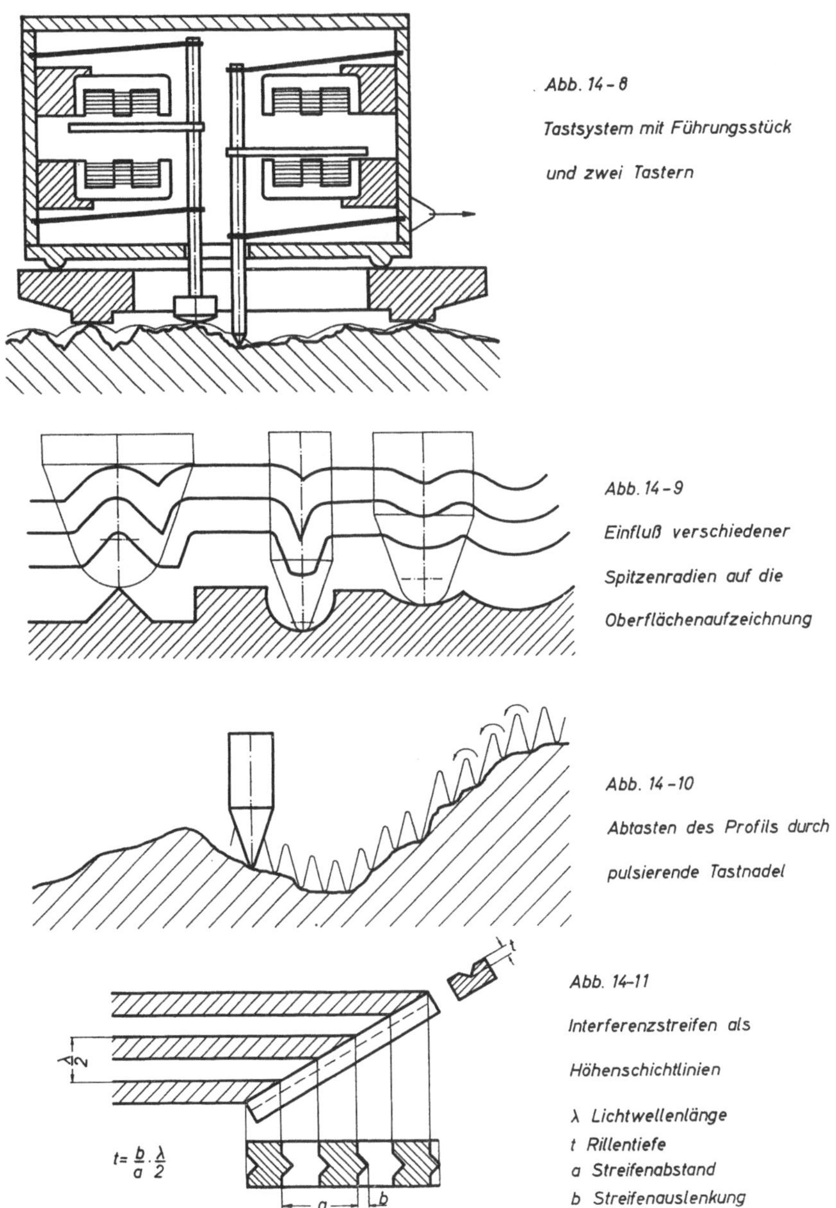

Abb. 14-8
Tastsystem mit Führungsstück und zwei Tastern

Abb. 14-9
Einfluß verschiedener Spitzenradien auf die Oberflächenaufzeichnung

Abb. 14-10
Abtasten des Profils durch pulsierende Tastnadel

Abb. 14-11
Interferenzstreifen als Höhenschichtlinien

λ Lichtwellenlänge
t Rillentiefe
a Streifenabstand
b Streifenauslenkung

Die mechanisch-elektrischen Oberflächenmeßgeräte können auf Grund ihres Aufbaus nur eine bestimmte oberste Grenzwellenlänge verarbeiten. Diese Grenzwellenlänge ist der größte Abstand der Rauheiten (Rillen), bei dem bei einer bestimmten Tastgeschwindigkeit noch 80% der Amplitude aufgenommen wird. Die Grenzwellenlänge ist eine Gerätekonstante. Einige Oberflächenmeßgeräte sind mit Einrichtungen ausgestattet, die die Wahl der Grenzwellenlänge erlauben. Diese Einrichtung wird Wellenbegrenzer oder cut-off genannt. Der cut-off wird benutzt, wenn Überlagerungen verschiedener Gestaltabweichungen (Welligkeit und Rauheit) voneinander getrennt werden sollen. Man würde z. B. für die Rauhtiefe R_t bei Vorliegen einer derartigen Überlagerung und Verwendung verschiedener Grenzwellenlängen verschiedene Anzeigen bekommen.

Die Wiedergabe eines Oberflächenprofils erfolgt um so wirklichkeitsgetreuer, je kleiner der Spitzenradius der Tastnadel ist (Abb. 14–9). Der Spitzenradius muß in einem bestimmten Verhältnis zur Meßkraft stehen, da sonst entweder die Flächenpressung zu hoch und die Oberfläche beschädigt wird oder aber keine einwandfreie Anlage der Tastnadel an der Oberfläche gewährleistet ist. Für die Anlage der Tastnadel spielt auch die Tastgeschwindigkeit (Vorschubgeschwindigkeit des Tastsystems), d. h. die Geschwindigkeit zwischen Tastnadel und Oberfläche, eine Rolle. Bei zu hoher Geschwindigkeit folgt die Nadel nicht mehr dem Profil, sondern springt.

Bevor nachfolgend die Arbeitsweise der Oberflächenmeßgeräte nach dem Tastschnittverfahren kurz erläutert wird, sei nochmals darauf hingewiesen, daß Meßwerte verschiedener Geräte sowie gleicher Geräte mit verschiedenen Tastsystemen aufgenommen meist nicht miteinander vergleichbar und nie umrechenbar sind.

Der *Oberflächenindikator* (40) arbeitet rein mechanisch. Das Gerät wird mit drei Auflagen aus Hartmetall auf die zu untersuchende Oberfläche aufgesetzt. Aus einer Bohrung einer Auflage tritt ein mit einer Tastspitze versehener Taster hervor und drückt mit einer Kraft von etwa 1 p auf die Oberfläche. Der Abrundungsradius der Diamantspitze beträgt 10 µm, der Spitzenwinkel 60°. Die Tasterbewegung wird mit einer Übersetzungsvorrichtung nach dem Mikrokatorprinzip (s. 5.5) vergrößert. Das Gerät wird von Hand oder mit einer Schubvorrichtung über die Oberfläche geführt. Durch Feststellung des größten und kleinsten Ausschlages kann die Rauhtiefe R_t bestimmt werden. Das Gerät wird mit den Meßbereichen $\pm$ 0,1; $\pm$ 0,03; $\pm$ 0,01; $\pm$ 0,003 mm und den Skalenwerten 2; 1; 0,2; 0,1 µm geliefert.

Etliche Geräte arbeiten piezo-elektrisch (7, 8, 35, 74, 89). Die Tastnadel wirkt auf einen Kristallstab und verbiegt diesen. Die dadurch entstehenden elektrostatischen Spannungen werden verstärkt und nach Umformung angezeigt. Die Aufnehmer dieser Geräte sind zumeist sehr klein gehalten und werden vielfach von Hand über die Oberfläche geführt. Es stehen meist aber auch motorische Antriebe zur Verfügung. Zur Anzeige kommt der Mittenrauhwert R_a. Die Aufnehmer werden mit Tastnadelradien von 12 bis 3 μm und Auflagekräften von 1 bis 0,2p hergestellt. Die Geräte sind besonders für den Gebrauch in der Werkstatt gedacht.

Bei anderen Geräten wird durch den Tastnadelhub eine Induktivität verändert (s. 8.1.1.2). Der *Profilograph* (21) gibt, wie der Name schon sagt, eine Aufzeichnung des Oberflächenprofils. Der Aufnehmer wird hydraulisch über den Meßweg von 10 mm mit einer konstanten Geschwindigkeit von 0,5 mm/sec verschoben. Die Tastnadel mit einem Spitzenradius von 10 μm liegt mit 0,1 p auf der Oberfläche auf. Die Aufzeichnung des Profils erfolgt mit einer in sechs Stufen zwischen 300fach und 100000fach wählbaren vertikalen Vergrößerung bei 30 mm Schreibbreite. Die Vergrößerung horizontal kann zwischen 20-, 40-, 100- und 200fach gewählt werden. Neben der Profilaufzeichnung wird noch der Mittenrauhwert R_a angezeigt.

Das *Perth-O-Meter* (70) ist ein universell einsetzbares Oberflächen- und Längenmeßgerät. An das Meßteil mit Trägerfrequenzverstärker und Analogrechenteil können verschiedene induktive Aufnehmer und der Profilschreiber *Perth-O-Graph* angeschlossen werden. Der mechanische Aufbau ist folgender: Am Meßständer eines verstellbaren Meßtisches ist der Tastkopf in der Höhe verstellbar angeordnet. Am Tastkopf können verschiedene Tastsysteme (Aufnehmer) an einem Gelenk angesetzt werden. Normal wird das Gerät mit einem *Pendeltastsystem* (s. Abb. 14–6) mit einem Meßbereich von 0 bis 25 μm ausgestattet. Der besondere Vorteil dieses Systems ist die leichte Handhabung, es braucht nur auf die zu untersuchende Oberfläche aufgesetzt zu werden, ein Ausrichten mit dem Tastkopf entfällt. Die beiden Gleitkufen sind Ausschnitte aus einem Zylinder. Der Prüfling muß allerdings außer dem Tastweg noch eine Länge von 16 mm zum Aufsetzen des Tastsystems haben. Nur 2 mm zum Aufsetzen braucht das *halbstarre System* (s. Abb. 14–7), das nur eine kuglige Gleitkufe unmittelbar an der Tastnadel hat. Dieses System muß allerdings ungefähr parallel zur Oberfläche ausgerichtet werden. Außer diesen können noch verschiedene Spezialtastsysteme sowie ein Freitastsystem verwendet werden. Die Tastnadeln der Systeme haben einen Spitzenradius kleiner 10 µm und liegen mit 0,08 p auf der Oberfläche auf. Das *Perth-O-Meter* kann aus verschiedenen Bausteintypen zusammengestellt werden. So gibt es eine Ausführung *Werkbank* mit einer Prüflänge von 5 mm, Anzeige von R_t, R_p und R_a. Die Ausführung *Universal* ermöglicht die Anzeige von R_t sowie $R_t + W$ (Wellentiefe), W, R_p, R_a und t_p, der cut off ist wählbar, die Registriervergrößerung kann bei Tastsystemen mit einem Meßbereich von 0—25 µm stufenweise zwischen 1000 : 1 und 100000 : 1, bei Tastsystemen mit einem Meßbereich von 0 bis 250 µm entsprechend zwischen 100 : 1 und 10000 : 1 eingestellt werden. Die verschiedenen Kennwerte können nicht gleichzeitig angezeigt werden. Bei Profilaufzeichnung wird kein Kennwert angezeigt.

Ein ähnlich aufgebautes Gerät ist der *Hommel-Tester* Typ *T* (35).

Der *Rauhtester* (49) ist ebenfalls ein mechanisch-induktives Oberflächenmeßgerät. Im Tastkopf gleitet auf einer plangeschliffenen Führungsbahn das Tastsystem. Die Führungsbahn ist zur Oberfläche ausrichtbar. Eine Saphirnadel mit einem Spitzenradius von 15 µm gleitet mit etwa 0,7 p Tastkraft über die Oberfläche. Der Meßbereich von R_t beträgt 0—60 µm und ist in fünf Teilbereiche aufgeteilt. Die Messung der R_t-Werte erfolgt durch eine Vergleichsmessung, der Verstärker wird nach einem Oberflächenmuster eingestellt. Gleichzeitig mit dem R_t-Wert kann der R_a-Wert abgelesen werden. An den Verstärker ist ein Schreiber anschließbar. Das Gerät ist mit seinem Zubehör besonders für Messungen an der Werkzeugmaschine geeignet.

Das Oberflächenmeßgerät ‚*Talysurf*' (74) arbeitet ebenfalls induktiv. Von einem Schreiber wird das abgetastete Oberflächenprofil mit einer zwischen 1000facher und 50000facher stufenweise wählbaren Vergrößerung aufgezeichnet, ein Anzeigegerät gibt den Mittenrauhwert R_a an. Der grundsätzliche Aufbau ist dem *Perth-O-Meter* ähnlich. Für das Gerät gibt es verschiedene Tastsysteme, und zwar mit Führung auf der Oberfläche als auch mit Führung an einem vom Meßkopf gehaltenen Führungsstück. Die Tastnadeln haben einen Radius von 2,5 µm und liegen mit einer Kraft von 0,1 p auf. Die Tastnadelwege sind wählbar zwischen 1,8; 3,8 und 7,6 mm, denen die cut off 0,25 mm, 0,76 mm und 2,54 mm entsprechen. Mit dem Normalaufnehmer können Bohrungen über 8 mm Durchmesser bis zu einer Tiefe von 12,7 mm, Bohrungen über 32 mm bis zu 150 mm Tiefe geprüft werden.

Bei dem *Oberflächenmeßgerät nach Forster* (49) gleitet der Prüfling mit einstellbarer Geschwindigkeit unter einer elektrisch pulsierenden Tastnadel entlang (Abb. 14–10). Die so erfaßten Höhendifferenzen des

Oberflächenprofils werden optisch-mechanisch vergrößert auf einer Mattscheibe angezeigt oder von einer Registriereinrichtung aufgezeichnet. Das optisch mechanische Tastgerät ist höhenverstellbar an einem Stativarm befestigt. Die Tastnadel mit 10 μm Spitzenradius wird periodisch mit 50 oder 100 Hz angehoben. Die Meßkraft beträgt etwa 0,3 p. Ein mit der Tastnadel kraftschlüssig verbundener Spiegel wird bei der Nadelauslenkung gekippt und lenkt einen Lichtstrahl aus, der auf einer Mattscheibe sichtbar oder auf einem Filmstreifen registriert wird. Die Vergrößerung ist wahlweise 250-, 1000- oder 2500fach. Der Prüfling wird auf dem Objekttisch des Stativs aufgelegt. Der Objekttisch hat eine Ablaufstrecke von 100 mm, die mit Geschwindigkeiten von 0,1; 1; 3; 4; 5 mm/min abgefahren werden kann. Der Meßpunktabstand beträgt bei 100 Hz Tasterfrequenz und 1 mm/min Tastervorschub 0,16 μm. Durch das Pulsieren treten nur geringe tangentiale Beanspruchungen der Tastnadel auf, ein Durchschneiden von Oberflächenerhebungen wird trotz relativ hoher Meßkraft vermieden. Das *Oberflächenmeßgerät nach Forster* ist nur für Laboratorien und Meßräume geeignet.

14.3 Schichtliniengeräte

Mit Hilfe von Interferenzmikroskopen können durch eine Oberfläche Schichtlinien gelegt werden (Abb. 14–11). Diese Schichtlinien lassen die Unregelmäßigkeiten der Oberfläche erkennen. Aus den Auslenkungen der Schichtlinien (Interferenzstreifen) können einzelne Unregelmäßigkeiten der Oberfläche erkannt und zahlenmäßig angegeben werden. Die Wirkungsweise und der Aufbau der Interferenzmikroskope zur Oberflächenprüfung sind unter 6.8.3 beschrieben.

Literaturverzeichnis

Bücher sind mit ○ gekennzeichnet, bei ⊗ umfangreiche Literaturangaben.

[1] ALLGAIER, E.: Die Meßbank zur Ermittlung der Grob- und Feingestalt von Werkstücken. Werkstattstechnik 52 (1962), H. 10, 534—539.

[2] BAUER, J.: Pneumatische Präzisionsgeräte auf Hochdruckbasis und ihre Anwendung. Ölhydraulik und Pneumatik 5 (1961), Nr. 7, 225—231 und Nr. 8, 274—281.

[3] CARL, R.: Der Einfluß rauher und verunreinigter Oberflächen auf berührungslose pneumatische Messungen. Der Maschinenmarkt (1961) Nr. 10, 25—28.

○ [4] DIN-Taschenbuch 11. Längenmeßtechnik. Beuth-Vertrieb GmbH., Berlin W 15.

[5] DOLEZALEK, C. M.: Meßgröße und Wirkungsablauf in der Fertigungstechnik. Werkstattstechnik 50 (1960), H. 10, 525—531.

[6] DOLEZALEK, C. M., u. W. DUTSCHKE: Untersuchungen an einem Meßstativ. Werkstattstechnik 50 (1960), H. 10, 554—557.

[7] DOLEZALEK, C. M., u. W. DUTSCHKE: Elastische Eigenschaften eines handelsüblichen Meßstatives. Werkstattstechnik 50 (1960), H. 12, 733—735.

[8] DOLEZALEK, C. M., u. W. DUTSCHKE: Schaltpunktänderungen von elektrischen Grenzkontakten an einem pneumatischen Längenmeßgerät. Werkstattstechnik 52 (1962), H. 7, 337—339.

[9] DOLEZALEK, C. M., u. W. DUTSCHKE: Untersuchungen an einem induktiv arbeitenden Schlagmeßgerät. Werkstattstechnik 35 (1963), H. 6, 275—277.

○ [10] ECKERKUNST, W.: Automatisierung in der Längenmeßtechnik. Berlin: VEB-Verlag Technik.

[11] EGGERS, H. R.: Induktive Fernmessung mit feststehenden Spulen und bewegtem Eisen. Dechema-Monographien 27 (1956), 254—265.

[12] Elektro-Spezial GmbH. Dehnungsmeßstreifen-Meßtechnik. Technische Mitteilungen der Elektro-Spezial-GmbH. Hamburg 1.

[13] EMSCHERMANN, H. H.: Kapazitive Wegmessung: ATM, 317 (1962), J 86—7.

[14] ENGELHARD, E.: Längenmessung auf der Basis von Lichtwellenlängen. DIN-Mitteilungen 42 (1963), H. 8/9, 381—394.

[15] FINK, K.: Die Meßtechnik bei Umformungs- und Fertigungsprozessen. VDI-Zeitschrift 105 (1963), H. 4., 152—159.

[16] FORSTER, A.: Das Messen in der Maschine. Industrie-Anzeiger 80 (1958), Nr. 16/17, 221—225.

[17] GARY, M.: Die Messung der Rauheit. VDI-Zeitschrift 103 (1961), H. 14, 617—625.

[18] GARY, M.: Näherungsverfahren zur Traganteilmessungen. Zeitschrift für wirtschaftliche Fertigung 57 (1962), H. 12, 523—529.

○[19] GOHLKE, W.: Mechanisch-elektrische Meßtechnik. München: Carl Hanser 1955.

⊗[20] GRAVE, H. F.: Elektrische Messung nichtelektrischer Größen. Leipzig: Akad. Verlagsges. Geest & Portig KG 1962.

[21] HÄSING, J.: Die Messung der Glättungstiefe nach dem E-System. Erfahrungen mit einem Zweitaster-Meßgerät. C. I. R. P.-Annalen XII, (1963/64), H. 3.

○[22] HODAM, F.: Optik in der Längenmeßtechnik. VEB-Verlag Technik.

[23] HULTZSCH, E.: Messung von Stirnrad-Kleinverzahnungen mit Feinmeßgeräten aus Jena. Feingerätetechnik 11 (1962), H, 403—421; H. 10, 466—473; H. 11, 509—519; H. 12, 559—570. 12 (1963), H. 1, 29—39; H. 2, 74—82.

[24] ILLIG, W.: Das telezentrische Objektiv. Zeiss-Werkzeitschrift Nr. 10.

[25] ILLIG, W.: Der Zeichnungsvergleich. Zeiss-Werkzeitschrift Nr. 30.

[26] ILLIG, W.: Exaktes Messen mit dem Doppelbildverfahren. Zeiss-Werkzeitschrift Nr. 27.

[27] ILLIG, W.: Zwei optische Verfahren zur Bohrungsmessung. Zeiss-Werkzeitschrift Nr. 28.

[28] ILLIG, W.: Die Bedeutung der Meßunsicherheit im industriellen Meßwesen und ihre Ermittlung an technischen Feinmeßgeräten. TZ für praktische Metallbearbeitung 56 (1962), H. 9, 536—539.

[29] JAHN, H., u. E. SCHMIDT: Fortschritte der Lichtstrahloszillographie ATM 321 (1962), J 0350-FI.

[30] JENSEN, R.: Beispiele wirtschaftlicher Meßmöglichkeiten in der Feinmeßtechnik. Maschinenwelt und Elektrotechnik 1960, H. 10.

[31] KAUFFELD, A.: Wechselwirkung zwischen Naturwissenschaften und Technik auf dem Gebiet des Messens. Feingerätetechnik 10 (1961), H. 3, 97—102.

[32] KIENZLE, O.: Der Taylorsche Grundsatz bei festen Lehren. ATM 223 (1954), V 8313-I.

[33] KIENZLE, O.: Die Rachenlehre. ATM 223 (1954), V 8318-3.

[34] KIENZLE, O.: Grenzlehren für Bohrungen. ATM 321 (1962), V 8318-4.

[35] LÉAUTÉ, A.: Grenzen des Messens. VDI-Zeitschrift 102 (1960), Nr. 30, 1406—1407.

⊗[36] LEINWEBER, P.: Taschenbuch der Längenmeßtechnik. Berlin/Göttingen/Heidelberg: Springer, 1954.

[37] LEINWEBER, P.: Meßunsicherheit. TZ für praktische Metallbearbeitung 54, (1960), H. 9, 433—438.

[38] LEINWEBER, P.: Neuere Untersuchungen über Meßunsicherheit. Werkstattstechnik 54 (1964), H. 5, 230—236.

⊗[39] LEHMANN, R.: Leitfaden der Längenmeßtechnik. Berlin: VEB-Verlag Technik 1960.

[40] LEPPER, E.: Verfahren und Aufbau von Einrichtungen zum berührungslosen optischen Messen von Außendurchmessern. TZ für praktische Metallbearbeitung 55 (1961), H. 4, 168—170.

[41] MALFELD, O.: Die telezentrische Abbildung bei optischen Meßgeräten ATM 214 (1953). V 830-2.

[42] MOODY, J. C.: Geometrische und physikalische Begrenzung der Meßgenauigkeit. technica 1964, H. 7, 455—458.

[43] MÜLLER, R. K.: Halbleiterdehnmeßstreifen. Elektronik 1963, H. 2, 37—40.

○[44] MÜTZE, K.: ABC der Optik. Hanau/Main: Verlag Werner Daussen 1961.

○[45] NAUMANN, H.: Optik für Konstrukteure. Düsseldorf: Knapp 1960.

[46] PEGLOW, M.: Spiegelpolygone in der Feinmeßtechnik. Der Maschinenmarkt 1962, Nr. 44, 27—33.

○[47] PFLIER, P. M.: Elektrische Messung mechanischer Größen. 4. Aufl., Berlin/Göttingen/Heidelberg: Springer 1956.

○[48] PFLIER, P. M.: Elektrische Meßgeräte und Meßverfahren. 2. Aufl., Berlin/Göttingen/Heidelberg: Springer 1957.

[49] PLESSE, H.: Technische Feinmeßgeräte, Weg und Ziel ihrer Gestaltung. Der Maschinenmarkt 1960, Nr. 63, 18—20.

○[50] RÄNTSCH, K.: Die Optik in der Feinmeßtechnik. München: Carl Hanser 1949.

○[51] RÄNTSCH, K.: Genauigkeit von Messung und Meßgerät. München: Carl Hanser 1960.

[52] RÄNTSCH, K.: Genaueres und bequemeres Messen durch Verwenden von Maßstäben mit größeren Teilungsintervallen. Industrie-Anzeiger 1957, Nr. 71/72, 127—128.

[53] RÄNTSCH, K.: Wiederholbarkeit und Richtigkeit der Meßwerte beim Zusammenwirken von optischen Ablesegeräten und Strichteilungen. Der Maschinenmarkt 1958, Nr. 79, 35—37.

[54] RÄNTSCH, K., u. E. LEPPER: Tiefenindikator. Industrie-Anzeiger 1963, Nr. 2, S. 34—36.

[55] RÄNTSCH, K., u. E. LEPPER: Berührungsloses Messen großer Außen- und Innendurchmesser. Der Maschinenmarkt 1961, Nr. 10, 28—31.

[56] SCHMIDT, H.: Der gegenwärtige Stand der Fertigungsmeßtechnik. Werkstatt und Betrieb 96 (1963), H. 1, 37—40.

[57] SCHORSCH, H.: Die Bedeutung der physiologischen und optischen Grenzen des Schattenbildverfahrens für die Genauigkeit industrieller Messungen. Jenaer Jahrbuch 1957.

[58] SCHORSCH, H.: Technische Feinmeßgeräte, Weg und Ziel ihrer Gestaltung. Der Maschinenmarkt 66 (1960) Nr. 37, 37—39.

[59] SCHULZE, R.: Der Perflektokomparator, ein Meßgerät für Lehren und Werkstücke. VDI-Zeitschrift 93 (1951), H. 2, 41—44.

[*60*] Schulze, R.: Leistungsgrenzen optischer Feinmeßgeräte. Feinwerktechnik 60 (1956) H. 11, 397—403.

[*61*] Schulze, R.: Optische Richtungsprüfung I, II. ATM, 291 u. 292 (1960), V 8224—10/11.

[*62*] Schulze, R., Optische Fluchtungsprüfung I, II. ATM, 325 u. 327 (1963), V 8224—16/17.

○[*63*] Siemens: Taschenbuch für Elektromeßtechnik. Siemens & Halske AG., Wernerwerk für Meßtechnik, 1959.

[*64*] Steger, A.: Zur Messung der Unrundheit von spitzenlos geschliffenen Werkstücken. Feingerätetechnik 7 (1958), H. 4/5, 157—161 u. 219—225.

○[*65*] Stöckl, M.: Elektrische Meßtechnik. Stuttgart: B. G. Teubner 1956.

[*66*] Weber, E.: Meßwertverarbeitung. ATM (1961), J 080-FI.

[*67*] Weingraber, M.: Die neuen deutschen Oberflächennormen und ihre Auswirkung auf die Oberflächenmessung. Stahl und Eisen 80 (1960), Nr. 26, 1933—1939.

⊗[*68*] Wiemer, A.: Pneumatische Längenmessung. Berlin: VEB Verlag Technik 1960.

○[*69*] Wolf, F.: Prüfen und Messen von Gewinden. München: Carl Hanser 1952.

○[*70*] Zill: Messen und Lehren im Maschinen- und Feingerätebau. Leipzig: B. G. Teubner 1956.

Firmenverzeichnis

1. Abawerk GmbH., 875 Aschaffenburg, Postfach 21, Müllerstraße 27—31
2. Allgemeine Elektricitäts-Gesellschaft, 1 Berlin
3. Askania-Werke, 1 Berlin 42, Großbeerenstraße 2—10
4. Bayrische Maßindustrie Arno Keller GmbH., 8562 Hersbruck, Postfach 31
5. Befort, Ernst, 633 Wetzlar, Braunfelser Straße 26
6. Brandau Meßautomatik, 4 Düsseldorf, Roßstraße 135b
7. Brüel & Kjaer, Kopenhagen/Dänemark. Vertretung: Reinhard Kühl KG., 8085 Quickborn, Postfach 56, Jahnstr. 83
8. Brush Instruments, 37th and Perkins, Cleveland 14, Ohio/USA. Vertretung: Schneider, Henley & Co. GmbH., 8 München 59, Groß-Nabas-Str. 11
9. CARY, Le Locle, Le Locle/Schweiz, Concorde 31. Vertretung: Hahn & Kolb, 7 Stuttgart
10. CENSOR, Patent- und Versuchsanstalt, Vaduz/Liechtenstein. Vertretung: Kordt & Co., 518 Eschweiler, Postfach 148
11. Ciko-Werkzeugtechnik, 775 Konstanz 3, Mozartstraße 9
12. COMPAC, Fabrique d'appareils de mesure, Genève-Châteleine/Schweiz, Chemin des Anemones. Vertretung: Precima- Import-Export GmbH., 6 Frankfurt a. M., Langestr. 20
13. Elektron. Apparate für Meßtechnik GmbH., 7 Stuttgart-Feuerbach, Fahrionstraße 13
14. Elektrospezial GmbH., 2 Hamburg-Fuhlsbüttel, Röntgenstraße 22
15. ETAMIC, Ateliers de Normandie, 12bis Place Henri Bergson, Paris 8e/ Frankreich. Vertretung: R. Marchand & Co., AG., Rue du Stand 40 Genf 11/ Schweiz
16. Feinmeßwerkzeugfabrik Aschaffenburg, 875 Aschaffenburg, Weissenburger Straße 6
17. Feinmeßzeugfabrik Suhl VEB, Suhl/Thüringen. Vertretung: Präzisionswerkzeug GmbH., Stuttgart-Rohr, Osterbronnstr. 2
18. Feinprüf-GmbH., 34 Göttingen
19. Fey, Ernst, Dipl.-Ing., Elektron. Meßgeräte, 8 München 2, Horemansstraße 28
20. Fischer, Johann, Präzisionswerk, 875 Aschaffenburg, Schließfach 160
21. Förster, Dr., Institut, 741 Reutlingen, Grathwohlstraße 4. Vertretung: Hahn & Kolb, 7 Stuttgart
22. Forst, Oswald, GmbH., 565 Solingen, Schützenstraße 174c
23. Fortuna-Werke AG., Spezialmaschinenfabrik, 7 Stuttgart-Bad Cannstatt, Pragstraße 140
24. Frank, Karl, GmbH., 68 Mannheim-Rheinau, Postfach 149, Edinger Riedweg 47—57
25. Frischen, F. A. G., GmbH., 3 Hannover, Am Taubenfelde 7
26. Gauger, J., KG., 7477 Onstmettingen, Heinrich-Heine-Str. 46
27. Grohtkop, W., 1 Berlin 28, Düsterhauptstraße 37

28. Hahn & Kolb, 7 Stuttgart, Postfach 333, Königstraße 14
29. Hartmann & Braun AG., 6 Frankfurt W 13, Postfach 1361, Gräfstraße 97
30. Heidenhain, Dr. Johannes, 8225 Traunreut, Postfach 103, Nansenstraße
31. Hellige, Fritz & Co. GmbH., 78 Freiburg 1, Heinr. v. Stephan-Str. 4
32. Hensoldt, M. & Söhne AG., Optische Werke, 633 Wetzlar, Postfach 207
33. Hilger & Watts Ltd., 98st Panerats Way, London N. W. 1/England. Vertretung: Rank Taylor Hobson GmbH., 85 Nürnberg, Laufer Torgraben
34. Höfler, Dr.-Ing. W., Maschinen- und Meßgerätebau, 7505 Ettlingen. Vertretung: Hahn & Kolb, 7 Stuttgart
35. Hommel-Werke, 68 Mannheim-Käfertal, Postfach 180
36. Honeywell GmbH., 6 Frankfurt, Rheingauallee 112
37. Hottinger, Baldwin, Meßtechnik GmbH., 61 Darmstadt, Pallaswiesenstraße 172
38. Huggenberger, Zürich/Schweiz. Vertretung: Hahn & Kolb, 7 Stuttgart
39. Jenoptik GmbH., Jena. Vertretung: Werner Jähnert, 34 Göttingen, Weender Landstraße 6
40. Johansson, C. E., Eskilstuna/Aktiebolaget/Schweden. Vertretung: Gustav Blome, 713 Mühlacker, Postfach 48
41. Isgus, J. Schlenker-Grusen, 722 Schwenningen
42. Isoma AG., Biel-Bienne/Schweiz, Finkenweg 7. Vertretung: Thielicke & Co., 75 Karlsruhe-Durlach, Postfach 71
43. Käfer, Johannes, Meßuhrenfabrik, 722 Schwenningen, Hahnstraße 11
44. Karstens, Georg, 7 Stuttgart-Ruit, Postfach 9, Wittumstraße
45. Klingelnberg, W. Ferd., Klingelnberg Söhne, 5609 Hückeswagen, Postfach 23
46. Knauthe, Richard, Limbach-Oberfrohna 1. Arno-Förtster-Straße 4. Vertretung: Präzisionswerkzeug GmbH., 7 Stuttgart-Rohr, Osterbronnstr. 2
47. Kordt & Co., 518 Eschweiler, Postfach 148, Preyerstraße 24—26
48. Kröplin, H. C., GmbH., Meßzeugfabrik, 649 Schlüchtern
49. Leitz, Ernst, GmbH., 633 Wetzlar, Postfach 210/211.
50. Loewe, Gebr., Inh. Gustav Loewe, 4 Düsseldorf-Lohausen, Am Vogelsang 4
51. MAAG-Zahnräder AG., Zürich/Schweiz. Vertretung: Alfred Schütte, Köln-Deutz, Postfach 520, Alfred-Schütte-Allee 76
52. Mahr, Carl, 73 Eßlingen
53. Marposs, 6 Frankfurt, Mainzer Landstr. 71.
54. Maßindustrie VEB, Werdau. Vertretung: Präzisionswerkzeug GmbH., 7 Stuttgart-Rohr, Osterbronnstraße 2
55. Mauser-Meßzeug GmbH., 7238 Oberndorf
56. Messner, Ernst, Meßuhrenfabrik, 722 Schwenningen, Arminstraße 38
57. Meßtechnik-Vertriebs-GmbH., 8 München 2, Horemansstraße 28
58. Metron, Stockholm/Schweden. Vertretung: Deutsche Vertriebs-Gesellschaft der Industrie AB Metron, 7 Stuttgart 13, Rosenbergstraße 48
59. Mikron AG., Maschinenfabrik, Biel/Schweiz, Alleestraße 11. Vertretung: Thielicke & Co., 75 Karlsruhe-Durlach, Postfach 71.
60. Möller GmbH., Optische Werke, 2 Wedel
61. MORA, Fabrik für Meßgeräte, 8750 Aschaffenburg, Postfach 233, Mühlstraße 5—7

62. MÜGRA, Münz, Gebr., Präzisions-Meßwerkzeug-Fabrik, 875 Aschaffenburg-Mainaschaff, Postfach 130, Bahnhofstraße 22
63. Nieberding & Co. KG., 404 Neuß, Brüdericher Straße 15
64. Novotechnik KG., 7304 Ruit, Horbstraße
65. Oberndorfer Präz. Werk GmbH., 7238 Oberndorf, Postfach 89
66. Optical Measuring Tools Ltd., Bridge Road, Meidenhead/England. Vertretung: Adolf Unverzagt, 7 Stuttgart-Bad Cannstatt, Sichelstraße 19
67. Optique et Précision de Levallois, 106, rue Chaptal, Levallois-Perret/Frankreich
68. Pampel, Albert, Dr.-Ing., 2 Hamburg-Wandsbek, Neumann-Raicher-Str. 31
69. PEK Elektronic, Dr.-Ing. Paul E. Klein, 7992 Tettnang, Postfach 80, Kaltenberger Straße 43
70. Perthen, Dr.-Ing., GmbH., 3 Hannover 1, Postfach 4720
71. Präzisions-Apparatebau AG., Vaduz FL/Liechtenstein. Vertretung: Fritz Hartmann, PAV-Feinmeßwerkzeuge, 7253 Renningen, Postach 27
72. Precision Mecanique, Labinal S. A., 14, Rue Daviel, Paris XIIIe/Frankreich. Vertretung: Walter A. Schenk oHG., 753 Pforzheim, Andreas-Counisstraße 17
73. Rambold, Friedrich KG., 773 Villingen
74. Rank Taylor Hobson, Stoughton Street, Leicester/England. Vertretung: Rank Taylor Hobson GmbH., 85 Nürnberg, Laufer Torgraben 6
75. Reicherter, Georg, 73 Eßlingen
76. Reishauer Werkzeuge AG., Zürich/Schweiz
77. Rohde & Dörrenberg, 4 Düsseldorf-Oberkassel, Postfach 510, Hansaallee 228
78. Schneider, Dr. Heinrich, Optotechnik, 655 Bad Kreuznach, Postfach 260, Forstmeister-Gräff-Str. 15
79. Schneider & Kern, Meßwerkzeugfabrik, 7119 Niedernhall
80. Schoppe & Faeser GmbH., 495 Minden. Vertretung: Hartmann & Braun, 6 Frankfurt W 13, Postfach 1361
81. Sheffield Corporation, The, Dayton 1, Ohio/USA. Vertretung: Nieberding & Co. KG., 404 Neuß, Brüdericher Straße 15
82. Siemens & Halske AG., Wernerwerk für Meßtechnik, 75 Karlsruhe
83. Sigma Meßtechnik, Hanns Fickert & Co. 6112 Groß-Zimmern, Waldstraße 85/91
84. Société Genevois d'Instruments de Physique, Genf/Schweiz. Vertretung: Alfred H. Schütte, 5 Köln-Deutz, Postfach 520, Alfred-Schütte-Allee 76
85. Dr. Staiger, Mohilo & Co., 706 Schorndorf, Baumwasenstraße 5
86. Steinmeyer, August 747 Ebingen, Postfach 328.
87. Stiefelmayer & Co.. Meßwerkzeugfabrik, 73 Eßlingen, Postfach 187
88. Studer, Fritz AG. Glockenthal-Thun/Schweiz. Vertretung: Thielicke & Co., 75 Karlruhe-Durlach, Postfach 71
89. Swisstool AG., Zürich/Schweiz, Grüngasse 21
90. TESA S.A., Renens-VD/Schweiz. Vertretung: Hahn & Kolb, 7 Stuttgart
91. Thielicke & Co., 75 Karlsruhe-Durlach, Postfach 71
92. Ultra-Präzisionswerk GmbH., 875 Aschaffenburg, Schließfach 54, Mühlstraße 96—120
93. Universelle Electronic, Kemmler & Co, 7012 Fellbach, Friedrichstraße 53
94. Vibrometer GmbH., 6 Frankfurt W 13, Hamburger Allee 55
95. Werth, Dr.-Ing. Siegfried, Spezialfabrik optischer Meßgeräte, 63 Gießen, Siemensstraße 19
96. Zeiss, Carl, 7082 Oberkochen, Postfach 35/36

Sachverzeichnis

Die halbfetten Seitenzahlen bezeichnen die Stelle, an der das Stichwort ausführlich behandelt ist.